EXPOSITION

DES PRODUITS DE L'INDUSTRIE FRANÇAISE.

RAPPORT

DU JURY CENTRAL

EN 1839.

Imprimerie de L. BOUCHARD-HUZARD,
rue de l'Éperon, 7.

EXPOSITION

DES PRODUITS DE L'INDUSTRIE FRANÇAISE EN 1839.

RAPPORT
DU JURY CENTRAL.

TOME TROISIÈME.

PARIS,

CHEZ L. BOUCHARD-HUZARD,

rue de l'Éperon, 7.

M DCCC XXXIX.

RAPPORT
DU JURY CENTRAL

SUR LES PRODUITS

DE L'INDUSTRIE FRANÇAISE

EN 1839.

SIXIÈME COMMISSION.

BEAUX-ARTS.

MM. Fontaine, président, Beudin, Blanqui, Brongniart, Delaroche (Paul), Laborde (Léon de), Renouard et Sallandrouze

---

PEINTURE SUR VERRE ET EN VITRAUX DE COULEUR.

M. Brongniart, rapporteur.

Considérations générales.

Il y a, dans l'exécution des pièces en vitraux de couleur et en verres peints, deux considérations très-importantes à établir, et à séparer bien nettement.

L'une est relative à l'industrie proprement dite,

à ce qui se puise dans les procédés chimiques et mécaniques, à ce qui, une fois découvert, peut se communiquer, à ce qui seul, peut permettre d'établir des prix permanents et en rapport réel avec la perfection de l'industrie; cette considération s'applique, dans les vitraux, aux qualités du verre blanc, aux couleurs vives et variées des verres colorés, aux couleurs d'application, à leur variété, leur puissance, leur solidité, aux moyens d'exécution des différentes décorations, aux procédés de cuisson, et enfin aux moyens de réunir adroitement, solidement et économiquement, les pièces qui composent une fenêtre en vitraux colorés et peints.

Le second point à considérer consiste dans la composition artistique des vitraux, dans l'entente de l'effet qu'on doit leur faire produire, en *raison de leur place*, et dans leur exécution plus ou moins parfaite sous le rapport des arts du dessin.

Les premiers résultats ne peuvent être atteints que par des moyens industriels constants et transmissibles : ils ne doivent pas avoir été obtenus par des efforts et des sacrifices momentanés, faits dans le but de présenter transitoirement des pièces remarquables qu'on ne serait pas maître de recommencer.

Dans le second cas, les qualités et le succès sont absolument passagers; ils dépendent des secours que le fabricant peut aller chercher momentanément près des plus habiles artistes compositeurs ou exécuteurs, et dans les sacrifices qu'il consent à faire, soit pour présenter à l'exposition un beau tableau, soit pour satisfaire un riche amateur.

La commission n'a pu admettre que ces qualités transitoires dussent entrer en lice avec les moyens industriels; elle a pensé que le choix des artistes les plus habiles et les sacrifices pécuniaires les plus grands, dans l'exécution d'un vitrail, seraient insuffisants, si l'industrie ne fournissait à ces habiles compositeurs et exécuteurs les verres, les couleurs, et les moyens de cuisson, qui constituent de beaux et solides vitraux.

Elle a conclu de ces considérations que, pour mériter une récompense industrielle, il ne suffisait pas qu'un vitrail fût beau, convenablement composé, et même bien exécuté, sous le rapport de l'art et *de l'époque* à laquelle on veut le rapporter, mais encore qu'il était nécessaire qu'il y eût de la part de l'auteur ou de la fabrique qui le présentait, quelque chose de neuf, soit dans les verres teints, soit dans les couleurs d'application, soit dans les procédés d'exécution, soit enfin dans les moyens de cuisson, de mise en plomb, de monture, etc., etc.; c'est sous ce rapport que les commissions réunies des beaux-arts et des verreries ont dû examiner et juger les vitraux présentés à l'exposition.

Les vitraux teints et peints qui ont été exposés peuvent donc être rangés dans deux catégories :

1° Ceux où domine la partie *industrielle* de la peinture sur verre, et nous y rangeons dans l'ordre de mérite, mais souvent à des distances très-grandes :

MM. Bontemps et Lormier de Choisy ;

M. Billiard, de Paris ;

MM. Marrel et compagnie, de Chatou ;

M. Wicklund, vitrier de Paris.

2° Ceux dans lesquels la partie artistique est dominante et qui ne présentent rien de remarquable sous le rapport industriel, ce sont :

M. Thévenot, de Clermont ;

MM. Marchal et Gagnon, de Metz.

Nous allons examiner les productions de ces exposants dans un autre ordre, dans celui des distributions accordées.

MÉDAILLE D'OR.

MM. Bontemps et Lormier, propriétaires et directeurs de la verrerie de Choisy.

Ils paraissent avoir rempli parfaitement toutes les conditions énumérées dans la première considération. Ils font pour eux, et livrent au commerce, du verre blanc assez bien approprié à la peinture sur verre par sa dureté et son épaisseur. Ils ont présenté une palette de *verres teints* qui, par la variété de ses tons, la richesse de quelques-uns, est un des plus complets et des plus riches assortiments de verres de couleur que nous ayons encore vus en France et peut-être même en Bavière, où cette variété de tons a été portée si loin. Quelques-uns de ces verres de couleurs sont doublés, ce qui permet de varier les effets au désir de l'artiste le plus exigeant.

Ils n'ont pas présenté de palette séparée de *couleurs d'application*, mais l'exécution des figures et des ornements qui entrent dans leur exposition, en montrant une grande variété de couleurs et de tons, fait voir que cette verrerie n'est pas moins riche en couleurs de moufle ou d'application qu'en verres teints.

La manière dont MM. Bontemps et Lormier ont mis en pratique les moyens industriels qu'ils possèdent et qu'ils fournissent à toutes les personnes qui veulent établir des ateliers de peinture sur verre indique une très-bonne entente de l'emploi de ces moyens; mais lors même qu'il fût médiocre, que leurs figures fussent mal dessinées, que leurs ornements fussent de mauvais goût, cela ne leur ôterait rien de leur mérite industriel; nous leur dirions : Faites quelques sacrifices pour l'exposition, adressez-vous à tel artiste qui a dans ce moment la vogue comme compositeur d'ornements, à tel habile peintre qui entend, en outre, l'effet qu'on doit demander à des vitraux, payez le prix élevé que ces compositions et dessins vous coûteront, et vous satisferez, avec cette volonté et de l'argent, toutes les exigences.

Or nous ne pourrions pas dire la même chose à la plupart des autres exposants, car la manufacture de Choisy ou toute autre du même genre leur fournissant leurs moyens industriels, il ne leur reste que le mérite de l'exécution artistique.

Outre ces pièces nombreuses et variées de peinture sur

verre, la manufacture de Choisy a exposé des verres à vitre, des cristaux blancs et colorés, des cages de verre dont un autre rapporteur vous parlera.

Le jury, sur les avis réunis de la commission des beaux-arts et de la commission des poteries et verreries, décerne à MM. Bontemps et Lormier, pour l'ensemble de leur fabrication, mais plus particulièrement encore pour les vitraux peints, la médaille d'or.

MÉDAILLE D'ARGENT.

M. Thévenot, de Clermont.

Il a composé, exécuté et soumis au jugement du jury, des vitraux importants par leur grandeur et leur destination : un seul de ces vitraux a été mis dans les salles de l'exposition, cela suffisait; le jury a pu aller voir les autres dans leur place, c'est-à-dire dans la condition nécessaire pour qu'on puisse juger plus exactement leur mérite; car c'en est un grand pour les vitraux que d'être faits pour la place qu'ils doivent occuper.

Ce sont trois vitraux qui remplissent les trois grandes fenêtres du chœur de l'église de Saint-Germain-l'Auxerrois; ils ont dû être faits pour s'accorder avec l'époque de la fondation de cette église, époque si bien établie par le style de son architecture; ils devaient présenter et présentent, en effet, des figures exécutées de la manière la plus simple, en couleurs vives pour les vêtements, mais dont les plis et les mouvements peu prononcés ne sont indiqués que par des ombres à peine nuancées, en couleurs pâles, presque d'un seul ton et sans aucun modelé pour les chairs. Ces figures sont placées dans des espèces de cartels à fond bleu, enchâssés eux-mêmes dans une mosaïque en quadrilles bleus et rouges.

Ces vitraux sont, par cette simplicité et le style des figures, appropriés au monument dont il font partie, et, par conséquent, à une époque où l'art ne possédait pas tous les moyens qu'il a acquis depuis; leur exécution, sous le rapport technique ou industriel, offrait donc ce *qu'il y a de plus simple* et peut-être *de plus facile*, c'est-à-dire des couleurs de verre peu variées et que toutes les verreries peuvent parfaitement fournir, à l'exception du rouge; des couleurs de moufle, réduites à quelques gris et à quelques brunâtres. La découpure des verres, le dédoublage fort rarement employé du verre rouge, n'offrent, pas plus que les verres de couleurs et les couleurs d'application, rien qui ne soit parfaitement connu et qui ne puisse être fait par toute personne ayant la plus simple notion de l'art.

Outre ces fenêtres, M. Thévenot a ajusté toutes les fenêtres en vitraux de couleur qui ornent la chapelle de la Congrégation de la rue de Sèvres, 105; il n'y a que des fonds mosaïques et des ornements, et le travail du vitrier l'emporte sur celui du peintre sur verre; mais ce travail, dirigé par M. Thévenot a tout le mérite d'ajustement, de style et d'effet que l'on pouvait désirer.

Le mérite que peuvent avoir ces grands vitraux, presque *nul sous le rapport industriel*, consiste uniquement dans la juste appréciation du caractère des vitraux de l'époque à laquelle on s'est reporté, et, par conséquent, dans la science archéologique et dans son heureuse application, de la part de la personne qui en a fourni les cartons; cette personne est M. Thévenot. C'est un mérite tout historique et tout artistique. Or la section des beaux-arts a jugé que M. Thévenot s'était soumis aux conditions de roideur des figures, d'extrême simplicité de tons, d'effet chrômique des fonds, que la science archéologique lui imposait, et a déclaré que M. Thévenot avait complétement atteint, sous le rapport artistique, le but qu'il avait dû se proposer.

Quoique cette considération puisse paraître étrangère à l'objet de l'exposition des produits de l'industrie, les commissions réunies des beaux-arts et de la verrerie, vu les efforts constants et les sacrifices qu'a faits M. Thévenot pour faire revivre et répandre la peinture en vitraux, *en se reportant à une époque où l'extrême simplicité du travail permettait de faire de l'effet par un mode d'exécution peu dispendieux*, vu les grands travaux qu'il a exécutés avec succès, ont proposé et le jury a décidé de décerner à cet artiste une médaille d'argent.

MÉDAILLES DE BRONZE.

MM. Marchal et Gagnon, à Metz,

Ont exposé deux fenêtres représentant, l'une une Vierge et l'enfant Jésus, l'autre un évêque vu de profil; ces fenêtres ont, au premier aspect, frappé tout le monde par l'effet que produisent nécessairement de grandes figures lumineuses sur un fond brun. Or il est aisé d'obtenir de pareils effets par des oppositions si tranchées, si crues. Mais n'y a-t-il pas autre chose dans ces vitraux que cette exagération d'effet si facile à produire par des couleurs sombres employées sous une forte épaisseur? C'est ce que nous avons dû chercher, et nous n'avons trouvé ici, comme sur les autres vitraux, que des verres de couleurs fournis par des verreries et des couleurs de moufle connues et faites par toutes les personnes qui fabriquent ce genre de couleurs.

Néanmoins, en examinant de près ces deux fenêtres, dont la commission des beaux-arts est loin d'approuver le dessin, le modelé et l'effet, nous avons remarqué dans les tons et passages des carnations, dans les gants violets de l'évêque une puissance et une vivacité de couleur qui font présumer que les auteurs ont obtenu, par eux-mêmes, quelques nuances de couleur qui leur seraient particulières, ou qu'ils ont su tirer des couleurs ordinaires, qu'ils les aient faites ou qu'ils les aient achetées, des effets assez remarquables. Nous pensons que, vu la grandeur de ces vitraux, et la manière assez large, quoique très-finie, dont les figures qui les composent ont été traitées, il est convenable d'encourager par une distinction ce nouveau centre de peinture sur verre.

Le jury accorde, en conséquence, à MM. Marchal et Gagnon une médaille de bronze.

Les chefs des ateliers dans lesquels les vitraux précédents, à l'exception de ceux de Choisy, ont été peints et montés, ont pris leur verre de couleur dans des verreries à vitres, la plupart dans la verrerie de Choisy, et le verre rouge toujours dans cette verrerie. Ils ont presque tous acheté leurs couleurs vitrifiables d'application chez MM. Dubois-Mortelèque, Colleville, etc., habiles fabricants de cette sorte de couleur.

Il leur reste donc l'application de ces couleurs sur le verre, art bien plus facile que celui de la peinture sur porcelaine, la composition et le dessin, qui peuvent être beaux, admirables même, s'ils sont habiles artistes ou s'ils veulent payer à des hommes habiles le prix exigé pour de telles compositions, puis la cuisson et enfin la mise en plomb. Or les moyens d'application, de cuisson et de monture sont tous à peu près les mêmes, et nous n'avons trouvé quelques procédés, soit nouveaux soit perfectionnés, dans chacune de ces trois opérations de la peinture sur verre, que dans les produits des exposants que nous allons citer.

M. Billard, à Paris, rue Neuve-Ménilmontant, 15.

Nous avons remarqué, dans l'atelier de M. Billard, des moufles en fonte bien construites, un emmouflement et une conduite de feu qui lui permettent de cuire avec sûreté et économie de très-grandes pièces de verre, du genre de décoration qu'on appelle de la *mousseline*. Cet exposant a présenté, d'ailleurs, un assortiment de couleurs d'application qui nous a paru varié et assez complet, offrant des tons assez beaux, qu'on n'obtient pas toujours facilement.

Enfin M. Billard, par quelques procédés d'impression, par une coupe intelligente des verres, par une cuisson bien ménagée, sous le rapport de l'emmouflement et de la conduite du feu, est arrivé à établir des fenêtres à un prix aussi modéré que le comporte le mérite du dessin et de la composition.

Le jury, sur ces considérations, décerne à M. Billard une médaille de bronze.

MM. Marrel et Cie, à Chatou.

Il s'est élevé depuis peu à Chatou un établissement considérable de décoration de verres, et principalement de vitrage en couleurs vitrifiables.

Cet établissement, sous la désignation de société des vitrifications de MM. Marrel et compagnie, a mis à l'exposition trois fenêtres en vitraux peints, l'un avec une figure de saint Paul, qui nous a paru rendue avec la simplicité des vitraux les plus anciens, mais avec une perfection qui, sans être en opposition avec cette simplicité, est en rapport avec l'époque de l'exécution, et deux autres fenêtres principalement en ornements divers, les uns en blanc dans le genre que l'on appelle *mousseline* ou *dentelles*, les autres en couleurs diverses. Les unes et les autres sont exécutées avec une perfection et une pureté qui, jointes au bas prix de ces ornements, font tout de suite présumer qu'on n'a pu remplir ces deux conditions que par des moyens mécaniques; ces vitraux sont donc de *vrais produits d'une industrie perfectionnée.*

En effet, l'un de nous a visité en détail la manufacture de MM. Marrel et compagnie; il a été frappé de la grande échelle sur laquelle elle a été construite, de la disposition commode et grandiose des ateliers, des moufles de cuisson, au nombre de sept, des magasins et des galeries de montage et d'exposition des vitraux tant en exécution que terminés.

Quoique cette fabrique ait encore mis peu de choses dans le commerce (elle a garni de verres en mousseline et tulle les salles du restaurant des Frères provençaux, celles d'un autre restaurant, faubourg du Temple, et quelques maisons particulières), elle a beaucoup travaillé; son magasin renferme pour environ 5,200 francs de vitres décorées et prêtes à être livrées et elle avait vendu pour 800 francs. Loin de présenter ses produits comme des essais, elle les présente comme des échantillons parfaits de ce qu'elle fabrique habituellement.

Le nombre des personnes qu'elle emploie est bien peu considérable; mais les procédés qu'elle suit, pour faire en verre peint toutes sortes d'ornements, depuis les plus simples jusqu'aux plus composés, sont si exacts et si expéditifs, que ces personnes suffisent et suffiront longtemps à ses travaux.

La description de ses procédés exigerait des détails qui ne sont point dans nos attributions ; il nous suffira de dire que l'un de nous a vu décorer deux grandes vitres ornées d'un fond de tulles des plus compliqués, recouvert d'une broderie en couleur, à large dessin, et que ces deux opérations ont duré cinq minutes. Nous ajouterons que ces fonds de tulles et ces broderies faits par des procédés mécaniques, que les autres ornements terminés à la main, que tous les accessoires enfin, présentent une pureté de contour qui flatte la vue. L'établissement est en mesure d'établir depuis le vitrage d'appartement et de salles de réunion, destiné à être vu de près, jusqu'à des vitraux d'église qui doivent de loin faire un effet convenable. Les vitres ornées en plein sont portées suivant leur richesse depuis 1 franc jusqu'à 3 le pied carré; la fenêtre de Saint-Paul est de 500 francs.

Cet établissement ayant offert l'exemple d'une création tout à fait industrielle, dans lequel on peut faire tout ce que l'art demandera, le faire bien, beau et digne de ce siècle, suivant le talent de l'artiste qui conduit les travaux, enfin les faire bien et à un prix très-bas;

Le jury décerne à MM. Marrel et compagnie une médaille de bronze.

MENTION HONORABLE.

M. Wiklund, à Paris, rue Saint-Honoré, 99.

Un vitrier de Paris, M. Wiklund, a annoncé qu'il avait un procédé de mise en plomb et de monture qui permettait de monter des vitraux avec plus de solidité, et en même temps avec une assez notable diminution de prix. Nous nous sommes assurés de la réalité de son assertion non-seulement en examinant les pièces qu'il a mises à l'exposition, mais encore en faisant visiter son atelier par le chef de l'atelier de peinture sur verre de la manufacture royale de Sèvres.

Ce procédé consiste,

1° Dans la réduction à une seule opération des opérations ordinairement successives du soudage et de l'étamage des plombs;

2° Dans l'emploi d'un fer cylindrique pour le soudage, et dans la manière de s'en servir;

3° Dans l'invention d'un instrument qu'il appelle tournette, et qui est un diamant propre non-seulement à couper le verre, mais à le découper suivant les contours des ornements et figures à mettre en plomb.

Il paraît qu'avec ses procédés de soudage, d'étamage et de découpure du verre, M. Wiklund peut monter, au prix de 4 à 5 francs le pied carré, un vitrail aussi compliqué que ceux de la Sainte-Chapelle.

Le jury pense que M. Wiklund est digne, pour ces inventions, d'une mention honorable.

SECTION II.

BRONZES ET BILLARDS.

M. Sallandrouze, rapporteur.

BRONZES.

Considérations générales.

L'industrie des bronzes mérite un sérieux examen. Il n'est pas sans intérêt de suivre la marche de cette industrie, dont nous retrouvons les traces dans la plus haute antiquité. Le bronze fut en usage chez les Hébreux, les Égyptiens et les Grecs; à Rome, on le retrouve en bas-reliefs sur les portes des temples, en statues sur les places publiques; il devient le dépositaire des lois : on le nomme le métal sacré; puis il disparait tout à coup avec la civilisation romaine pour reparaître à cette époque de renaissance des arts où Donatello, Ghiberti, Benvenuto lui confient les titres de leur grande renommée.

C'est seulement vers 1624 que le bronze se naturalise en France. Louvois établit alors les fonderies de l'arsenal; bientôt, vers la fin du règne de

Louis XV, Gonthière invente la dorure au mat : le bronze prend un nouvel essor, il devient un objet de luxe et d'ameublement ; ses progrès, en ce genre, sont rapides : la fabrique de bronze envoie à l'exposition de 1806 des produits qui la placent au premier rang ; depuis cette époque, cette industrie, toute française, ne connait pas de rivale.

La [illegible]ue de Paris produit annuellement une valeur de vingt-cinq millions de francs et occupe 6,000 ouvriers ou apprentis qu'on peut ainsi répartir :

Ouvriers fondeurs.	800
Tourneurs.	600
Monteurs ajusteurs.	1,800
Doreurs, argenteurs, vernisseurs, metteurs au vert.	600
Ciseleurs	1,200
Sculpteurs modeleurs.	400
Ouvriers divers, hommes de peine. . .	600
Total. . .	6,000

Voici les données sur lesquelles nous déterminons le nombre des ouvriers employés, en prenant pour base le chiffre de la production :

Nous avons estimé le chiffre annuel du commerce des bronzes à. . . . . 25,000,000 fr.

Déduisons le bénéfice commercial, estimé à 15 pour 100, reste à. 21,230,000

L'emploi d'or, valeur intrinsèque estimée à un seizième, reste à	17,691,667
La valeur intrinsèque du cuivre, estimée à un seizième, reste à. .	14,959,723
L'horlogerie, les marbres, les cylindres, estimés à 2,000,000 f., reste à.	12,959,723
Bois, charbons, sables, outils, chauffage, éclairage, estimés 1,000,000 fr., reste à. . . .	11,959,723
Impôts, patentes et loyers, estimés à 500,000 fr., reste à. . .	11,459,723
Les frais de modèle et bénéfice de fabrique, estimés à 25 pour 100, reste à.	8,594,793
Et 6,000 ouvriers à 4 fr. par jour, journée moyenne, donnent par an de salaire.	8,400,000

Les principaux marchés sur lesquels les bronzes obtiennent faveur sont l'Angleterre, la Belgique, l'Italie, l'Allemagne, la Russie.

En présence de ce chiffre de 25,000,000 fr. de produits et du mouvement d'exportation qui en est la suite, si l'on considère que l'industrie des bronzes se trouve répartie, à Paris, entre 200 ateliers, il devient évident que cette industrie tend à pénétrer dans les fortunes moyennes et à devenir un objet de consommation ordinaire; c'est là que sont le secret de sa fortune et la garantie de son avenir.

N'est-on donc pas en droit de s'étonner que cette fabrication ne se montre pas à l'exposition sous ce point de vue, et que la question industrielle y soit presque entièrement sacrifiée aux produits d'art ou aux produits de luxe?

Si l'on examine, en effet, avec quelque attention les bronzes exposés, on est amené à la nécessité de les diviser en trois catégories distinctes.

La première catégorie comprendra la fonderie et les bronzes d'art. Nous jugerons les bronzes d'art sous le point de vue industriel.

Ces bronzes, qui sont à proprement parler des éditions d'œuvres d'artistes, sans aucune prévision d'emploi, conservent, entre les mains des fabricants, leur caractère primitif; admis sous ce caractère à l'exposition des arts, ils se sont adressés à leur public et à leurs juges : leur rôle s'est donc accompli en ce sens dans les salles du Louvre et se neutralise en partie dans celles de l'exposition de l'industrie où ils viennent chercher un autre public et d'autres juges.

La deuxième catégorie comprendra les bronzes de luxe et d'ameublement. La question ici se présente toute différente : ces bronzes doivent, en effet, se juger sous le double point de vue qui leur est propre, de l'industrie manufacturière et de l'art industriel.

La troisième catégorie comprendra les bronzes de manufacture qui s'adressent à la consommation moyenne. Il convient de signaler ici une lacune qui nous semble mériter toute l'attention du jury central. Dans la première et la seconde catégorie, aucune des maisons qui pouvaient honorer cette industrie n'a manqué à l'appel, tandis que la troisième, la plus importante, la plus féconde en résultats, en influence, y est à peine représentée. N'est-ce pas l'occasion de combattre une idée qui, malheureusement, semble avoir pris faveur parmi les industriels ? C'est que les objets exposés dans les salles de l'industrie doivent être produits en dehors de la fabrication journalière. Aussi la plupart des fabricants de bronzes qui fournissent à la consommation moyenne, ne se jugeant pas suffisamment artistes, se sont fermé volontairement les portes de l'exposition, quoique ce fût à titre d'industriels qu'on les y avait appelés. C'est à ce titre, surtout, qu'ils ont droit de fixer l'attention du jury et de réclamer son jugement.

La prospérité de l'industrie des bronzes repose sur l'emploi des procédés et sur la division du travail; cependant, tout en signalant les résultats et les grands avantages de la science de la mise en œuvre, nous sommes bien loin de vouloir prohiber l'art en matière d'industrie; l'art ne doit être qu'un des moyens actifs de la solution de la première partie du problème posé : *perfection dans le produit;* mais il ne faut pas le séparer de l'exécution industrielle. Cette heureuse alliance n'est point une utopie impossible à réaliser. On en est convaincu, en voyant les belles formes des vases étrusques, l'élégance des candélabres grecs, toute cette beauté, tout ce bon goût des choses d'usage qui touchaient à la vie privée; en rétablissant par la pensée le nombre des produits qui nous sont arrivés épars et incomplets, nous voyons combien le domaine de l'art était vaste dans l'antiquité, et si nous passons sous silence l'industrie des XVe et des XVIe siècles, c'est qu'elle était une industrie princière tout à fait appropriée à l'état social exceptionnel de cette époque.

Puisque l'art est utile au point de multiplier nos jouissances industrielles, puisque d'ailleurs on peut y atteindre sans excès de dépense, il faut le demander à l'industrie; il faut qu'elle s'y soumette, même dans ses œuvres populaires.

En attendant ce résultat désirable, nous devons signaler les progrès faits depuis cinq ans par l'industrie des bronzes, sous le point de vue de l'art et dans la voie nouvelle qui lui avait été signalée.

Dans l'état actuel de cette industrie, et sauf un petit nombre d'exceptions, les fabricants ne fondent pas le métal, ils remettent leurs modèles à des fondeurs qui exercent spécialement ce genre d'industrie.

Le patronage sous lequel les artistes ont pris la fonderie depuis quelques années a été, pour cette dernière, l'occasion d'un progrès remarquable sous le rapport de la perfection dans les produits; mais, pour se faire une juste idéee de l'importance nouvelle de la fonderie, il faut visiter les grands travaux, les monuments exécutés par MM. Soyez et Ingé, que le jury n'a pas hésité à placer au premier rang.

---

§ 1er. FONDERIE, BRONZES D'ART.

MÉDAILLE D'OR.

MM. Soyez et Ingé, à Paris, rue des Trois-Bornes, 28.

En jugeant l'exposition de ces hardis fondeurs, on peut apprécier le bon goût qui a présidé au choix des modèles, le mérite et le fini de l'exécution; mais, pour être mieux informé de la valeur réelle de ces fabricants, il faut penser que, chaque jour, ils s'éloignent volontairement de la production des petits bronzes pour se livrer de préférence à la fonte des grands morceaux; nous rappellerons ici, comme ils l'ont fait eux-mêmes sur leur tableau d'exposition, les magnifiques travaux par lesquels ils se recommandent le plus à l'attention du jury.

Nous citerons la statue colossale d'Emmanuel-Philibert, un christ de Marochetti, le chapiteau de la colonne de Juillet, la plus grande pièce qui ait été fondue d'un seul jet pesant 10,000 kil., d'une circonférence de plus de 80 pieds et n'ayant que 4 lignes d'épaisseur.

Le jury, considérant la véritable importance des travaux de MM. Soyez et Ingé, leur décerne une médaille d'or.

NOUVELLES MÉDAILLES D'ARGENT.

MM. Richard, Ecke et Durand, à Paris, rue des Trois-Bornes, 15.

Parmi les belles productions de ces habiles fondeurs, nous signalerons particulièrement, comme travail admirable de fonte, le bas-relief de M. Triqueti représentant la famille de Thomas Morus, les chambranles de la porte de la Madeleine, le grand vase à deux anses qui présentait au moulage des difficultés réelles si victorieusement surmontées.

Le jury, trouvant réunies, dans cette importante exposition, perfection de produits, exacte reproduction des modèles au moindre prix possible, décerne à MM. Richard, Ecke et Durand, une nouvelle médaille d'argent.

M. Quesnel, à Paris, rue des Amandiers-Popincourt, 22.

Les produits de ce fondeur sont nombreux à l'exposition : nous signalons comme plus dignes d'attention

La Napolitaine de Dantan,

L'Improvisateur de Duret,

Le Génie de la chasse de Debay.

Nous parlerons, avec moins d'éloge, d'un candélabre-jet d'eau. Son résultat de fonte nous a paru moins satisfaisant; mais en ces sortes de travaux, c'est juger témérairement que de juger d'une manière absolue les produits, sans avoir égard au modèle qui a servi de point de départ et qui, peut-être, avait déjà quelque chose de cette indécision qu'on retrouve dans le surmoulé.

En dehors des grandes pièces dont nous venons de parler, on peut encore remarquer la petite coupe de Benvenuto, admirable produit de fonte, et un martin-pêcheur que M. Quesnel a eu l'heureuse idée d'exposer avec ses jets, tel qu'il sort du moule et sous la couleur naturelle du cuivre qui montre le produit dans toute sa vérité.

Le jury, voulant récompenser les constants progrès que M. Quesnel fait faire à son industrie, lui décerne une nouvelle médaille d'argent.

MÉDAILLE DE BRONZE.

M. Debraux d'Anglure, à Paris, rue Castiglione.

M. Debraux d'Anglure est, pour ainsi dire, éditeur de bronzes d'arts : le premier il est entré dans cette voie et la suit exclusivement.

Nous remarquons à son exposition les deux groupes de Jeckter, la réduction de l'Emmanuel-Philibert de Marochetti, le groupe des ours de Bary.

Par le bon goût qu'il apporte au choix de ses modèles et

les soins qu'il donne à sa production, M. Debraux d'Anglure s'est rendu digne de la médaille de bronze.

---

§ 2. BRONZES DE LUXE ET D'AMEUBLEMENT.

RAPPELS DE MÉDAILLES D'OR.

M. DENIÈRE, à Paris, rue d'Orléans, 9.

Le jury de 1834 a placé M. Denière à la tête de la fabrication des bronzes : depuis la dernière exposition, ce fabricant a fait de constants efforts pour se maintenir au premier rang où nous le retrouvons encore aujourd'hui.

Nous avons été visiter le magnifique établissement de M. Denière pour nous rendre compte de l'importance de sa fabrication : nous y avons trouvé deux cents ouvriers environ; M. Denière nous a déclaré en occuper à peu près le même nombre à l'extérieur. Seul entre tous les fabricants de bronze, il prend le modèle à son origine et complète son entière exécution dans l'intérieur de ses ateliers.

Sa fonderie, dont le personnel est de quatre-vingts ouvriers, fournit ses produits à la petite fabrication; ses ateliers de monture et de tournure sont en même temps aptes à la production des bronzes de luxe et des travaux de précision. C'est ainsi qu'il exécute les échelles métriques pour le ministère des finances et les étalons mesures de capacité pour le ministère de l'intérieur.

Son exposition, par sa variété et sa richesse, nous a paru donner une juste idée de l'importance réelle de sa fabrication. Nous avons remarqué particulièrement un grand plateau en style renaissance, un lustre à camées, un lustre à queue;

Une pendule d'un beau caractère;

Un petit vase à animaux exécuté en manière d'orfévrerie;

Un petit vase à diables en style grec;

Enfin une coupe à têtes, chef-d'œuvre de ciselure.

Ces diverses œuvres sont essentiellement distinctes par leur forme et leur mode de coloration; elles ont toutes, comme art, un point de départ différent.

Enfin nous avons retrouvé, dans l'exposition de M. Denière, la haute expérience de ce fabricant, aidée par les efforts constants de M. Denière fils, dont nous aurons probablement à récompenser bientôt l'intelligence et la capacité industrielle.

Le jury rappelle à M. Denière la médaille d'or dont il s'était déjà montré digne aux précédentes expositions.

MM. Thomire, à Paris, rue Blanche, 45.

MM. Thomire ont dignement soutenu la juste réputation que s'était acquise leur père dans la fabrication des bronzes; leur exposition en fait preuve et montre les progrès qu'ils ont fait faire à leur industrie depuis l'exposition de 1834.

Entre toutes les pièces capitales qui nous ont été présentées, nous avons remarqué

1° Un grand candélabre, style renaissance, exécuté sur les dessins de M. E. Thomire: ce candélabre se distingue par la hardiesse de la composition, le fini de l'exécution, la parfaite harmonie des détails;

2° Un surtout de table qui nous a particulièrement frappés par son élégance et sa richesse : quatre figurines entourées de leurs attributs, représentant la chasse, la pêche, la moisson et les vendanges, sont placées au-dessus d'une frise légère et ornent les quatre côtés du plateau ; ces petites figures pleines de naïveté et de grâce sont dues à M. Cavelier, l'ornementation est de M. Liénard.

Une grande coupe, un lustre or moulu à enfants et chimères, orné de quelques cristaux, une pendule renaissance, une pendule Louis XV, se recommandent également par l'imitation vraie du style et la parfaite exécution.

En un mot, le jury, trouvant réunis, dans la belle exposition de MM. Thomire, science de mise en œuvre, soins minutieux d'exécution, hardiesse, nouveauté, variété dans les formes, rappelle à ces habiles industriels la médaille d'or dont leur maison s'est toujours montrée digne depuis l'exposition de 1806.

RAPPEL DE MÉDAILLE D'ARGENT.

M. Ledure, à Paris, rue d'Angoulême, 25.

M. Ledure a exposé deux temples en style renasisance, exécutés pour le roi sur les dessins de M. Viollet-Leduc : ces deux temples sont convenablement montés et ciselés ; ils font honneur à M. Ledure, qui, du reste, a toujours occupé un des premiers rangs dans la fabrication du bronze.

Le jury lui accorde le rappel de la médaille d'argent.

MÉDAILLE D'ARGENT.

M. Viteau, à Paris, rue Vivienne, 16.

M. Viteau a exposé une pendule renaissance exécutée sur les dessins de M. Harveuf, et sur les modèles de M. Klagmann : cette pendule se distingue par sa forme et son originalité ; l'exécution en est irréprochable, c'est même sous ce point de vue une des pièces les plus remarquables de l'exposition.

Les plus grands soins ont été apportés à la monture et à la ciselure.

Le jury, estimant par cette preuve la bonne fabrication de M. Viteau, lui décerne la médaille d'argent.

MÉDAILLES DE BRONZE.

MM. Chaumont et Marquis, à Paris, rue Chapon, 23.

M. Chaumont, par l'ancienneté, l'importance de sa fabrication, se place au premier rang dans l'industrie des bronzes : entre autres objets exposés par ce fabricant, nous avons remarqué des candélabres style renaissance et une pendule or moulu représentant l'histoire ;

Un grand lustre à enfants et chimères.

Ces produits, d'une exécution moins soignée que les précédents, ont cependant toute la perfection que comportent leur genre et la nécessité de les établir à des prix qui en facilitent la consommation.

La fabrication de M. Chaumont, qui nous a paru dans de bonnes conditions de solidité et d'économie, lui mérite la médaille de bronze.

M. Serrurot, à Paris, rue de Richelieu, 89.

M. Serrurot soutient la réputation que s'est acquise M. Galle dans la fabrication des bronzes.

Entre autres pièces de son exposition, nous avons remarqué

Une pendule figure de vierge ;

Une pendule à enfant jouant du chalumeau ;

Une grande pendule et deux candélabres or moulu style renaissance ;

Enfin un feu à levrette et à tête de loup dont le dessin nous a paru d'un goût pur et d'un bon style.

Le jury décerne à M. Serrurot une médaille de bronze.

---

§ 3. BRONZES DE MANUFACTURE S'ADRESSANT A LA CONSOMMATION MOYENNE.

MÉDAILLES D'ARGENT.

M. Victor Paillard, à Paris, rue de la Perle, 3.

Les principaux produits exposés par ce fabricant sont

1° Un grand candélabre qui, par sa forme et son exécution, est la pièce éminente de l'exposition de M. Paillard ;

2° Une pendule Vierge au chardonneret ; la figure due à M. Feuchère est d'une bonne manière de sculpture ;

3° La petite pendule cariatide tout or moulu.

Nous devons aussi signaler le fini d'un petit flambeau qui se recommande par sa forme, mais que son prix ne permet pas d'estimer à la même valeur que les autres articles de l'exposition de M. V. Paillard.

Ces produits, appréciés au point de vue de l'exécution, sont tous également satisfaisants : la monture est dans de bonnes conditions de solidité et de pureté ; la ciselure est bien entendue, et l'on voit que l'esprit de la conservation du modèle a présidé à l'exécution du surmoulé ; ces produits se peuvent d'ailleurs livrer à la consommation moyenne à des prix avantageux ; c'est par ce double motif que le jury considère l'exposition de M. V. Paillard comme une preuve industrielle qui témoigne de la capacité de son auteur, et lui décerne la médaille d'argent.

M. Villemsens, à Paris, rue Sainte-Avoie, 57.

Il est facile de remarquer, dans l'ensemble des produits exposés par M. Villemsens, que la plupart d'entre eux s'adressent plus particulièrement aux églises. Ces produits sont, en général, d'une bonne fabrication, mais la routine semble avoir consacré invariablement certaines formes dont il serait heureux que le bon goût fît justice.

Cependant le bas prix auquel ce fabricant est parvenu à établir ces objets nous a paru devoir fixer particulièrement l'attention du jury.

M. Villemsens paraît avoir placé, non sans raison, toutes ses prédilections de fabricant sur une aiguière dorée au mat, représentant le triomphe de Neptune, et dont il a donné lui-même les dessins.

Plusieurs autres bronzes en partie modelés par ce fabricant prouvent qu'après avoir obtenu en 1834 la médaille de bronze, pour sa belle imitation de l'armure de François Ier, il s'est rendu digne, en 1839, de la médaille d'argent que le jury lui décerne.

NOUVELLES MÉDAILLES DE BRONZE.

M. Gagneau, à Paris, faubourg Saint-Denis, 17.

M. Gagneau est en même temps fabricant de bronzes et lampiste : à ce double titre il a droit à nos éloges

Nous citerons les pièces les plus remarquables de son exposition :

1° Une grande lampe suspendue à cinq becs ;

2° Une lampe suspendue à un bec ;

3° Une lampe à main à trois enfants ;

4° Une dite à trois figures, qui lui servent de piédestal.

Ces quatre lampes sont toutes d'une silhouette agréable et d'un détail précieux ; la sculpture en est due à M. Klagmann. Cependant celle à cinq becs nous semble très-chargée de bronze, et comporte une dépense peu en rapport avec le résultat qu'elle présente comme éclairage.

Ceci est encore plus vrai pour la lampe suspendue à un seul bec, dans laquelle lampe nous retrouvons encore le principal sacrifié à l'ornementation, qui est l'accessoire.

Nous devons cependant féliciter M. Gagneau des progrès rapides qu'il a faits dans la fabrication des bronzes, et qui certainement seront, pour la lampisterie, l'occasion d'une révolution bien désirable.

Le jury décerne à M. Gagneau une nouvelle médaille de bronze.

M. Vallet-Cornier, à Paris, chaussée des Minimes, 3.

Présente des produits bien fabriqués, et qui, par la modicité de leur prix, ont une grande circulation.

Les magasins de bronze et de quincaillerie de Paris sont tous fournis de ses galeries, feux, porte-pelle et pincettes, qui, d'ailleurs, trouvent aussi dans la commission un débouché très-important.

Nous citerons la galerie sangliers, bronze et or,

La galerie enfants, or moulu,

La galerie chiens épagneuls.

Ce fabricant est de ceux qu'il faut apprécier par la multiplicité de leur production : c'est à ce titre que le jury lui décerne une nouvelle médaille de bronze.

MÉDAILLES DE BRONZE.

MM. Michel-Valin et Ubaudi, à Paris, rue des Marais-du-Temple, 12.

Le plateau, le lustre et la grande pendule exposés par MM. Michel et Ubaudi sont d'un style mi-parti rocaille, mi-parti renaissance; leur coloration laisse peut-être quelque chose à désirer ; l'exécution mérite cependant d'être signalée; elle prouve qu'en peu de temps M. Ubaudi deviendra parfaitement maître de son art.

Pour récompenser les efforts de MM. Michel et Ubaudi, le jury leur décerne une médaille de bronze.

M. Courcelle, à Paris, rue Beaubourg, 44.

M. Courcelle a exposé quatre lustres :

1° Lustre en cristal de couleur destiné à l'exportation;

2° Lustre bronze artistique et or moulu, à 36 lumières, style renaissance;

3° Lustre à 24 lumières, style Louis XIV, or moulu;

4° Un lustre en cristal, 36 lumières.

M. Courcelle se livre spécialement à la fabrication des lustres, qui sont pour lui l'objet d'un grand commerce; ses lustres, livrés à très-bas prix à la commission, trouvent à l'étranger des débouchés faciles.

Le lustre rocaille, surtout par sa bonne exécution, a fixé particulièrement l'attention du jury, qui décerne à M. Courcelle la médaille de bronze.

MENTIONS HONORABLES.

M. Cataert, à Paris, faubourg Saint-Denis, 25.

Les produits de M. Cataert, également fabricant de lustres, sont destinés particulièrement à l'exportation.

Cette fabrication présente des difficultés, et exige de grands soins d'exécution.

Les bronzes ne servent que de carcasse, ils doivent être disposés de telle façon que les cristaux qu'ils supportent jouent à l'aise et sans chance de casse.

M. Catacrt est placé au premier rang dans ce genre de fabrication; nous regrettons, en passant, que la plupart des cristaux employés dans ces lustres soient d'origine allemande.

Le jury lui décerne une mention honorable.

M. Grignon, à Paris, rue d'Anjou, 13.

Nous parlerons peu de l'exposition des bronzes de M. Grignon; mais nous mentionnerons honorablement un nouveau procédé de dorure qui présente, comme prix, des avantages extraordinaires; il promet, d'ailleurs, de mettre un terme aux maladies qui résultent, pour les doreurs, de l'exercice de leur profession. A ce double titre, l'invention de M. Grignon mérite tout intérêt, et si les conditions du programme, économie, salubrité, sont remplies, lorsque le procédé sera mis en activité, on ne saura trop dignement récompenser l'inventeur.

Nous regrettons que M. Grignon n'ait pu nous donner aucun renseignement qui pût nous mettre à même de juger de la valeur réelle de son procédé.

NOUS CITERONS FAVORABLEMENT :

M. Morel-Savart, à Paris, rue Neuve-Saint-Gilles, 14,

Pour ses animaux au pâturage;

M. George, à Paris, rue Saint-Denis, 374,

Pour son imitation, en bois et zinc, des pendules dorées;

M. TARD, à Paris, rue des Amandiers-Saint-Jacques, 14,

Pour son imitation de bronze en zinc;

M. CAMBRAY, à Paris, rue Saint-Martin, 223,

Pour ses surtouts en carton doré;

M. TOY et frères, à Paris, chaussée d'Antin, 19,

Pour leurs feuillages en bronze sans soudure.

---

§ 9. BILLARDS.

MÉDAILLE DE BRONZE.

M. BOUHARDET, à Paris, rue de Bondy, 66.

M. Bouhardet, demeurant à Paris, rue de Bondy, 66, expose un billard en bois de palissandre avec incrustations de cuivre et maillechort sur écaille et orné de panneaux en porcelaine de Sèvres : ce meuble nous a paru très-remarquable comme exécution, et la forme, qui permet aux joueurs de circuler autour, en toute liberté, parfaitement appropriée à son usage. La table, en acajou, de 3 pouces 2 lignes d'épaisseur, est faite de manière à ce que les couches concentriques et excentriques du bois forment un seul tout, et constituent la permanence des niveaux.

M. Bouhardet est aussi l'inventeur d'une nouvelle table faite en papier placé sur champ et qui paraît à l'abri de toute influence atmosphérique.

Pour récompenser les constants efforts de M. Bouhardet et les progrès qu'il a fait faire à son industrie, le jury lui décerne une médaille de bronze.

MENTIONS HONORABLES.

Madame Cosson, rue Grange-aux-Belles, 20,

Expose : 1° un grand billard, meuble de boule en ébène avec incrustation de cuivre sur les bandes ; la table, en chêne, de 3 pouces d'épaisseur, est faite à double assemblage; 2° un petit billard en palissandre orné de peinture imitant parfaitement les incrustations. La forme de ce billard nous a semblé nouvelle; les quatre pans ont été abattus pour donner de la facilité aux joueurs, les blouses ne sont pas apparentes.

Le jury, pour récompenser la bonne fabrication de madame Cosson, lui accorde une mention honorable.

MM. Guillelourette et Thomeret, à Paris, rue des Marais-Saint-Martin, 47.

MM. Guillelourette et Thomeret soutiennent la réputation que s'était acquise M. Chereau dans la fabrication des billards; ils exposent un billard en bois d'ébène orné de bronzes et supporté sur 4 pieds seulement : les blouses de ce billard ne sont point apparentes ; l'exécution en est parfaite dans tous ses détails. La table, très-soignée dans son ajustage, est faite en bois choisi de chêne de Hollande.

Le jury leur accorde une mention honorable.

M. Deskayrac, à Paris, rue de Malte, 12.

M. Deskayrac expose un billard de 10 pieds et demi, à pans coupés avec blouses invisibles; le bois, de palissandre, en est bien choisi pour faire ressortir les incrustations légères qui le décorent; la table est en chêne, de 3 pouces d'épaisseur, tout en bois de fil.

Le jury lui accorde une mention honorable.

M. Barthelmy, à Paris, rue Saint-Pierre-Amelot, 18.

M. Barthelmy expose un billard en palissandre, incrustations de maillechort et cuivre, pieds en bronze, table en ardoise, de 18 lignes d'épaisseur; cette table, par sa solidité et sa justesse invariables, a fixé particulièrement l'attention du jury, qui accorde à M. Barthelmy une mention honorable.

M. Hubert Blondel, à Caen (Calvados).

M. Hubert Blondel, de Caen, expose un billard en ébène avec incrustations de cuivre, étain et nacre, supporté par un seul pied de fonte; cette forme nouvelle a fixé l'attention du jury, qui, pour récompenser les efforts constants de M. Hubert Blondel, lui accorde une mention honorable.

CITATION FAVORABLE.

M. Plenel, à Paris, boulevard St-Martin, 8.

Le jury accorde une citation favorable à M. Plenel pour son billard en palissandre et citron, dont les bandes sont recouvertes en bois pour l'économie et la propreté du drap.

SECTION III.

BIJOUTERIE DE BRILLANTS, PIERRES FINES, D'OR, PLATINE, ARGENT, ETC.

M. le vicomte Héricart de Thury, rapporteur.

Considérations générales.

La bijouterie de Paris a, depuis longtemps, une haute supériorité sur celle de toutes les fabriques étrangères, pour le goût, la grâce, le fini du travail et la perfection des montures.

Cette supériorité est tellement reconnue, elle est si bien établie, qu'à chaque renouvellement d'année, nos bijoutiers reçoivent de nombreuses et riches commandes pour l'étranger.

Ainsi l'Allemagne, la Russie, la Prusse, l'Angleterre même malgré la richesse de ses joailliers, ainsi le Levant et les Indes, ainsi enfin les deux Amériques, tous les pays s'adressent à nos bijoutiers et joailliers dans toutes les occasions où de grands événements, de grandes solennités exigent de riches assortiments, de brillantes parures, et nous pourrions, à cet égard, citer les riches et nombreuses commandes en tous genres qui ont été faites pour les derniers couronnements en pays étrangers.

La bijouterie française a fait, depuis la dernière exposition, de grands et immenses progrès. Elle est entrée dans une voie nouvelle qui rappelle les chefs-d'œuvre des XIIIe, XIVe et XVe siècles, et dont les riches et admirables produits peuvent être comparés aux plus brillantes compositions des grands maîtres de ces temps.

---

§ 1er. BIJOUTERIE.

RAPPEL DE MÉDAILLE D'OR.

M. Wagner-Mention, à Paris, rue des Jeûneurs, 4.

M. Wagner, qui obtint, en 1834, la médaille d'or pour la riche exposition de ses produits d'or et de vermeil décorés de pierreries, d'émaux et d'arabesques dans le genre des admirables nielles de l'Orient et d'Italie du XVe siècle, a présenté, cette année, des produits encore plus riches et plus remarquables.

Dans ce nombre, nous avons particulièrement distingué :

1° La toilette de Psyché, magnifique camée qui exigeait une riche monture dans laquelle M. Wagner a parfaitement réussi au moyen des émaux ;

2° Un vase émaillé dans le style byzantin ou du XIIIe siècle, avec des sujets de la vie de Robert de Clermont et les portraits de Saint-Louis et de Marguerite de Provence, du comte de Clermont et de Beatrix de Bourgogne ;

3° Un vase émaillé avec des peintures faites dans l'émail qui a été poli par-dessus les peintures. Ce vase, qui est de la plus grande beauté, rappelle les plus beaux chefs-d'œuvre du XIIIe siècle ;

4° Une aiguière en argent repoussée avec les figures allégoriques de la Tempérance, de l'Intempérance et celle de la Vérité sur l'anse de l'aiguière ;

5° Une riche reliure décorée de peintures, de pierreries et d'émaux ;

6° Deux magnifiques sabres-cimeterres enrichis de pierreries et de ciselures ;

7° Un grand nombre de pièces de tout genre, en or, vermeil et platine, avec des dessins niellés faits par la gravure à la mécanique.

L'emploi du platine dans la fabrication de la haute orfèvrerie est une des plus importantes et des plus utiles applications que cet art devra à M. Wagner, puisque, en lui offrant une immense réduction de prix sur la matière première, elle lui ouvre un vaste champ pour la fabrication des grandes pièces, montées, enrichies de peintures, de pierreries et d'émaux que l'argent ne pouvait supporter, et qui exigeaient l'emploi de l'or.

A sa riche fabrication, M. Wagner a ajouté la glyptique ou l'art de travailler, creuser, graver, sculpter les pierres précieuses, telles que les agates, les jaspes, les jades, etc., de manière à réunir, à sa volonté et suivant le besoin, tous les éléments qui sont nécessaires pour l'exécution immédiate des plus riches commandes.

Le jury reconnaît que M. Wagner est le premier de l'art qu'il a reproduit, et qu'il est de plus en plus digne des honorables distinctions qui lui ont été accordées.

MÉDAILLES D'OR.

M. Marrel (Benoît), à Paris, passage Saulnier, faubourg Montmartre, 6.

Après avoir longtemps travaillé, comme simple ouvrier ciseleur, chez un joaillier, M. Marrel, bon dessinateur, pénétré des principes des plus grands maîtres, s'est associé avec M. Marrel son frère, pour créer un établissement de joaillerie-bijouterie, dans le genre des chefs-d'œuvre des artistes du seizième siècle. Dès son origine, leur établissement a été signalé par la richesse, la beauté, la pureté des formes, autant que par la délicatesse et le précieux fini de la ciselure des admirables produits sortis des ateliers de M. Marrel.

Dans la riche et magnifique collection d'objets qu'il a exposés, le jury a particulièrement distingué

1° Une corbeille de fruits en vermeil, avec figures, rondes-bosses, bas-reliefs, arabesques émaillées, etc. ;

2° Un vase de forme vénitienne enrichi de pierreries avec émail, dans le genre des nielles du seizième siècle;

3° Un vase de forme florentine richement décoré en figurines, rondes-bosses, pierreries, émaux, etc.;

4° Un bassin contenant une buire et un gobelet en vermeil, de forme hexagone, et décoré de pierreries, émaux, sujets ciselés, arabesques;

5° Une coupe en argent, chef-d'œuvre de ciselure, de grâces, de bon goût et d'ingénieuses allégories en l'honneur des plus grands artistes du seizième siècle, tels que Michel-Ange, Finiguerra Lorenzo Ghinberti, Albert Durer, Benvenuto Cellini et Bernard de Palissy (1);

6° Des théières dans le genre oriental;

7° Des vases fibulines en vermeil avec pierreries et émail;

8° Des flacons, des bagues, des bracelets, des manches de couteaux, etc., etc.

Le jury décerne à M. Benoit Marrel la médaille d'or.

M. Christofle (Ch.-H.) à Paris, rue Montmartre, 76.

M. Christofle fait dans ses ateliers la bijouterie d'or et d'argent, les tissus brochés métalliques et les épaulettes métalliques. Les produits de sa fabrique, remarquables par la perfection du travail, sont particulièrement destinés pour l'exportation d'Amérique.

M. Christofle est créateur des tissus métalliques et de

---

(1) C'est au sujet de cette admirable coupe que le Roi dit à M. Marrel qu'il était le Benvenuto Cellini du XIXe siècle.

leurs applications dans la confection des boutons, les garnitures de nécessaires, les ornements d'église, les tentures de palais, etc., etc.

Le travail du filigrane et des tissus métalliques a amené la solution du problème que cherchèrent MM. Guibout et Marie Saint-Germain pour la fabrication des épaulettes métalliques bien supérieures à celles de la passementerie.

Le chiffre des exportations de M. Christofle, prouvé par ses livres, s'élève annuellement à près de deux millions.

Après avoir travaillé trois ans comme apprenti, un an comme ouvrier, et ensuite intéressé dans la maison Calmette, M. Christofle, à vingt-quatre ans, s'est trouvé à la tête de la plus grande manufacture de bijouterie de l'époque.

Le jury décerne une médaille d'or à M. Christofle.

Nota. M. Christofle a cité M. Baratte, son premier ouvrier, comme auteur de plusieurs procédés et inventions introduits dans sa fabrication.

MÉDAILLE D'ARGENT.

M. Froment-Meurice, à Paris, rue Lobau, 2, hôtel de ville.

La fabrique de M. Froment-Meurice, anciennement à l'arcade Saint-Jean, est une des plus anciennes de Paris; mais c'est à M. Froment qu'elle doit son illustration et le haut rang qu'elle occupe par les dispositions et le genre de travail qu'il a introduit dans la fabrication, au moyen de bons modèles et de ciseleurs du premier mérite; ainsi il a pris M. Richard pour fondeur et M. Eck pour ciseleur, tout en faisant lui même une partie de ses dessins et modèles.

Les produits exposés par M. Froment-Meurice sont remarquables par leur bon goût, leur fini et le gracieux des formes, la modération des prix; la même perfection se distingue dans sa joaillerie et dans son orfévrerie.

Le jury lui décerne une médaille d'argent.

NOUVELLE MÉDAILLE DE BRONZE.

M. Bernauda (Henri-Charles), à Paris, quai des Orfévres, 32.

M. Bernauda s'est particulièrement attaché à la bijoutérie du platine, et au damasquinage de l'or sur le platine, qui présente de très-grandes difficultés dans des dessins aussi petits que ceux des bijoux exécutés par M. Bernauda.

Il a exposé un riche assortiment de boîtes nécessaires, cassolettes, chaînes, bagues et autres objets de bijouterie en or et platine, parfaitement exécutés.

Le jury lui décerne une nouvelle médaille de bronze, en considérant qu'il est le seul qui fait la bijouterie-joaillerie de platine, et qu'il la fait avec une perfection remarquable.

MÉDAILLES DE BRONZE.

M. Dafrique, à Paris, rue Saint-Martin, 103.

La fabrique de joaillerie et de bijouterie de M. Dafrique

est une des plus importantes de la capitale; elle se distingue par le bon choix de ses modèles et le précieux fini de ses produits, qui sont copiés par les bijoutiers en faux, aussitôt qu'ils sont émis. M. Dafrique a exécuté pour Sa Majesté la reine un magnifique collier en or et en émaux.

Le jury décerne une médaille de bronze à M. Dafrique.

MM. Morize et Vatard, à Paris, rue Mauconseil, 1 *bis*.

MM. Morize et Vatard ont créé une branche de bijouterie de fantaisie dans laquelle ils ont parfaitement réussi.

Leurs peignes de parure en or et argent sont d'une très-grande beauté, faits d'après de bons modèles et très bien exécutés, leur fabrication est très-étendue, et comporte une très-grande branche d'exportation pour les Indes et les Amériques.

Le jury leur accorde une médaille de bronze.

MENTIONS HONORABLES.

M. Marret, à Paris, rue Vivienne, 16.

M. Marret, l'un de nos premiers joailliers-bijoutiers, a exposé un magnifique diadème ou guirlande de fleurs en brillants servant de coiffure, et se démontant par branches, à volonté.

Le jury lui décerne une mention honorable.

M. Delamare, à Paris, rue Saint-Honoré, 270.

M. Delamare tient un rang distingué dans la joaillerie

de Paris ; il ne se distingue pas moins dans l'orfévrerie.
Le jury lui décerne une mention honorable.

M. Quevreux, à Paris, rue Sainte-Avoie, 69.

M. Quevreux a exposé un bouquet de pierres de couleurs monté en bijouterie d'or.

Le jury le juge digne de la mention honorable.

---

§ 2. BIJOUTERIE DORÉE.

RAPPEL DE MÉDAILLE DE BRONZE.

M. Lelong, rue du Temple, 49.

La fabrique de bijoux dorés de M. Lelong est, depuis longtemps connue avantageusement : elle a été distinguée aux dernières expositions. M. Lelong a, depuis, introduit divers procédés nouveaux et des perfectionnements importants dans sa fabrication.

Le jury estime qu'il est de plus en plus digne de la médaille de bronze qu'il a obtenue en 1834.

MÉDAILLES DE BRONZE.

M. Houdaille, rue Saint-Martin, 171.

Breveté de Sa Majesté, M. Houdaille s'est distingué dans toutes les expositions pour les trois sortes de bijoux qu'il fabrique avec le plus grand soin, savoir : 1° l'imitation de la bijouterie d'or, 2° la bijouterie de deuil à l'instar de Berlin, et 3° celle du jais.

M. Houdaille a obtenu de la Société d'encouragement une médaille pour les divers perfectionnements qu'il a introduits dans sa fabrication, et qui le mettent à même de faire la bijouterie dorée avec une supériorité marquée.

D'après l'immense extension que M. Houdaille a donnée à sa fabrication, qui est aujourd'hui une branche importante d'exportation, le jury lui décerne une médaille de bronze.

M. Langevin, à Paris, rue Jean-Robert, 19.

La fabrique de M. Langevin est une des plus importantes pour la bijouterie dorée; elle fait un grand commerce avec l'Amérique, le Brésil, l'Allemagne, l'Italie, etc.; sa fabrication, suivant ses livres, s'élève à plus de 150,000 fr. annuellement. M. Langevin travaille avec une très-grande supériorité; il est généralement considéré comme un des premiers fabricants en ce genre.

Le jury lui décerne une médaille de bronze.

M. Mourey, rue de l'Homme-Armé, 2.

M. Mourey est au premier rang des fabricants de bijoux dorés; toute sa joaillerie est d'un fini remarquable et d'une ciselure parfaite : il est un de ceux qui ont le plus contribué à l'immense succès qu'obtient dans l'étranger notre bijouterie dorée; aussi celle de M. Mourey est-elle particulièrement recherchée pour sa beauté, sa qualité et ses prix modérés.

Le jury décerne à M. Mourey une médaille de bronze.

M. GONDELIER (Jean-Baptiste), passage du Caire, 110, et des Panoramas, 26.

M. Gondelier fait avec un très-grand succès la joaillerie et la bijouterie d'imitation : les produits de sa fabrique sont d'un très-beau travail et recherchés dans l'étranger.

Le jury estime qu'il mérite une médaille de bronze.

MENTION HONORABLE.

M. POIRET (Étienne-Henri), rue Michel-le-Comte, 31.

La bijouterie dorée doit à M. Poiret le bijou doublé d'or, fabrication encore peu connue et qui offre de grands avantages par sa solidité, sa durée et la modicité de son prix.

La bijouterie de M. Poiret est d'une grande beauté, et ne peut réellement se distinguer du bijou d'or que par la marque du poinçon du fabricant, qui doit être de forme carrée, et celui de l'or de forme losange.

Le jury estime que M. Poiret mérite une mention honorable.

CITATIONS FAVORABLES.

M. GAUSSANT-SAIVRE, rue du Temple, 57.

M. Gaussant fait la bijouterie dorée avec un grand succès.

Ses chaînes sont admirablement faites ; il est difficile

de les distinguer des véritables chaines d'or : elles ont une grande supériorité sur celles de beaucoup d'autres fabriques.

Le jury estime que M. Gaussant-Saivre mérite une citation favorable.

M. Raynaud, rue Grange-aux-Belles, impasse Sainte-Opportune, 10.

La bijouterie de M. Raynaud, ses vases, coupes et corbeilles, ses pendules et objets de fantaisie sont de bonne fabrication.

Le jury estime que M. Raynaud mérite une citation favorable.

M. Husson, à Melun.

La bijouterie de perles dorées et argentées fabriquée dans la maison de détention de Melun se fait avec du cuivre demi-rouge.

La dorure et l'argenterie se font à Paris.

---

§ 3. BIJOUTERIE D'ACIER POLI, DE DEUIL.

RAPPEL DE MÉDAILLE DE BRONZE.

M. Richard, à Paris, rue Grenier-Saint-Lazare, 31.

M. Richard a obtenu une médaille de bronze pour sa fabrication de bijoux de deuil.

Il a, depuis, introduit dans sa fabrication divers procédés

qui l'ont mis à même de perfectionner et d'améliorer ses produits.

Le jury confirme la médaille qu'il a obtenue en 1827.

Acier poli.

MÉDAILLES DE BRONZE.

M. Vautier, à Paris, rue du Temple, 57.

M. Vautier soutient dignement la réputation de nos aciers polis et la concurrence des aciers anglais. Ses vases et flambeaux d'acier poli sont d'une très-grande beauté. Il avait obtenu, en 1834, une mention honorable ; sa fabrication a pris de grands développements.

Le jury lui décerne une médaille de bronze.

M. Houdaille, à Paris, rue Saint-Martin, 171.

M. Houdaille ne se distingue pas moins dans la fabrication de la bijouterie de deuil que dans la bijouterie dorée.

Ses tissus d'acier sont remarquables par leur finesse, leur égalité et les différentes applications qu'il en fait. Il a été proposé une médaille de bronze pour l'ensemble de ses produits. (Voir page 48 du même volume.)

MENTIONS HONORABLES.

M. Viennot (Gabriel), à Paris, rue Neuve-Bourg-l'Abbé, 2.

La fabrication de bijoux de deuil de M. Viennot, en jais

et fer, à l'instar de Berlin, est remarquable par la belle qualité et la modicité de ses prix.

Le jury lui décerne une mention honorable.

M. de Puydt, rue des Bernardins, 7.

M. de Puydt s'est spécialement attaché à la fabrication de la bijouterie d'acier damasquiné en or et autres métaux, avec lesquels il imite avec beaucoup de talent les insectes, les mouches, les papillons, etc. Cette bijouterie d'entomologiste a déjà été mentionnée honorablement en 1834, et le jury estime que cette mention doit être confirmée.

---

§ 4. BIJOUTERIE DE PERLES FAUSSES.

L'imitation ou la fabrication des perles est une branche de commerce d'une haute importance pour la France, et particulièrement pour la ville de Paris. Nos fabriques priment toutes les fabriques étrangères ; elles ont sur elles une telle supériorité, que nos perles factices ont partout la préférence, et qu'elles sont demandées pour les Indes, l'Amérique, l'Angleterre, la Russie, l'Allemagne et tout le Levant.

MÉDAILLE D'ARGENT.

M. Constant Valès, rue du Temple, 71.

M. Constant Valès, qui obtint des mentions honorables en 1827 et 1834, présente aujourd'hui un riche assortiment de toutes les variétés de perles connues, imitées avec une telle perfection et tellement *vraies*, qu'il est impossible, à la simple vue, de les distinguer des véritables perles orientales, et que, dans beaucoup des plus riches écrins ou des plus belles parures, les rangs de perles sont souvent doublés ou triplés des perles de M. Constant Valès, sans qu'on puisse établir entre elles aucune différence.

C'est à M. Constant Valès que la bijouterie doit la composition qui a jusqu'à ce jour le mieux réussi dans l'imitation des opales orientales, dont il est parlé ci-après dans l'article de la *joaillerie* de M. Bon.

Le jury décerne à M. Constant Valès une médaille d'argent.

MÉDAILLE DE BRONZE.

Madame Truchy, rue du Petit-Lion-Saint-Sauveur, 18.

Madame Truchy a succédé à M. Rouger jeune, qui avait obtenu une mention honorable en 1834 pour ses imitations de perles, qui étaient d'une rare beauté. La fabrication de madame Truchy a fait de nouveaux progrès, et ses perles réunissent les caractères des perles fines au plus haut degré, leur teinte variée de diverses couleurs, leur éclat velouté, leur translucidité opaline, et la demi-régularité de leurs formes, les plus grandes difficultés que présentait l'imitation des perles. Celles de madame Truchy sont très-recherchées par nos joailliers pour l'étranger.

Le jury décerne à madame Truchy une médaille de bronze.

MENTION HONORABLE.

Madame Mélanie-Victor Greer, à Paris, rue Saint-Martin, 193.

Les perles artificielles de madame Greer sont d'une grande beauté et remarquables pour la vérité de leur éclat oriental, de leur forme et de leurs nuances.

Le jury décerne une mention honorable à madame Mélanie-Victor Greer.

CITATIONS FAVORABLES.

M. Ch. Hallberg, à Paris, rue Neuve-Bourg-l'Abbé, 8.

Belle imitation de perles fausses d'un beau choix et d'un prix très-modéré; fabrication importante pour la France et l'étranger.

M. Hallberg mérite d'être cité favorablement.

M. le Bedel (P.-A.), à Paris, rue Gît-le-Cœur, 3.

M. le Bedel a produit une machine propre à la fabrication des perles fausses, dans l'intention d'éviter aux ouvriers les inconvénients qui résultent de leur procédé habituel de souffler les perles à la bouche.

Si l'expérience confirme les essais de M. le Bedel, il aura rendu un très-grand service à l'industrie des fabricants de perles. Dans l'état actuel, le jury croit devoir se borner à une citation favorable du procédé de M. le Bedel.

---

§ 5. BIJOUTERIE DE STRASS OU PIERRES FAUSSES, IMITATION DE BRILLANTS ET PIERRES FINES.

MÉDAILLES D'ARGENT.

M. Bon (L.-A.), à Paris, rue de Vaucanson, 4.

Ancien associé de M. Marion-Bourguignon, M. Bon a fondé, en 1835, une fabrique de joaillerie et d'imitations de pierres précieuses qui est aujourd'hui une de nos premières et de nos plus importantes. Les imitations de M. Bon se distinguent particulièrement par la pureté, la limpidité, la taille des pierres, et par l'élégance des montures. C'est au concours de M. Bon et de M. Constant Valès, notre premier fabricant de perles, que l'art doit les opales artificielles dont quelques heureuses imitations rivalisent avec les plus belles opales orientales, compositions qui jusqu'à ce jour avaient fait le désespoir de tous les fabricants de pierres précieuses artificielles. M. Bon a établi les plus grandes relations avec l'Angleterre, la Russie, l'Allemagne, les Indes, les deux Amériques et toutes nos principales villes de France.

Le jury estime que M. Bon mérite la médaille d'argent.

M. Marion-Bourguignon (L.-A.), à Paris, passage de l'Opéra, galerie de l'Horloge, 19 et 20.

M. Marion-Bourguignon avait obtenu, en 1827, une médaille de bronze pour ses pierres artificielles de toutes couleurs et sa joaillerie d'imitation.

Depuis cette époque, M. Bourguignon n'a pas cessé de faire de nouveaux progrès; ses parures sont encore plus belles et plus difficiles à distinguer des véritables parures de diamant et de pierres précieuses, aussi son commerce s'étend-il aujourd'hui partout et jusque dans les Indes, où ses parures obtiennent le plus grand succès.

Le jury estime que M. Marion-Bourguignon mérite une médaille d'argent.

RAPPEL DE MÉDAILLE DE BRONZE.

M. Barthélemy, à Paris, rue de Rivoli, 38.

M. Barthélemy, après avoir obtenu la médaille de bronze en 1823, se représente au concours avec le même succès. Ses parures de strass sont admirables par la beauté, la pureté, la taille et le vif éclat des pierres.

Le jury estime que M. Barthélemy mérite le rappel de la médaille de bronze qui lui fut décernée.

MÉDAILLES DE BRONZE.

M. Maréchal, à Paris, rue de la Tacherie, 6.

M. Maréchal, distingué aux dernières expositions pour ses belles et admirables parures de strass, se représente avec un nouvel éclat; sa fabrication semble plus parfaite encore. Le riche assortiment qu'il expose est d'une telle beauté qu'il soutient la comparaison avec les plus beaux brillants. Ses pierres taillées à la mécanique sont d'une rare perfection, et cependant d'une grande modération dans les prix.

Le jury estime que M. Maréchal mérite une médaille de bronze.

M. Delamarre (J.-B.-N.), à Paris, rue des Fontaines, 15.

La fabrication de M. Delamarre est très-belle et peut être comparée à celles de Bon, Marion-Bourguignon, Maréchal, etc., etc.

Ses imitations de diamants et de pierres de couleurs sont d'une grande beauté.

M. Delamarre fait particulièrement le commerce avec les colonies, les Indes et le nord de l'Europe.

Le jury estime que M. Delamarre mérite la médaille de bronze.

M. Salin, fabricant de camées et de verres colorés, à Paris, rue Saint-Martin, 203.

M. Salin fond en creux et en relief, avec le plus grand succès, ses compositions de verre fondu, toutes les pierres gravées, les portraits, les médaillons et médailles, etc., etc.

Il fabrique également les camées et les pierres colorées pour la joaillerie d'imitation.

Le jury estime que M. Salin mérite une médaille de bronze.

MENTION HONORABLE.

M. Anvès (Hippolyte), à Paris, rue Mauconseil, 20.

La fabrique de bijouterie en perles fausses et verroteries montées en cuivre doré de M. Anvès est depuis longtemps avantageusement connue pour la belle qualité de ses produits, dont la valeur s'élève à plus de 200,000 fr.

Le jury lui décerne une mention honorable.

CITATION FAVORABLE.

M. Noel (N.-A.), à Paris, rue Phélippeaux, 32.

M. Noel se livre particulièrement à la bijouterie des insignes de franc-maçonnerie en argent, cuivre doré, avec des verreries d'imitation.

D'après ses livres, l'exportation de cette bijouterie à l'étranger s'élève à plus de 80,000 fr.

Le jury estime que M. Noel mérite une citation favorable.

§ 6. TRAVAIL DE LA NACRE.

MENTION HONORABLE.

M. Geoffroy-Feret, à Beauvais.

M. Geoffroy-Feret a établi à Beauvais une nouvelle branche d'industrie qui a rapidement pris les plus grands développements ; c'est le travail de la nacre, de l'ivoire, des dents d'hippopotame pour la bijouterie, la tabletterie, la fabrication des boutons, etc. Cette industrie s'étend aujourd'hui par les soins et les sacrifices de M. Geoffroy-Feret dans dix communes de l'arrondissement de Beauvais, dont elle occupe plus de deux cents ouvriers.

Le jury, qui a distingué les produits de la fabrication de M. Geoffroy-Feret, le juge digne d'une mention honorable.

---

§ 7. BIJOUTERIE DES CORAUX.

La pêche et la bijouterie du corail furent longtemps une des plus importantes branches d'industrie commerciale de la ville de Marseille. Sous le régime impérial, il existait dans cette ville plusieurs fabriques qui travaillaient le corail avec le plus grand succès. Ainsi une seule maison, celle de M. César Megy Garambois, occupait plus de cinq cents ouvriers. Le travail ou la fabrication de la joaillerie du corail donne annuellement lieu à un mouvement de fonds de plus de cinq à six millions, et l'exportation seule s'élevait à plus d'un million.

Depuis dix ans, cette belle industrie est successivement tombée ; elle est même tellement déchue, qu'en 1834 il ne restait plus dans Marseille qu'une seule fabrique, et cependant nous sommes maîtres de l'Algérie, nous sommes maîtres des côtes où se fait la pêche du corail. Mais cette industrie est passée en Italie ; Naples nous a ravi la fabrication du corail, Naples se serait assuré le privilége exclusif de fournir la bijouterie de corail à la Russie, aux Indes ; à l'Amérique, au monde entier, si quelques fabricants de Marseille, à force de sacrifices, n'avaient relevé chez tous cette belle et importante branche d'industrie.

On compte aujourd'hui dans Marseille trois fabriques, dont deux seulement ont exposé des coraux. D'après les soins apportés par les fabricants dans le choix du corail, la taille, le poli, nous pouvons nous flatter de voir cette belle industrie bientôt reprendre son rang et la supériorité qu'elle avait sur les fabriques italiennes, qui ne débitent généralement que des coraux d'un travail très-ordinaire. A cet égard, les fabricants de Marseille représentent qu'il suffirait d'accorder à cette industrie une prime comme celle qui est accordée à la pêche de la baleine et de la morue, la pêche du corail occupant plus de quatre cents matelots, dont le nombre serait promptement doublé et nous fournirait de bons marins.

Le jury du département des Bouches-du-Rhône a admis deux fabricants de corail, pour faire connaître l'état actuel de cette industrie, qui, indépendamment de la supériorité de son travail, présente encore dans le prix une baisse de prix d'environ 30 pour 100.

MÉDAILLE D'ARGENT.

M. BARBAROUX DE MEGY, à Marseille.

M. Barbaroux de Megy, pour parvenir à relever l'industrie des coraux, a d'abord cherché à rétablir des relations avec les pays qui ont conservé le goût et le besoin des coraux; à cet effet, et suivant les usages et les demandes, il a établi, sous les auspices du général Allard, des comptoirs à Calcutta et Lahor pour les Indes orientales, et depuis il en a successivement formé en Afrique, au Sénégal, à la Gambie, dans la Guinée hollandaise et en Amérique à New-York, à la Nouvelle-Orléans, à Mexico, à Cayenne, etc., etc., en se réservant le commerce de l'Allemagne et de la Russie.

Suivant le relevé des livres de M. Barbaroux de Megy, son exportation annuelle est de 700,000 francs.

Il emploie 250 ouvriers tailleurs, graveurs, ciseleurs, lapidaires, polisseurs, etc.

Au milieu du riche assortiment de pierres de tout genre qu'il a exposé, l'attention générale s'est fixée sur un jeu d'échecs en corail de la plus grande beauté, représentant l'armée des croisés et celle des Sarrasins. Ce jeu d'échecs, qui est du prix de 10,000 francs, a exigé deux années de travail du premier graveur de la fabrique de M. Barbaroux.

Le jury décerne à M. Barbaroux la médaille d'argent.

MÉDAILLE DE BRONZE.

MM. Boeuf et Garandy, à Marseille.

MM. Boeuf et Garandy ont puissamment contribué, par leurs travaux et leurs efforts, à relever, à Marseille, l'industrie de la bijouterie du corail.

Leur établissement emploie plus de cent ouvriers lapidaires, graveurs, polisseurs, etc.

Ils ont présenté une collection de tous les articles qui comportent les différents genres de coraux usités ou demandés dans les Indes orientales, le Levant, la Guinée, le Sénégal, le Brésil, etc.

Le jury leur décerne une médaille de bronze.

SECTION IV.

M. Beudin, rapporteur.

§ 1er. SCULPTURE EN CARTON-PIERRE.

La sculpture en carton-pierre est-elle d'invention moderne? est-ce par erreur qu'on a cru la retrouver, à Fontainebleau, dans la salle des gardes, au Louvre dans la chambre de Henri II? Sans juger le procès entre les anciens et les modernes, nous disons que, lors de la restauration exécutée au Louvre et dans les palais de la couronne, on a cru reconnaître que les sculptures étaient en feuilles de papier superposées, ou carton de poupée.

Les artistes avaient reconnu, depuis longtemps, que la nature molle de ce carton ne permettait pas de rendre les finesses et les contours délicats des ornements d'architecture, et ne pouvait servir qu'à des surfaces unies dont les détails n'ont pas de dessous.

Il fallait trouver une composition tout à la fois plus ferme et plus ductile, s'introduisant facilement dans les creux destinés au moulage et capable de reproduire tous les effets de la véritable sculpture.

Il y a soixante ans environ que M. Mézières résolut le problème en se servant du carton-pierre, qui réunit parfaitement toutes les conditions du programme. Il ne manquerait rien à cette composition si elle était moins impressionnable à l'humidité, et si l'on pouvait la rendre tout à fait imperméable sans augmenter sa dureté ni son poids.

Malgré cette imperfection, que de nouveaux essais sur la pâte parviendront sans doute à modifier, le carton-pierre répond admirablement à un grand besoin de notre époque, et, dans ce siècle où chacun veut briller à bon marché, il met à la portée des classes moyennes tout le luxe des arts et de la sculpture. Il s'applique à tout, il reproduit avec un égal succès les statues de Canova et les statuettes de Dantan ; les pendules et les lustres en bronze, les imitations de marbres et de bois sculptés.

Mais son emploi le plus fécond, le plus varié et le plus utile, c'est son application à la décoration intérieure de nos appartements.

Sous ce rapport, les produits soumis à l'exposition offrent de notables progrès. Autrefois les ornements se moulaient d'une pièce sans effet de dessous ni épaisseur, et, à l'exception des chapiteaux, l'on ne voyait que peu d'objets en ronde bosse.

Aujourd'hui, par des améliorations apportées dans le système des moulages, l'on est parvenu à reproduire les objets les plus détaillés, et à satisfaire, par ce moyen, à tous les besoins de l'architecture.

NOUVELLE MÉDAILLE D'ARGENT.

MM. Vallet et Huber, à Paris, rue Bergère, 20.

MM. Vallet et Huber continuent avec succès l'exploitation de l'établissement fondé par M. Mézières et continué par M. Hirsch. C'est à eux que l'art est redevable de beaucoup de perfectionnements dans le moulage. Les produits qu'ils exposent se distinguent par l'exécution sans réparage des sculptures les plus délicates. Ils présentent des ornements d'un bon goût et d'une grande finesse, des médaillons rosaces d'un fini très-exact, et un lustre doré, imitant, sans trop de désavantage, la ciselure du bronze, et offrant une économie de 80 pour 100 sur le prix.

Les travaux les plus remarquables exécutés par ces artistes habiles sont la décoration de la salle de l'Opéra, du Théâtre-Français, du Gymnase, du Cirque-Olympique, de l'Odéon, des théâtres de Lille, Strasbourg, Compiègne et Bruxelles, toutes les sculptures faites à Reims, ou à l'hôtel de ville pour les fêtes royales, et, enfin, la restauration des palais de Versailles, de Fontainebleau, des châteaux de Saint-Cloud, des églises de Meaux et de Notre-Dame-Bonne-Nouvelle.

Le jury n'a pas cru pouvoir accorder une récompense du premier ordre à une industrie secondaire dans le classement de nos produits industriels; mais, en considération de l'importance des travaux du perfectionnement, de la fabrication et de l'habileté artistique de MM. Vallet et Huber, le jury leur décerne une nouvelle médaille d'argent au lieu de leur rappeler celle qu'ils ont déjà obtenue en 1827 et 1834.

RAPPEL DE MÉDAILLE D'ARGENT.

M. ROMAGNÉSI aîné, à Paris, rue Paradis-Poissonnière, 24.

M. Romagnési, qui s'est déjà fait remarquer aux expositions précédentes, présente, cette année, une fort jolie collection de statuettes ainsi que des imitations de vieux métaux, de vieux meubles, de porcelaines et de terres antiques, d'armes et de bronze doré.

Il a traité en artiste l'exécution délicate de ces figurines, qui peuvent se placer à côté de nos plus jolis bronzes.

Nous verrions cependant avec regret cette maison se consacrer trop exclusivement à cet usage accessoire du carton-pierre. Le jury ne peut pas oublier que l'on doit à M. Romagnési les beaux travaux de Notre-Dame-de-Lorette et de la chambre des députés, et tout en applaudissant à ses efforts constants pour étendre les limites de son industrie, il a l'espoir de le voir toujours consacrer son activité et ses talents à la sculpture d'ornements dont il s'est occupé avec tant de succès.

Le jury pense que M. Romagnési est toujours digne de la médaille d'argent qu'il a obtenue en 1834.

RAPPEL DE MÉDAILLE DE BRONZE.

M. Tirrart, à Paris, impasse Cendrier, 4.

M. Tirrart expose des ornements, des rosaces, des chapiteaux et médaillons exécutés avec beaucoup de délicatesse et de précision. Cet artiste commence à faire usage de moules en métal qui permettent d'estamper la pâte au balancier. Il peut ainsi donner à bas prix les moulures obtenues par ce procédé.

Mais il serait trop dispendieux d'en faire l'application aux dessins variés à l'infini par le goût ou le caprice des architectes.

On ne peut reproduire, par ce moyen, que les ornements d'un usage courant et généralement adoptés par les artistes.

Le jury doit cependant mentionner ces essais d'une industrie intelligente, et il vote avec empressement le rappel de la médaille de bronze que M. Tirrart avait obtenue en 1834.

MÉDAILLES DE BRONZE.

M. Bernard, à Paris, rue du Coq-Saint-Honoré, 4.

Comme son prédécesseur, M. Romagnési jeune, M. Bernard présente quelques statuettes d'un fini et d'un toucher remarquables, ainsi qu'une collection variée de modèles estampés sur les originaux du moyen âge et de la renaissance, tels que vieilles armures, casques, boucliers, armes, lampes, imitant le vieil argent, la vieille dorure, le bronze, le vieux bois, le vieux fer.

Nous avons remarqué particulièrement l'heureuse application qu'il a faite du carton-pierre à la science. Sous la direction d'un habile professeur d'anatomie, et au moyen du moulage sur cadavres, il obtient la reproduction fidèle des procédés de dissection et des préparations anatomiques, et peut ainsi rendre de grands services à la science et aux études.

En engageant M. Berr. ard à continuer ces ingénieuses applications, le jury lui décerne la médaille de bronze.

M. Cruchet, à Paris, rue Coquenard, 54.

M. Cruchet, qui fait quelquefois usage du carton-pierre, offre, cette année, un produit remarquable en carton de papier. C'est un cheval de grande dimension et une armure moulée au musée d'artillerie.

La pâte de poupée a l'inconvénient de se retirer un peu en séchant et de faire les arêtes moins nettes, ce qui la rend difficilement applicable aux petits objets. Mais cet inconvénient disparaît pour les grandes surfaces qui n'ont pas de forts reliefs; et, sous ce point de vue, l'exécution de la pièce exposée nous a paru satisfaisante.

Le jury décerne à M. Cruchet une médaille de bronze.

M. Hallé, à Paris, rue Bailleul, 7.

M. Hallé fait un usage exclusif du carton-poupée; il expose des armures, des casques et des boucliers de théâtre, mais il paraît s'être adonné particulièrement à la fabrication des objets destinés à l'ornement des églises, tels que christ, vierge, châsses, candélabres, lampes et chandeliers.

Ces objets sont d'une légèreté telle qu'une vierge de 4 pieds de haut ne pèse qu'une trentaine de livres et peut être facilement portée en procession.

Par un heureux emploi du fer, du bois et du carton, M. Hallé est parvenu à fabriquer des mannequins qui ont quarante-huit articulations, et qui ne coûtent cependant que 250 fr. au lieu de 800 fr., prix ordinaire des mannequins fabriqués par les anciens procédés.

Le jury, appréciant les utiles tentatives de M. Hallé, lui décerne une médaille de bronze.

CITATIONS FAVORABLES.

M. Lombard, à Paris, rue Thorigny, 5.

Il présente une assez riche collection d'ornements en pâte moulée comme le carton-pierre.

Cette matière plastique est très-favorable à la dorure.

Le jury décerne la citation à M. Lombard.

M. Jouin, à Paris, rue du Chaume, 3.

Ce fabricant expose un lustre à tige et enroulements en fer recouverts de papier collé ; il applique, sur ce papier, des ornements de mastic-pierre assez semblable à la pâte dont M. Lombard fait usage. Ce lustre doré produit un effet satisfaisant. Nous avons aussi remarqué quelques pendules en zinc doré et bruni.

Le jury lui accorde la citation favorable.

M. Guillaume, à Paris, rue Montorgueil, 14.

Nous avons remarqué, dans son exposition, un dressoir sculpté, imitation de vieux bois. Les ornements sont en carton-pierre collé sur bois.

Le jury lui accorde la citation.

---

§ 2. cuivre estampé verni.

Le cuivre estampé verni est au bronze doré ce que le carton-pierre est à la sculpture, un procédé économique pour obtenir, à bon marché, les effets brillants de l'or et de la ciselure. Il n'est donc pas étonnant que, depuis quelques années, cette industrie ait pris de grands développements, et nous devons ajouter que la fabrication a parfaitement répondu au goût du public, et a fait des progrès remarquables depuis l'exposition de 1834.

Le procédé de l'estampage, l'application et la solidité du vernis, le ton de la couleur et l'imitation du mat et du bruni de l'or ne laissent presque rien à désirer, et nous permettent maintenant de rivaliser avec les Anglais.

Le cuivre estampé verni est devenu d'un usage presque général, pour les décorations du tapissier; et l'industrie des bois dorés a beaucoup souffert de cette redoutable concurrence. Le vernis fut d'abord composé transparent et chatoyant, pour imiter l'or en feuilles, tel qu'on le voit sur les sculptures en bois doré; mais, depuis quelques années, la concurrence étant devenue plus vive, chacun a voulu faire mieux, et imiter un nouveau genre de vernis mat anglais, à reflet de satin.

Ce vernis, que l'on obtient par les acides, est assez agréable à la vue, mais il n'a peut-être pas toute la solidité désirable, et nous craignons qu'il n'ait l'inconvénient de noircir trop promptement.

RAPPEL DE MÉDAILLE D'ARGENT.

M. Lecocq, à Paris, rue de Harlay, 2, au Marais.

M. Lecocq expose un assortiment complet et varié de vases, pendules et ornements estampés, d'un très-bon goût.

Le relief de l'estampage, le brillant et la solidité du vernis font remarquer les produits de cette fabrication.

M. Lecocq est chef d'une fabrique importante; il est toujours digne de la médaille d'argent qu'il a obtenue en 1834, et dont le jury lui vote le rappel.

MÉDAILLE D'ARGENT.

M. Léopold Marsaux, à Paris, rue de la Perle, 14.

M. Marsaux est le successeur de M. Bagnot, qui avait obtenu une médaille d'argent à l'exposition de 1834. Toute sa fabrication se fait chez lui, sans le secours des ouvriers du dehors.

Nous avons remarqué une console estampée, divers thyrses de croisée et une riche et nombreuse collection de patères. Ce dernier article paraît être une spécialité de la fabrication de M. Marsaux, et il nous a montré un seul modèle de patère, qui a été vendu à plus de deux mille douzaines.

Ce succès est dû au bon goût et aux soins donnés aux matrices d'estampage.

Une vente annuelle de 150,000 francs, une exportation progressive, malgré la concurrence des Anglais, sont des résultats qui ont fait penser au jury que M. Marsaux mérité la médaille d'argent, comme son prédécesseur, dont il a perfectionné les produits.

RAPPEL DE MÉDAILLE DE BRONZE.

M. Gérard-Pinsonnière, à Paris, rue Vivienne, 24.

M. Gérard-Pinsonnière expose une collection variée d'objets en cuivre estampé, remarquables par le vernis et la netteté de l'estampage.

Ils sont toujours dignes de la médaille de bronze dont le jury leur vote le rappel.

MÉDAILLES DE BRONZE.

M. Baucherý, à Paris, boulevart Beaumarchais, 79.

Si le progrès d'une industrie dépend de l'économie, de

la promptitude et du perfectionnement des moyens d'exécution, il est juste de mentionner ici les matrices en bronze incrusté de M. Bauchery.

Cet habile fabricant, ayant reconnu que les matrices en fonte de fer sont d'un mauvais usage, que celles en acier employées dans l'orfèvrerie sont trop dispendieuses, comme matière première, et comme travail de gravure, a confectionné des matrices en bronze incrusté fort mince dans la fonte de fer.

La matrice est fondue au lieu d'être gravée, et reproduit, avec exactitude et à moitié prix de la gravure sur acier, les dessins les plus délicats, et qui ont le plus de reliefs. Elle est incrustée dans la fonte de fer, qui a moins de dilatation, et elle acquiert par ce contact une dureté telle qu'elle peut résister à l'estampé du laminé, à un très-fort numéro.

Ainsi l'économie de la matière, la promptitude d'exécution et la fidélité de reproduction du modèle sont les trois qualités qui recommandent le nouveau procédé de M. Bauchery.

Le jury lui décerne la médaille de bronze.

M. Bordeaux, à Paris, rue Saint-Sauveur, 14.

Parmi les objets en cuivre estampé verni exposés par M. Bordeaux, nous avons remarqué une imitation de crêtes et galons dorés pour franges et encadrements d'étoffes.

Cet ornement offre un moyen fort ingénieux de remplacer la passementerie, en l'appliquant aux rideaux, pentes et tentures. Ce galon estampé présente une grande économie ; il peut se nettoyer à peu de frais, et se conserver ainsi toujours brillant.

Considérant la bonne fabrication des produits, l'intelligence de leur application et l'importance d'une vente annuelle de 200,000 francs, le jury décerne à M. Bordeaux la médaille de bronze.

MENTION HONORABLE.

M. Tournier, à Paris, rue Saint-Sauveur, 26.

M. Tournier a fait une application remarquable du cuivre estampé à la décoration des appartements, et nous citerons un panneau de velours fort habilement décoré par ces ornements. M. Tournier fait dans sa fabrique les matrices, l'estampage et le vernis.

Il mérite une mention honorable.

CITATION FAVORABLE.

MM. Poncet et c^ie^, à Paris, rue des Fossés-du-Temple, 2 *bis*.

Ce fabricant a le mérite de graver lui-même ses matrices en fonte, d'estamper ses cuivres et de les vernir. Le cuivre entre en feuilles dans ses ateliers et s'y transforme en pendules, vases, cadres de toutes dimensions, depuis le tableau jusqu'à la miniature.

Le vernis mat ou or moulu est d'une bonne imitation de dorure. Nous citons favorablement cette application de l'estampage du cuivre à tous les objets d'ameublement.

Moulures en cuivre étiré au banc.

MÉDAILLE DE BRONZE.

M. Lequart, à Paris, rue du Faubourg-Saint-Antoine, 58.

A côté du cuivre estampé, nous placerons une industrie remarquable et d'une application variée : les moulures en cuivre étiré au banc.

M. Lequart présente des moulures montées sur bois, de tous profils, depuis 2 lignes de largeur jusqu'à 4 pouces et demi d'un seul morceau ; les moulures plus larges sont de plusieurs morceaux ajustés ensemble.

Ces cuivres ainsi préparés peuvent s'appliquer aux cadres, aux glaces, aux bâtons pour rideaux, aux devantures de boutiques, aux étalages de magasin.

Ils offrent des avantages incontestables ; la solidité, le poli, qui ne craint aucun frottement, et le nettoyage, facile au moyen d'un procédé qui augmente l'éclat du cuivre.

M. Lequart paraît exploiter cette fabrication avec intelligence. L'apprêt du bois, le laminage du cuivre, l'étirage au banc, tout se fait dans ses ateliers de Paris ou dans sa fabrique établie en Picardie pour la confection du bois.

Cette fabrication est exploitée depuis trente-six ans de père en fils ; elle occupe à Paris 50 ouvriers, soutient une fabrique en Picardie, et fait annuellement 300,000 francs d'affaires.

Le jury décerne à M. Lequart une médaille de bronze.

MENTION HONORABLE.

M. Lacarrière, à Paris, rue Sainte-Élisabeth, 3.

M. Lacarrière présente un assortiment varié de moulures en cuivre, tringles, barres d'appui, étalages mobiles pour magasins de nouveautés, devantures de boutiques.

Toutes ces applications ingénieuses annoncent une habile mise en œuvre du cuivre étiré au banc.

M. Lacarrière mérite le rappel de la mention honorable qu'il a déjà obtenue en 1834.

---

§ 3. DORURE SUR BOIS.

La bonne dorure sur bois s'obtient par l'apprêt, le réparage et le bon emploi de l'or.

L'apprêt consiste en 3 ou 4 couches légères de blanc appliquées sur les ornements. On le répare ou plutôt on l'adoucit avec soin, sans toucher à la sculpture et l'on pose l'or.

Mais des feuilles d'or, très-minces et presque transparentes, rapprochées et doublées à leurs points de jonction, donnent des inégalités d'épaisseur et de ton qui reflètent, pour ainsi dire, les cases d'un damier, et cet inconvénient se reproduit souvent, pour la dorure à l'huile, comme pour celle à l'eau.

La dorure à l'huile est plus solide et beaucoup meilleur marché pour la main-d'œuvre, mais elle offre un effet brillant trop général qui fatigue l'œil par ses reflets.

La dorure à l'eau est moins brillante et plus chère : on ne peut la laver sans enlever l'or ; mais elle reçoit parfaitement le bruni, et c'est, sans doute, par ce motif, que, dans les dorures de luxe, on dore à l'huile les parties mates et à l'eau les parties brunies et brillantes.

Le problème est donc de trouver une dorure solide, facile à nettoyer, qui puisse conserver le brillant du bruni, et prendre, au besoin, le ton calme du mat.

Ce problème est encore à résoudre.

MENTIONS HONORABLES.

M. Servais, à Paris, rue des Beaux-Arts, 9.

Parmi les objets remarquables sortis de ses ateliers, M. Servais présente un cadre doré, dont la composition élégante est parfaitement entendue.

Les ornements sont sculptés avec un mastic dont il garantit la solidité, et qui reproduit la sculpture avec beaucoup de précision.

La dorure est bien posée, d'un ton d'or très-égal, et ne laisse pas apercevoir la jonction des feuilles.

Les mats sont à l'huile et les brunis à l'eau.

Cette bonne exécution mérite la mention honorable que le jury lui décerne.

M. Boucarut, à Paris, rue de Cléry, 15.

M. Boucarut expose une collection remarquable de bois dorés.

Il a fait l'application d'un procédé qui donne à la dorure sur bois le ton mat du cuivre sans nuire à la solidité.

Comme les doreurs russes, il passe sur l'or un mat préparé qu'il applique indistinctement sur la dorure à l'huile ou sur celle à l'eau.

Ce procédé rend la dorure plus belle, plus riche de fond et de ton, et, par conséquent, plus durable.

Si l'expérience avait bien constaté tous ces avantages, la découverte de M. Boucarut serait fort importante; mais, dès aujourd'hui, le jury doit citer avec intérêt ces ingénieux essais.

Il décerne à leur auteur une mention honorable.

CITATIONS FAVORABLES.

M. Bresson, à Paris, rue Saint-Denis, 319.

Il applique un procédé mécanique à la dorure des lignes droites, ce qui lui procure une économie d'un tiers sur la main-d'œuvre. Sa dorure est nette et brillante et d'un beau ton d'or.

M. Jeanne, à Paris, passage Choiseul, 66 et 68.

Il expose un cadre de grande dimension et d'une parfaite exécution de dorure. Nous avons remarqué une grande intelligence d'ajustage pour réunir les pièces de sculpture.

---

§ 4. PARQUETS ET MOSAÏQUES.

Du temps de nos pères, les parquets étaient le partage exclusif de l'opulence. A quelques élus de la fortune, le point de Hongrie, le parquet à l'anglaise, le parquet en feuilles ; à tous les autres, le plancher ou le carrelage en terre cuite.

Mais, avec l'aisance, l'usage des parquets est devenu plus général, et maintenant on trouve des parquets depuis le rez-de-chaussée jusqu'à la mansarde.

Tout le monde veut du parquet ; on ne diffère que sur le prix. Le parquet à l'anglaise, le point de Hongrie sont restés, par leur prix modique, à l'usage du plus grand nombre. Le parquet en feuilles s'est maintenu cher, et cependant on commence à le trouver trop simple s'il n'est point mélangé de bois exotiques et indigènes.

C'est ainsi que l'on est arrivé aux parquets mosaïques, aux marqueteries les plus riches en dessins et en bois étrangers.

Cette industrie, dont il n'a pas été parlé à l'exposition de 1834, a demandé place parmi les produits de 1839, et de riches parquets à dessins, à figures ou arabesques, sont venus se poser à côté des tapis d'Aubusson.

MÉDAILLES DE BRONZE.

MM. J. Petyt et c^ie, à Paris, petite rue de Reuilly, 3.

Les produits exposés consistent en parquets, meubles et boiseries, en marqueterie obtenue par procédé mécanique et au moyen d'une machine à vapeur.

Une mécanique de l'invention de M. Petyt permet de couper les bois avec une précision mathématique sur tous sens, sur une longueur d'un pied et sur une épaisseur de 5 pouces, en sorte que les bois coupés n'ont plus besoin d'être retouchés, et qu'on peut, sans aucun autre travail, coller entre eux les nombreux prismes que la machine fournit. Après le collage effectué dans des presses bien justes, on obtient ainsi une marqueterie plus ou moins fine, selon la variété des bois employés, et plus ou moins compliquée, selon le rapport et la disposition de ces bois entre eux.

Cette marqueterie, dont le dessin traverse la masse dans toute son épaisseur de 4 à 5 pouces, est alors débitée en placage par la scie mécanique ordinaire, et on obtient autant de fois le même dessin qu'on veut tirer de feuilles dans le massif de 5 pouces d'épaisseur, ce qui varie de cinquante à soixante feuilles pour les placages et de quinze feuilles environ pour les parquets.

Ces feuilles sont ainsi posées sur plateaux préparés pour recevoir la marqueterie, et appliquées ensuite sur lambourdes sans plâtre ou sur double plancher.

Le prix de ces parquets est de 14 à 25 fr. le mètre, suivant la richesse du dessin.

Le jury espère que ces ingénieux essais seront heureux et pourront être plus généralement appliqués.

Il décerne à M. Petyt une médaille de bronze.

MM. Dubois (François) et Noiron, à Versailles.

Ils exposent des parquets en marqueterie de toute épaisseur, et, comme ils le prétendent eux-mêmes, d'épaisseur illimitée.

Ces placages s'obtiennent par un procédé à peu près semblable à celui que nous venons de décrire.

Des bois debout de différentes couleurs, préparés à la main avec des rabots à moulures, sont rapprochés, engagés et collés de manière à former un faisceau compacte qui présente à ses extrémités les dessins résultant des différentes couleurs des bois engagés.

On coupe ensuite en travers ce prisme composé en laissant aux feuilles l'épaisseur demandée. Ces mosaïques sont ensuite collées sur les bois, qui se posent avec vis sur les lambourdes.

En appliquant ce procédé avec intelligence, MM. Dubois (François) et Noiron sont parvenus à présenter des fleurs sur les faces d'un balustre, et sur des corniches d'appartements.

La solidité du placage répond-elle au mérite du procédé? L'expérience et le temps pourront seuls répondre pour nous.

Le jury accorde à MM. Dubois (François) et Noiron une médaille de bronze.

M. Jonval, à Paris, passage Sainte-Croix-de-la-Bretonnerie, 5.

A côté de l'ouvrier qui met en œuvre, il faut, dans

toutes les industries, placer l'ouvrier qui fait les apprêts. Le premier, quelque habile qu'il soit, ne peut rien sans le second, et c'est du prix et de la bonne qualité des apprêts que dépendent la perfection et l'économie de la fabrication.

C'est par ce motif que nous avons examiné avec beaucoup d'intérêt la riche collection d'échantillons de mosaïques en bois et ivoire pour meubles et menuiserie.

M. Jonval fait des filets pour incrustations comme on fait des bordures découpées ou gaufrées pour cartonnages; il présente cinq cent soixante échantillons variés de filets et frises en bois de houx, palissandre, amarante, ébène et citron.

Ces ornements, qui nous ont paru nets et réguliers, sont spécialement destinés aux bordures et encadrements; mais ils peuvent s'appliquer facilement à la décoration des meubles ou de la belle menuiserie.

Le jury, reconnaissant le progrès apporté dans la fabrication par ces procédés, et appréciant le secours efficace et économique qu'ils doivent donner à l'industrie des incrustations sur bois, décerne à M. Jonval une médaille de bronze.

M. Picot, à Châlons (Marne).

Comme M. Jonval, mais pour des services différents, M. Picot nous paraît aussi avoir bien mérité de l'ébénisterie et du placage.

Il expose un tableau et un album composés de feuilles de bois de marronnier tellement minces qu'elles sont tirées à deux cent soixante-dix feuilles au pouce d'épaisseur.

Ces feuilles, qui peuvent servir à la lithographie, au cartonnage et à la brosserie, quand elles sont plus épaisses, sont tranchées par une mécanique à mouvement circulaire qu'un seul homme peut faire mouvoir sans effort et qui produit en une heure mille feuilles de 10 pouces sur 6, au prix de revient de 1 fr. 05 le mille.

Trois feuilles collées ensemble à contre-sens du fil du bois forment une feuille très-solide qui n'a pas plus d'épaisseur qu'une carte à jouer et dont on fait des cartes de visite et des adresses.

Nous avons aussi remarqué des filets en bois de marronnier assez régulier pour rivaliser avec la paille d'Italie.

Enfin M. Picot, adaptant un tranchant à une machine à mouvement de va-et-vient, est parvenu à obtenir des feuilles de 1^{m},30 sur 42 cent. de largeur avec économie de moitié sur les scieries ordinaires de bois des Iles.

Le jury, rendant hommage à tous ces heureux essais, qui doivent, en se développant par l'application, introduire dans le placage de grands perfectionnements et de notables économies, décerne à M. Picot une médaille de bronze.

MENTIONS HONORABLES.

MM. Mazerou et c^ie, à Paris, rue de Ménilmontant, 86.

Le produit que ces messieurs exposent est un parquet-carrelage, véritable mosaïque en bois composée de petits morceaux de bois debout de 9 lignes carrées de surface sur 3 lignes d'épaisseur, et appliqués sur carreaux de briques par un collage inaccessible à toute humidité et d'une adhérence telle que le bois et la brique ne forment plus qu'un seul corps inséparable.

Ces morceaux de bois, coupés mécaniquement, sont d'une justesse parfaite, très-favorable à l'assemblage et à la juxtaposition; ils sont, en outre, collés l'un contre l'autre et en sens inverse, pour que les différences de température n'aient aucune action.

Les carreaux de briques, ainsi recouverts de mosaïques, sont placés sur une aire de plâtre qui n'exige aucune autre préparation. La surface de la mosaïque est ensuite affleurée au rabot, raclée et cirée.

On conçoit, d'ailleurs, que les bois employés, l'ébène, le citron, l'érable, le palissandre, l'amarante, le corail, offrent une variété de couleurs qui permet d'arriver à des dessins d'un effet riche et éclatant.

Le prix de ces parquets est de 50 à 60 fr. la toise, prix très-modique si ces parquets peuvent réunir à l'élégance du dessin les qualités essentielles de la durée et de la solidité.

Deux années ne suffisent pas pour décider la question.

Le jury décerne à MM. Mazeron et compagnie la mention honorable.

MM. Angé et c^ie, à Paris, rue Guénégaud, 19.

Nous avons remarqué leurs parquets en placage-mosaïque de dessins très-variés et d'une bonne exécution.

Quatre feuilles de bois différents sont exactement superposées et sciées en suivant les contours d'un dessin donné.

Les ornements ainsi découpés sont portés d'un bois sur l'autre et incrustés de manière à donner quatre mosaïques du même dessin, mais variées de couleurs par la transposition des bois.

Ces procédés, ingénieux pour le dessin et le découpé de la feuille de placage, auraient sans doute un résultat très-important s'ils perfectionnaient la manière de plaquer le parquet et si l'on pouvait, par leur moyen, éviter les inconvénients de peu de solidité quelquefois reprochés au placage ou au collage par superposition.

Le jury accorde la mention honorable à MM. Angé et compagnie.

CITATIONS FAVORABLES.

M. Marchesi, à Paris, rue d'Angoulême, 25.

Nous citerons favorablement M. Marchesi, qui expose une riche collection de placages-mosaïque obtenus par des procédés sinon identiques, au moins très-analogues avec ceux de MM. Angé.

Les dessins sont nets et l'application bien faite.

M. Chassang, à Paris, rue du Cherche midi, 108.

M. Chassang a voulu baisser les prix du parquet en feuilles en simplifiant les procédés d'exécution; il supprime les lambourdes et pose son parquet sur plâtre en y adaptant une couche imperméable; il substitue des lames métalliques aux languettes ordinaires et un trait de scie aux rainures.

Il y a sans doute économie, même sur l'épaisseur des bois; mais l'expérience seule et le temps pourront constater la solidité et la durée de ces nouveaux essais. Il faut donc attendre, en signalant cependant avec éloge ces tentatives de perfectionnement.

M. Haumont, à Paris, rue de Bourgogne, 12,

Présente des parquets mobiles qu'il obtient par des châssis à clefs destinés à rapprocher les joints et à remédier aussi à l'influence des différentes températures.

Il peut aussi, par ce moyen, supprimer le plâtre ordinairement employé au scellement des lambourdes.

M. Vouzy, à Paris, rue Cadet, 8.

Il donne le nom de *pavés solidaires* à des pavés de bois taillés de telle sorte que, dans leur assemblage, ils se soutiennent mutuellement sans chevilles ni clous, et qu'ils forment un tout compacte dont aucune partie ne peut s'enfoncer isolément sous la pression.

Cet assemblage se fait de manière que la surface présente un parquet uni en losanges ou en quadrilatères contre-boutés, et d'une grande solidité, au moyen des points d'appui qu'ils trouvent sur chaque bord du pavage.

La coupe est la même pour le bois employé debout ou de fil; mais, dans ce dernier cas, il faut éviter de lui donner une largeur qui le fasse voiler.

Cette préparation du bois se fait à la mécanique. L'épaisseur du pavé peut varier de 2 à 20 centimètres, et peut coûter, à Paris, de 5 à 11 fr. le mètre.

L'inventeur annonce que le pavé solidaire est destiné aux routes, ponts, chemins de fer, etc.

M. Aniel, à Paris, faubourg Saint-Denis, 84.

Il expose un échantillon de parquets superposés à feuillure, dont le mérite est d'être aussi solides que les parquets ordinaires et de présenter une économie d'un sixième dans la consommation du bois.

---

§ 5. ORFÉVRERIE D'ARGENT.

L'orfévrerie, nous le disons à regret, est restée stationnaire depuis 1834 : point de procédés nouveaux pour diminuer la main-d'œuvre ou l'emploi de la matière première, peu d'efforts pour conserver ou même inspirer le goût des beaux-arts.

Nous n'avons donc à enregistrer ici que des perfectionnements de détails, des dispositions plus ou moins ingénieuses d'ajustage, et peut-être l'usage plus modéré et mieux entendu des ornements du seizième siècle.

Les formes anglaises, sans grâce et sans légèreté, nous ont paru moins en faveur, et l'on commence à comprendre qu'en orfévrerie le confortable n'est pas tout, et ne doit pas faire oublier la forme et le dessin.

Nous avons remarqué avec plaisir, pour l'économie, que la fabrication consent à employer plus souvent le moulage et l'estampage, et si l'on pouvait toujours faire l'application de ces procédés, sans nuire au dessin et à la ciselure, nous approuverions, sans réserve, tous les moyens qui permettront à l'orfèvre de lutter avec le plaqueur et de rester artiste.

RAPPEL DE MÉDAILLE D'ARGENT.

M. Durand, à Paris, rue du Bac, 58.

Ce fabricant présente, cette année, une pièce remarquable par son exécution et son importance presque monumentale.

C'est une fontaine à thé, pesant 260 marcs d'argent, coûtant 40,000 francs, et s'élevant en forme de pyramide, à 3 pieds de haut environ.

Cette fontaine est portée par un plateau dont la bordure, divisée par des parties niellées et entourées de ciselures, indique les seize places qui doivent recevoir les tasses.

Au-dessus, et sur un bandeau d'argent, avec ornements en or, richement damasquinés, sont disposés huit plateaux artistement embellis d'arabesques ciselées, et de nielles argent et or.

Sur ces plateaux se posent quatre sucriers style florentin, avec intérieur vermeil, et quatre coupes pour gâteaux.

Au milieu s'élève une base ornée de bas-reliefs, avec parties avancées, portant des groupes d'enfants destinés à recevoir les pots à crème.

Sur cette base repose l'élévation architecturale, espèce de socle qui soutient le pied du vase, formant fontaine à quatre robinets.

Au pied du vase viennent se rattacher des encorbellements gracieusement contournés, et servant de support à quatre vasques qui portent les quatre théières d'une forme élégante et nouvelle.

Cette œuvre capitale peut être jugée sous plusieurs points de vue.

Comme ajustage, elle présentait de grandes difficultés, qui nous paraissent avoir été surmontées avec un rare talent; toutes les pièces sont montées avec une simplicité parfaite, et peuvent ainsi se nettoyer ou se réparer facilement.

Comme travail d'orfèvrerie, nous avons admiré la délicatesse des ornements, l'élégance de la ciselure et le mélange heureux de nielles et incrustations d'or, qui rompent l'uniformité de l'argent et reposent agréablement la vue. Toute cette dernière partie est traitée à la manière des orfèvres florentins du quinzième siècle.

Comme objet d'art, le jury n'a pas oublié qu'il doit être industriel avant d'être artiste. Il a dû regarder avec indulgence une œuvre inspirée par le goût du jour et l'entraînement de l'exemple. Il a pensé que, par son exécution, par sa richesse, et même par sa composition d'ensemble, cette pièce colossale était le produit d'une fabrication très-remarquable, et d'une énergie industrielle qui ne recule pas devant les sacrifices.

M. Durand nous paraît avoir conservé l'honorable position qu'il occupait déjà en 1834, et le jury lui confirme, avec empressement, la médaille d'argent qu'il a obtenue aux précédentes expositions.

NOUVELLE MÉDAILLE D'ARGENT.

M. Lebrun, à Paris, quai des Orfévres, 40.

M. Lebrun a eu l'heureuse occasion d'exposer un magnifique service de table et un thé complet.

La mode a voulu que l'élégance et la pureté des formes fissent place à la richesse des détails, à la profusion des ornements et de la ciselure. M. Lebrun nous paraît avoir satisfait à ces exigences avec beaucoup de goût et d'habileté, et les formes anglaises qu'il a combinées avec le style de la renaissance forment un ensemble d'un très-bel effet.

Nous avons remarqué une corbeille à gâteaux et un seau à glace, et surtout un plateau embelli par les plus gracieux dessins de ciselure.

Rien de mieux ajusté et de plus parfaitement exécuté que les ornements de toutes les pièces; et ce beau travail place M. Lebrun parmi les premiers maîtres de l'art de l'orfèvrerie.

Le jury, rendant justice à cette élégante et intelligente fabrication, décerne à son habile directeur une nouvelle médaille d'argent.

MÉDAILLES D'ARGENT.

M. Langlet, à Paris, rue Bourg-l'Abbé, 32.

M. Langlet exécute lui-même le dessin, la sculpture et la ciselure des pièces qui sortent de ses ateliers.

Il s'est fait représenter à l'exposition par trois pièces de grosse orfèvrerie.

Un milieu de table et corbeille pour fleurs et fruits avec quatre bacchantes et enfants cueillant des raisins. Les figures et une grande partie des ornements sont en vermeil.

Cette pièce, d'un genre grec, a peut-être été étonnée de se trouver à l'exposition de 1839; elle y semblait être venue pour protester contre l'invasion du moyen âge, mais elle y était seule.

Nous devons citer cette œuvre d'art, qui n'est pas irréprochable, mais qui a cependant des parties fort bien traitées, et dont l'ensemble ne manque pas de grâce.

Elle est bien exécutée, et fait honneur au talent et au courage de l'artiste.

A côté de cette pièce de style antique, nous avons remarqué une bouilloire à thé, à bascule, avec réchaud moulé et ciselé, et le corps entièrement repoussé.

Cet objet, dans le goût de notre époque, fait voir que M. Langlet peut traiter tous les genres avec succès.

Le jury, reconnaissant le mérite de cette fabrication, décerne à M. Langlet une médaille d'argent.

M. Froment-Meurice, à Paris, rue de Lobau, 2.

M. Froment-Meurice est un bon dessinateur et un habile fabricant ; il cherche à réunir le dessin, la ciselure et le bon marché.

L'estampage, qui se retrouve toutes les fois qu'on veut de l'économie, ne se prête pas facilement à l'application de la ciselure, et M. Froment paraît employer le moulage de préférence aux autres procédés économiques.

Avec des modèles bien faits et des fondeurs habiles, il obtient des surmoulés parfaitement nets, sur lesquels la ciselure n'a plus rien à faire.

Nous citons avec plaisir un service de thé, style du seizième siècle, avec des dispositions qui rappellent le genre oriental.

Les anses et le bec de la théière sont bien ajustés sous le galbe du vase. L'anse d'ivoire est ingénieusement recouverte en métal, et la dorure par immersion, essayée sur le sucrier et le pot au lait, est peut-être la première expérience de ce genre qui ait réussi complétement sur des pièces de cette dimension.

Nous avons distingué des plats fort simples, mais ajustés avec des bords moulés, d'un genre et d'un dessin assez nouveaux;

Un plateau pour dessert, obtenu par des procédés de moulage qui en rendent le prix très-modique.

En présence de ces bons résultats de fabrication, le jury décerne une médaille d'argent à M. Froment, qui avait déjà obtenu une médaille de bronze en 1834.

---

§ 6. PLAQUÉ.

Tout objet de luxe inventé pour les classes opulentes doit être imité pour les classes moyennes. Nous avons, en réalité, l'égalité des droits, nous voulons, en apparence, l'égalité des fortunes, et si tous ne peuvent pas être riches, tous veulent au moins le paraître.

Aussi trouve-t-on toujours, dans l'industrie, le strass à côté du diamant, le vernis à côté de la dorure, le cuivre à côté de l'or, le plaqué à côté de l'orfévrerie d'argent.

Le plaqué, importé d'Angleterre, encouragé par Louis XVI, perfectionné par M. Levrat, soumis au mandrin et au brunissoir par MM. Tourot et Jalabert, est parvenu, depuis quelques années, à un degré de perfection qui lui permet de lutter avec l'orfévrerie d'argent.

Tout ce qui peut se faire en or, en argent, en cuivre, en fer-blanc, s'exécute maintenant en plaqué. C'est indiquer les immenses développements dont cette industrie est susceptible.

Ses avantages sur l'orfévrerie fine sont le prix de la matière première et la facilité de la fabrication.

Le laminage de l'argent est dur et roide; le laminage du doublé est plus ductile, et rend les procédés plus faciles et le travail beaucoup moins dispendieux. D'ailleurs, pour appliquer à l'orfévrerie tous les procédés de la fabrication du plaqué, il faudrait faire des dépenses premières qui ne peuvent être compensées que par une grande consommation, à laquelle l'orfévrerie d'argent ne peut atteindre.

L'orfévrerie fine a toujours, il est vrai, une valeur intrinsèque réalisable à la fonte. Le doublé d'argent n'a que peu ou point de valeur.

A un titre trop bas, on ne le reprend pour aucun prix; mais le bon plaqué n'est pas dans le même cas, et nous avons rencontré des fabricants qui consentiraient volontiers à reprendre, après plusieurs années d'usage, le plaqué sorti de leur fabrique, pour moitié ou au moins un tiers de leur prix de vente.

Depuis 1834, l'industrie du doublé n'a point fait de progrès, et nous regrettons de n'avoir pas à signaler un seul de ses procédés nouveaux et économiques, qui donne un nouvel essor à l'industrie et qui permette de diminuer les prix sans nuire à la qualité.

Les procédés de fabrication restant les mêmes et étant connus de tous, le bas prix des produits ne peut donc s'obtenir qu'en baissant le titre du plaqué.

Il faut désapprouver hautement ces moyens.

Le mauvais plaqué a très-peu de durée, et s'il peut, à l'aide d'un faux poinçon de titre, tromper pendant quelques jours l'œil de l'acheteur, on ne tarde pas à reconnaître la fraude.

La confiance disparaît, le poinçonnage du doublé n'est plus une garantie, et l'on soupçonne toujours (et quelquefois à tort) la loyauté du fabricant.

C'est ce qui est arrivé à cette industrie, et c'est là, sans aucun doute, la cause première de la défaveur du plaqué français à l'étranger.

Il est, dit-on, impossible de s'assurer de l'exactitude du poinçon de titre sur l'orfèvrerie en doublé. Une pièce de plaqué se composant de beaucoup de pièces rapportées, l'essai du titre est impraticable après sa confection. Le laminage même n'est pas toujours égal et au même titre sur les bords ou au milieu de la feuille.

En présence de ces difficultés, il serait à désirer que le gouvernement fît appel à la science et à l'industrie pour obtenir, s'il est possible, un contrôle efficace du poinçonnage; mais si, malgré ces recherches sérieuses, l'impossibilité était bien constatée, le poinçon de titre, sans contrôle et sans pénalité contre la fraude, serait une déception pour l'acheteur et une cause de méfiance contre le fabricant : il faudrait se hâter de le supprimer.

Malgré ces causes réelles de défaveur, la fabrication du doublé d'argent occupe à Paris 2000 ouvriers, et emploie un capital d'environ 8 millions de francs, dont moitié pour l'exportation.

RAPPELS DE MÉDAILLES D'ARGENT.

M. Gandais, à Paris, rue du Ponceau, 42.

Cet habile fabricant présente, cette année, plusieurs pièces d'un travail délicat, mais dont les formes laissent quelque chose à désirer.

Nous avons distingué, non sous le rapport de l'art, mais pour la bonne exécution, un surtout de table à branches corail ciselées mat, une soupière coquille d'une grande richesse, et disposée de manière qu'en retirant la timbale du milieu on peut y substituer une corbeille de fleurs et l'utiliser comme surtout de table.

M. Gandais continue à garnir en argent fin les bords, les anses et les poignées de ses pièces en doublé, et sa fabrication, qui a vingt années d'existence et qui occupe annuellement cent à cent vingt ouvriers, conserve en tous points l'honorable position qu'elle a prise aux expositions précédentes.

Le jury vote à M. Gandais le rappel de la médaille d'argent qu'il a déjà obtenue en 1834.

M. Balaine, à Paris, rue du Faubourg-du-Temple, 93.

M. Balaine paraît se consacrer exclusivement à la fabrication du plaqué fin (genre Sheffields); il ne fabrique pas à plus bas titre que le 40e, et garnit en argent fin les parties saillantes et les bords de toutes ses pièces.

Nous avons distingué plusieurs pièces de service de table au 10e, un thé ciselé mat d'un assez bon goût et d'un fini remarquable.

Ce service, composé de cinq pièces et plateau en doublé au 5ᵉ, est de 1,800 fr., et coûterait 8,000 fr. en argent fin. Le prix de main-d'œuvre en plaqué est d'environ 600 fr.: il serait de 2,000 fr. en argent.

Ces différences sont une nouvelle preuve que le plaqué a, sur l'orfévrerie d'argent, l'avantage immense des procédés économiques de fabrication.

Les produits de M. Balaine sont le résultat d'une fabrication consciencieuse. Les ciselures, qui seraient impossibles sur du plaqué mince, sont bien entendues, et les formes sont d'un dessin assez pur.

Ce fabricant nous a paru toujours digne de la médaille d'argent dont le jury lui vote le rappel avec empressement.

M. Parquin, à Paris, rue Popincourt, 74.

La manufacture de M. Parquin, successeur de M. Levrat, réunit trois industries distinctes.

L'orfévrerie plaquée est représentée à l'exposition par deux services à thé : l'un en doublé d'or, l'autre en doublé d'argent.

Ce service, composé de cinq pièces avec plateau, est d'une grande richesse, qui n'exclut pas cependant une certaine élégance de formes.

Les produits en cuivre bronze florentin consistent en une riche collection de fontaines à thé, théières et flambeaux de formes variées, enrichis de ciselures et d'ornements de bon goût. Le prix de ces objets est très-modéré, et nous signalerons une paire de flambeaux 9 pouces, avec un joli estampé à la tige et des godrons au pied, pour le prix de 2 fr. 50 c.

Enfin nous citerons une chaudronnerie mince en laiton, et des flambeaux à 1 fr. la paire.

M. Parquin est aussi l'inventeur d'un étamage perfectionné sur cuivre.

L'étamage est posé après soudure, avant de finir la pièce, qui est ensuite placée sur le tour, ce qui consolide l'adhérence de l'étamage.

M. Parquin occupe à tous ces travaux deux cent cinquante ouvriers, dont cent cinquante sont employés dans la prison de Melun à ces objets de fabrication, si nécessaires à la classe pauvre.

Le jury, appréciant le zèle industriel et les importants travaux de cet habile fabricant, lui confirme la médaille d'argent qu'il a déjà obtenue en 1827 et 1834.

MÉDAILLE D'ARGENT.

MM. Veyrat et fils, à Paris, rue de la Tour, 10.

Ces fabricants n'ont point voulu établir une pièce capitale pour l'exposition ; ils présentent, cette année, les modèles qu'ils font toujours, qu'ils vendent journellement, et qu'on peut retrouver dans tous leurs magasins : leur fabrication régulière est mise, par ses prix, à la portée des classes moyennes.

C'est un motif de plus pour jeter un coup d'œil d'intérêt sur un établissement utile qui occupe beaucoup d'ouvriers, et qui réunit avec succès trois branches distinctes d'industrie.

1° L'orfèvrerie d'argent, qu'ils établissent légère, en lui appliquant les procédés de main-d'œuvre du plaqué. Nous avons remarqué un service pour le thé de quatre pièces, sans plateau, au prix de 1,200 fr.;

2° L'orfèvrerie en doublé d'argent, qu'ils font d'une qualité moyenne et d'un prix modéré. Ils présentent le même service à thé, plaqué au 10° avec bords d'argent, au prix de 500 fr.;

3° Le plaqué sur fer, par le procédé des éperonniers, c'est-à-dire le fer forgé, limé, poli, étamé et recouvert d'une feuille d'argent laminé à épaisseur convenable.

Ils exposent des couverts à filet et des assiettes ainsi plaqués qui nous ont paru offrir un résultat satisfaisant. Mais si l'oxydation du fer n'est pas à craindre, comme celle du cuivre, le plaqué sur fer ne prendra des développements réels que si l'on cherche à obtenir du doublé de fer comme on obtient du doublé de cuivre, et si l'on parvient, à l'aide d'une force suffisante, à travailler ce doublé par les procédés de la fabrication du plaqué.

MM. Veyrat et fils, par l'importance de leur fabrique, par leurs exportations à l'étranger, par la variété de leurs produits et par les essais progressifs qu'ils ont tentés, sont dignes de la médaille d'argent que leur décerne le jury.

MÉDAILLE DE BRONZE.

M. Hardelet, à Paris, passage Choiseul, 34.

Ce fabricant expose des objets remarquables par la régularité et la pureté des formes.

Nous avons distingué des flambeaux d'un bon goût, un calice et des burettes d'une grande richesse de ciselure, et une jolie forme de pot à eau.

Un nouveau réchaud-bouilloire à esprit-de-vin, avec une combinaison intelligente des trous destinés à activer la flamme. Ce réchaud de table joint à tous les avantages du bain-marie celui de conserver 80 degrés de chaleur pendant trois heures.

Les parties estampées sont nettes, les formes simples et l'exécution bonne.

M. Hardelet nous paraît avoir conservé les bonnes traditions, et le jury lui décerne à juste titre la médaille de bronze.

RAPPEL DE MENTION HONORABLE.

M. Vinken, à Paris, rue Saint-Honoré, 315.

M. Vinken expose des bouilloires et fontaines à thé en cuivre bronzé, et une cafetière pour faire le café à la vapeur. Ce fabricant a perfectionné cet appareil, d'importation allemande.

Le jury lui confirme la mention honorable qu'il a déjà obtenue en 1834.

MENTIONS HONORABLES.

M. Morel, à Paris, rue des Vieilles-Audriettes, 8.

M. Morel paraît avoir fait l'application presque exclusive du plaqué à l'industrie des ornements d'église.

Cette fabrication, presque généralement abandonnée depuis MM. Tourot et Favre, existe encore dans les ateliers de M. Morel, qui l'exploite avec succès.

Nous avons remarqué des flambeaux de vingt-six pouces de hauteur, et une croix de procession de quarante-deux pouces, un encensoir fait au tour et ciselé, un reliquaire composé de plus de six cents pièces de rapport, et quelques objets en laiton doré.

Il est à désirer que cet habile fabricant puisse appliquer les procédés de l'estampe à toute sa fabrication, ce qui lui permettra, sans doute, de diminuer les prix de ses articles d'église et de les mettre à la portée des paroisses pauvres.

Le jury décerne à M. Morel une mention honorable.

M. Hallot, à Paris, rue du Grand-Chantier, 16.

M. Hallot expose une nombreuse collection d'objets en plaqué d'argent, bien confectionnés et d'un prix très-modéré.

Nous avons remarqué un service à thé en plaqué, avec plateau et tasses en vermeil.

Cette fabrication n'est pas sans importance et mérite la mention honorable que lui décerne le jury.

M. Jansse, à Paris, rue Bourg-l'Abbé, 32.

La spécialite de cet exposant est la fabrication des articles d'église en bronze et en cuivre doré ou argenté.

Nous avons remarqué des ostensoirs avec rayons en cuivre estampé; des lampes d'église, ciboires, calices, d'un dessin léger et élégant qui ne nuit pas à la sévérité des formes.

Tous ces produits se recommandent par une fort bonne exécution.

Le jury décerne à M. Jansse une mention honorable.

CITATION FAVORABLE.

M. Barbereau, à Paris, rue Grange-aux-Belles, 9.

Ce fabricant, voulant remédier aux inconvénients de la porcelaine, qui se brise en tombant, ou de l'orfèvrerie, qui peut se bossuer, a inventé une orfèvrerie céramique qui peut tomber de hauteur d'homme ou rouler à terre sans éprouver aucun dommage.

Une tasse faite par ce procédé se compose, à la surface extérieure, d'une feuille d'argent très-mince, et, à la surface intérieure, d'une feuille de cuivre.

Entre ces deux feuilles rapprochées, mais non adhérentes, il verse une pâte liquide qui durcit en séchant et soutient les deux faces de métal.

Les flambeaux et girandoles sont faits plus simplement, en versant la pâte dans la feuille d'argent estampée.

Ce procédé, tout nouveau, n'a pas encore la sanction du temps et de l'expérience; il a d'ailleurs besoin de quelques perfectionnements; mais l'intelligente recherche de M. Barbereau mérite d'être citée favorablement.

SECTION V.

TYPOGRAPHIE.

M. Laborde (Léon de), rapporteur.

Considérations générales.

Si le jury avait eu mission d'apprécier, dans les produits de l'imprimerie, le mérite intellectuel; si le volume présenté par l'imprimeur avait dû être examiné sous d'autres rapports que sous celui des perfectionnements matériels, nul doute que sa tâche n'eût été aussi ingrate que difficile. Mais il ne s'agissait que de comparer les livres de 1839 aux livres de 1834, et de reconnaître la supériorité que ceux de cette exposition avaient acquise sur ceux de l'exposition précédente, au moyen de presses plus précises, d'un noir plus brillant, d'un papier plus uni, de types et de bois mieux gravés.

Réduite à ce rôle tout industriel, l'imprimerie se

présente au jury avec des titres réels à son encouragement : son exécution est plus parfaite et ses prix sont moins élevés.

Les presses que nous ne pouvons point examiner ici, mais dont nous devons apprécier les résultats, ont gagné en précision, et fournissent avec netteté, non-seulement le tirage du texte, mais encore celui des gravures les plus fines, jusqu'à un nombre presque indéfini. Le noir, qui s'était conservé si brillant dans les éditions du XVe et du XVIe siècle, avait tellement dégénéré dans le siècle dernier, que l'huile débordait en auréole jaunâtre autour de chaque lettre, et plus défavorablement encore autour des gravures, qui sont toujours empâtées d'encre. Aujourd'hui, les livres imprimés au moyen de l'emploi d'une huile meilleure, qui leur donne une teinte bleuâtre plus agréable, conservent constamment toute leur fraîcheur. Le papier, même dans les éditions du prix le plus modéré, est d'un très-beau blanc et d'une pâte très-unie. Nous laissons à une autre commission le soin d'apprécier les procédés qui lui donnent cette blancheur ; elle nous dira si, quand l'abus des agents chimiques aura altéré ces papiers si brillants, l'avenir n'aura pas à demander compte à l'éclat du présent de sa lente détérioration. Les caractères, enfin, de l'imprimerie ont gagné, moins dans le dessin, qui ne présente qu'une assez fâcheuse variété de formes, que dans la précision de la gravure, qui rend la mise en train plus facile.

Tous ces perfectionnements n'ont pas profité seulement aux ouvrages de luxe; ils ont été mis au service des éditions de livres élémentaires, au service des collections tirées à un très-petit nombre d'exemplaires réservés aux savants. Les classiques grecs, latins, français, les publications chinoises, persanes, arabes, hébraïques, ont pu se répandre dans le commerce, imprimés avec autant de perfection que des livres de choix, et cependant avec une réduction de prix telle que des collections entières ont reparu aux conditions de vente d'un seul volume des éditions précédentes.

Le jury a vu avec plaisir figurer dans les salles d'exposition, à côté des plus grands noms de l'imprimerie, à côté des nouveaux éditeurs les plus actifs, quelques imprimeurs des départements qui suivent attentivement les progrès de la capitale, et qui ont placé sans désavantage leurs publications auprès des publications de Paris.

Mais l'imprimerie, qui s'est toujours appelée un art, prétend, avec raison, s'élever aux conditions de goût et d'invention qui légitiment ce titre. La gravure en relief, qu'on peut appeler gravure typographique, après avoir été négligée pendant deux siècles, a repris toute son importance, grâce à l'appui d'artistes distingués, et l'imprimerie n'a reculé devant aucune des difficultés qu'offrait, à chaque page, la reproduction de ces petits tableaux dont il fallait rendre toute la netteté du dessin et toute la vigueur de l'effet, de manière à satisfaire au goût difficile et parfois capricieux des artistes, des graveurs, des auteurs et du public.

Cet ornement n'a cependant point renchéri les éditions nouvelles, et pour la première fois, depuis trois siècles, elles ont offert l'exemple du luxe réuni à la modicité des prix. Tel livre qui, tiré à douze cents exemplaires, dans les conditions où se trouvait l'imprimerie il y a vingt ans, aurait présenté à l'éditeur un prix de revient de 3,000 fr. à côté d'un bénéfice possible de 2,000 fr., a été imprimé avec tant de richesse, sur un papier si beau et avec une telle profusion de gravures, que les frais d'édition se sont élevés à 200,000 fr. Tiré à douze cents exemplaires, il n'aurait pu se vendre, chaque exemplaire aurait valu près de 200 fr.; mais, imprimé à quinze mille, il entrait dans le commerce à raison de 20 fr. l'exemplaire, et l'édition rendait au libraire 100,000 fr. de bénéfice.

C'est d'après ces bases qu'est devenue possible et qu'a été faite la publication du *Testament*, *des Évangiles*, *de Gil Blas*, *de l'Imitation*, *de Paul et et Virginie*, *du Molière*, *du Don Quichotte*, *de Manon Lescaut*, *de l'Histoire de Napoléon*, *de Béranger*, *de la Fontaine*, et celle de tant de beaux livres. C'est à ces conditions, conformes à la diffusion des lumières et à la division des fortunes, que d'immenses entreprises ont été tentées, que de larges dépenses ont été faites, que de grands bénéfices ont été recueillis, et que l'imprimerie a acquis de nouveaux droits à l'attention du jury.

Cette innovation, ou plutôt, comme nous venons de le dire, cette extension nouvelle donnée à l'emploi d'une ancienne association, a grandi le rôle de l'éditeur, et le jury devait apprécier les efforts qui ont été faits par plusieurs d'entre eux pour entraîner leurs confrères dans cette voie de progrès et d'améliorations.

Le moyen âge a connu deux classes d'éditeurs, l'éditeur savant et l'éditeur artiste : l'un collationnait les manuscrits des ouvrages grecs et latins dont il se faisait gloire de publier la meilleure édition; l'autre s'adressait aux artistes, obtenait de ceux-ci des lettres initiales ornées, de ceux-là des entourages, des plus célèbres des sujets historiques, et ensuite il combinait avec l'auteur, avec l'imprimeur, avec le marchand de papier et, enfin, avec le graveur des estampages de reliures, le plus heureux ensemble de conditions d'art et d'élégance.

Chaque année a vu rapidement disparaître les derniers représentants de la classe des éditeurs savants. Le petit nombre de ceux qu'on pourrait encore citer aujourd'hui semble ne résister à l'esprit trop exclusivement mercantile de notre temps que pour nous inspirer plus de regrets. Mais l'éditeur artiste qui, au seizième siècle, avait disparu par l'abandon de la gravure sur bois, renaît de nos jours avec sa première importance et avec une complète ressemblance : même activité, même esprit de combinaison, même goût d'arrangement, même utilité commerciale à l'égard du dessinateur comme à l'égard du graveur, à celui de l'imprimeur comme à celui du papetier ou du relieur.

Le jury avait donc à examiner, dans la section d'imprimerie et en dehors de tous les autres mérites, celui de l'éditeur; et il devait aussi récompenser l'homme ingénieux, le capitaliste hardi, le fabricant utile, car ce nom lui peut être appliqué, qui mettait en œuvre tant d'industries diverses, lesquelles auraient peut-être langui, si son esprit spéculatif ne leur eût donné une heureuse activité. Le jury, cependant, n'en veut pas moins encourager ensuite, et séparément, chacune de ces industries que l'éditeur, comme un architecte habile, emploie à l'érection de son monument.

Je ne tracerai point le tableau des conquêtes de la librairie. Il serait trop pénible d'être obligé d'exposer en pendant le tableau de ses désastres. D'ailleurs, en ce qui concerne cette industrie, la statistique sera toujours en défaut dès qu'elle prétendra autre chose que constater des faits. Le temps présent prouve qu'aucun chiffre ne peut être adopté avec garantie de durée : la raison en est simple ; l'imprimerie est soumise à des interruptions trop brusques et à des reprises trop lentes. Dans les temps prospères, elle lutte contre des difficultés inconnues aux autres branches de l'industrie ; dans les temps de crise, elle se trouve aussitôt acculée entre de lourdes obligations et des marchandises dont le prix est toujours fictif et qui n'ont aucune valeur positive.

Mais c'est du moins un bonheur de penser que tant de dégoûts trouvent leur compensation dans l'élévation de cette industrie, qui touche à tous les points de l'intelligence humaine, et le jury s'associera de tout son pouvoir à ce qui doit l'encourager et la soutenir.

---

§ 1. GRAVURE EN LETTRES.

Il était difficile et, cependant, il était indispensable de séparer la fonte de la gravure des caractères. C'était d'autant plus difficile que toute grande fonderie joint à sa fabrication un atelier de gravure, qui donne aux directeurs le droit de s'intituler fondeurs et graveurs.

C'était d'autant plus indispensable que, dans sa sollicitude des droits de tous, le jury devait aussi se réserver les moyens de récompenser le graveur, aujourd'hui, surtout, que les vignettes et les ornements sont venus donner à cette profession, d'abord restreinte, une importance d'art et de goût dont il faut encourager la bonne direction.

Comme dans tous les arts, l'invention matérielle occupe, dans la gravure des caractères, bien peu de place; c'est dans l'exécution qu'il en faut chercher le perfectionnement. Depuis 1834, le jury reconnaît qu'en prenant en considération l'immense variété des caractères et des ornemens, l'étonnante rapidité avec laquelle on les produit, il y a dans leur fabrication, sinon plus d'habileté, une habileté au moins égale, et surtout une habileté plus générale, plus répandue. Quand un art, comme celui de la gravure des caractères, est arrivé à la perfection où les Bodoni et les Didot l'ont porté, le progrès est dans son extension.

RAPPEL DE MÉDAILLE D'ARGENT DE 1827.

M. Léger, à Montrouge, avenue de la Santé, 18 (1).

Les lettres de deux points de M. Léger ont conservé leur réputation, légitimée par la médaille d'argent que le jury lui a décernée dans trois expositions successives.

MÉDAILLE D'ARGENT.

M. Legrand, à Paris, rue du Cherchemidi, 99.

M. Marcelin Legrand méritait l'attention du jury par

---

(1) En 1834, le nom de M. Léger fut omis au rapport par erreur.

ses caractères ordinaires d'imprimerie ; il la méritait encore par des caractères orientaux (1); les caractères hébreux gravés sur trois corps et sous la direction de M. Silvestre de Sacy; les caractères pehlvi et cunéiforme, gravés sous la direction de M. Burnouf. Aujourd'hui M. Legrand se présente, à l'exposition, avec un nouveau titre, avec celui que lui donne la gravure du caractère chinois. Ce qu'aucun établissement n'avait encore exécuté, ce que l'imprimerie royale n'avait pas osé tenter; lui, simple particulier, il l'entreprend à ses frais, risques et périls, et poursuit sans relâche la gravure de ce caractère, composé de 30,000 lettres au moins.

Mais le jury a peut-être encore été moins frappé de la hardiesse de M. Legrand que de son adresse à rendre praticable ce qu'il avait jugé possible. D'abord, afin de s'éviter la gravure de 30,000 poinçons d'acier, il s'inspire du système proposé par M. Marshmann, et décompose les 30,000 caractères chinois, qui forment le dictionnaire impérial, pour ne trouver que 9,000 poinçons nécessaires. Ensuite, pour rendre facile aux compositeurs la recherche de ces 9,000 caractères, il introduit dans le moule de la lettre, et sur sa largeur, au moment de la fonte, un numérotage qui permet de composer du chinois avec des chiffres sans même connaître les lettres de cette langue.

Le jury juge ces efforts dignes de la médaille d'argent.

---

(1) Il a gravé divers corps de zend, un corps de tamoul, un corps de guzaratti, deux corps de persépolitain, un corps de tibétain, etc.

MÉDAILLE DE BRONZE.

M. Loeuilliet, à Paris, rue Poupée, 7.

M. Lœuilliet est l'un de nos meilleurs graveurs. Les épreuves qu'il a mises à l'exposition le prouvent. Le jury a particulièrement remarqué une cursive allemande, peut-être un peu maigre, mais, d'ailleurs, supérieure, en netteté et en précision, à ce qui avait été fait chez M. Jules Didot.

Le jury, qui avait accordé à M. Lœuilliet, en 1834, une mention honorable, lui décerne, cette année, une médaille de bronze.

MENTION HONORABLE.

M. Lombardat, à Paris, rue du Four-Saint-Hilaire, 8.

M. Lombardat continue à mériter la mention honorable que le jury de 1834 lui a accordée.

CITATION FAVORABLE.

M. Porthant, à Paris, rue du Cimetière-Saint-André, 16.

Ce graveur a exposé quelques lettres ornées, dites de fantaisie. Le jury aurait désiré des formes moins tourmentées. Son grec moderne et son anglaise offrent une exécution plus pure.

Le jury lui accorde une citation favorable.

---

§ 2. GRAVURE EN RELIEF OU TYPOGRAPHIQUE.

Le jour où le bois de bout fut attaqué par le burin de nos graveurs en creux, une révolution s'opérait dans l'imprimerie et dans la librairie. C'est à Bewick qu'est due l'introduction de ce changement important dans l'ancienne gravure sur bois de fil et au canif, qui, après avoir brillé pendant près de trois siècles, s'était vue presque complétement abandonnée au dix-neuvième.

L'introduction de la nouvelle gravure en relief, en France, fut très-lente. L'Angleterre avait déjà répandu, à très-bon compte, dans le commerce, des livres ornés de ces gravures, que nous en étions encore à quelques rares essais; il fallut même qu'un graveur habile de cette contrée vint en France pour y rendre cet art populaire : ce graveur, c'est Thompson, que trois jurys successifs ont honoré de la médaille d'argent.

Aujourd'hui Paris compte un grand nombre de graveurs en relief, et nos éditions illustrées ont non-seulement égalé les chefs-d'œuvre du genre produits par l'Angleterre, mais encore, transportées en pays étrangers, sous forme de clichés, elles y sont accueillies avec faveur, et plus recherchées souvent que les œuvres nationales. Autant la gravure en creux est forcément restée dans les conditions élevées de l'art, autant la gravure en relief a su se prêter aux exigences industrielles de la spéculation : exécution rapide, prix modérés, applications multiples, tirage innombrable; elle a tout offert au commerce qui sait en profiter.

MÉDAILLES D'ARGENT.

M. Brevière, à Paris, rue des Beaux-Arts, 3.

M. Brevière apporte dans sa gravure une pureté d'outil, et dans son travail une fidélité consciencieuse, qui sont les deux conditions essentielles de la reproduction des dessins que les artistes tracent sur le bois. Les éditions illustrées possèdent, presque toutes, quelques travaux de cet exposant; mais, ce qui le distingue, ce sont ceux qu'il a exécutés pour les grandes éditions de l'imprimerie royale. *L'histoire des Mongols, le livre des rois* sont là pour montrer avec quel goût et avec quel talent il a su vaincre de grandes difficultés, et rendre, par l'imprimerie, des dessins orientaux qu'on croyait jusqu'à présent réservés à l'ornement des plus riches manuscrits.

Sous l'égide de son habile directeur, l'imprimerie royale se maintient ainsi au niveau des perfectionnements, elle fait mieux, elle les devance, et peut servir de modèle aux établissements que l'industrie élève.

MM. Andrew, Best, Leloir, à Paris, rue des Grands-Augustins, 21.

L'association de ces trois graveurs, qui exposent ensemble, dure depuis plusieurs années. Ils ont fourni au commerce d'innombrables produits avec une rapidité et une modicité de prix qui rendent possibles les publications à bon marché qui paraissent chaque semaine. Il faut dire aussi qu'ils ont également exécuté, pour les plus remarquables ouvrages, quelques gravures très belles. Le jury doit surtout mentionner, comme un perfectionnement qui leur appartient, au moins dans son exploitation, l'emploi du cuivre, et la reproduction sur ce métal, moitié à l'eau-forte, moitié au burin, mais toujours en relief, des sujets d'histoire naturelle, des poissons, des coquilles, des minéraux, des détails anatomiques que M. Best a rendus, d'après ce système, avec une grande habileté.

Le jury leur décerne une médaille d'argent. Le jury de 1834 leur avait accordé une médaille de bronze.

RAPPEL DE MÉDAILLE DE BRONZE.

M. Lacoste, à Paris, rue du Coq-Saint-Honoré, 13.

Les gravures que cet artiste a exposées, cette année, sont plus particulièrement destinées à l'ouvrage de Versailles de M. Gavard.

Le jury accorde à M. Lacoste le rappel de la médaille de bronze qu'il avait obtenue en 1834.

MÉDAILLES DE BRONZE.

M. Cherrière (Prosper-Adolphe-Léon), à Bièvre.

Cet artiste a gravé de nombreux sujets pour les éditions les plus remarquables de Paris. L'histoire de Napoléon, le la Fontaine, le Voyage pittoresque en Russie, le Béranger comptent, au nombre de leurs gravures les plus belles et les plus fines, celles de M. Cherrière.

Le jury lui décerne une médaille de bronze.

M. Barre, à Paris, rue des Marais-Saint-Germain, 14.

La gravure sur acier est une spécialité de la gravure en relief. Cette spécialité est particulièrement utile aux grands établissements qui ont besoin de billets imprimés, d'autant plus difficiles à imiter qu'ils ont plus à lutter contre les tentatives de contrefaçon.

Deux exposants, les seuls qui, à Paris, travaillent dans ce genre, se sont présentés.

M. Barre, artiste distingué, très-connu par ses beaux médaillons, expose les billets de la banque de Lyon qu'il a lui-même composés, dessinés et gravés sur acier.

Les billets de la banque de France sont surpassés ici par la fermeté de l'outil, et la difficulté de l'imitation est encore augmentée par la pureté du dessin et par la finesse des têtes. Malgré sa patience, le faussaire ne saurait saisir et reproduire cette composition sans un talent d'artiste qu'on ne peut lui supposer, car, s'il le possédait, il lui offrirait des ressources moins dangereuses que ces coupables tentatives.

La banque de France a commandé à M. Barre un nouveau modèle de billets de 500 et de 1,000 francs, au prix de 25,000 fr. chaque.

MENTION HONORABLE.

M. Saunier, au Petit-Montrouge, avenue de la Santé, 31.

M. Saunier a gravé un billet de banque d'après une composition de M. Lenormant, et il avait à lutter contre les difficultés d'un dessin moins flatteur.

Le jury a remarqué, cependant, la pureté et la régularité de la lettre de son billet, et, lui tenant compte des difficultés de ce genre de travail, il lui décerne une mention honorable.

RAPPEL DE CITATION.

M. Chesle, à Paris, rue Saint-Jacques, 69.

Déjà cité dans les rapports de 1827 et de 1834, M. Chesle a exposé, cette année, ses fers à reliure, qui n'ont présenté au jury qu'un petit nombre de formes nouvelles, exécutées cependant avec la même habileté, et qui montrent qu'il est toujours digne de la citation qu'il a obtenue en 1834.

---

§ 3. FONTE DE CARACTÈRES.

MÉDAILLE D'OR.

M. Tarbé, à Paris, rue de Madame.

Le nom de Didot, qui se rattache à toutes les vastes branches de l'imprimerie, ferme aussi la liste des inventions qui ont été faites ou des perfectionnements qui ont été apportés dans la fonte des caractères de l'imprimerie. Depuis lors, le mérite du fondeur consiste surtout à exécuter avec plus de perfection, au moyen de moules et d'outils qui n'ont pas varié.

Il y avait cependant un titre nouveau à conquérir : celui d'une exploitation commerciale établie sur de plus larges bases que tout ce qui a été fait jusqu'ici ; c'est celui que M. Tarbé a présenté à l'exposition. Le jury a reconnu qu'il avait apporté, dans cette industrie, de nombreux capitaux, une intelligence rare, une persévérance, enfin, qui ne semble pas devoir se démentir.

Après s'être formé un matériel de fonte assez important, après avoir fait construire, pour ses ateliers, une maison tout entière, il a voulu y réunir tout ce que la fonte avait jamais produit de plus parfait ; il a acheté les caractères Didot, Éverat, Molé ; il a formé, à Saint-Germain, un nouvel atelier ; et, aujourd'hui, ses établissements sont les plus con[illegible]es qu'on ait jamais vus, puisqu'ils renferment le mat[illegible]l le plus complet et font marcher ensemble les fonderies les plus actives que le talent avait créés après de coûteuses expériences, et que le commerce faisait prospérer isolément.

Le jury lui décerne une médaille d'or.

MÉDAILLES D'ARGENT.

MM. Laurent et Deberny, à Paris, rue des Marais-Saint-Germain, 17.

Le mérite de MM. Laurent et Deberny est de ceux que le jury place au premier rang. Simples ouvriers, il y a vingt ans, ils se sont élevés, par leurs propres efforts et par leurs seuls capitaux, au niveau des plus grandes maisons. Leurs relations commerciales étendues, la variété et la perfection de leurs produits, dans tous les genres de la fonderie en caractères, les recommandent à l'attention du jury, qui leur décerne une médaille d'argent.

M. AUBANEL (Laurent), à Avignon (Vaucluse).

M. Aubanel a formé, à Avignon, la plus importante fonderie de nos départements : il fournit tout le midi de ses caractères et ne se contente pas d'exploiter cette industrie ; il cherche à la perfectionner. Le jury a remarqué une nouvelle combinaison de lettres d'affiches, supportées sur des cloisons qui leur donnent de la légèreté sans leur ôter de leur force.

Le jury lui accorde la médaille d'argent.

MÉDAILLES DE BRONZE.

MM. LYON et LABOULAYE, à Paris, rue Saint-Hyacinthe.

MM. Lyon et Laboulaye exécutent les lettres ordinaires avec beaucoup de soin ; ils joignent à ce mérite des garnitures à jour, des blocs creux à combinaisons, des interlignes d'un point et d'un point et demi, des lettres sur métal dur (alliage de cuivre), et des polytypages, enfin, montés sur blocs creux.

Le jury les juge dignes de la médaille de bronze.

MM. DESCHAMPS et FESSIN, à Paris, rue des Boucheries, 19.

L'attention du jury s'est portée plus particulièrement sur les filets mixtes en cuivre et en matière que MM. Des-champs et Fessin ont exposés et qui doivent remplacer avec avantage les filets de cuivre.

Le jury a, en outre, remarqué les vignettes de M. Deschamps, vignettes à combinaisons, au moyen desquelles il est parvenu à représenter, d'une manière informe, la cathédrale de Milan, et qui peuvent servir plus utilement dans les encadrements de pages et de titres.

Le jury leur décerne la médaille de bronze.

MENTION HONORABLE.

M. Colson, à Clermont (Puy-de-Dôme).

M. Colson est l'inventeur d'un alliage plus dur que la matière ordinaire et qui ne serait pas d'un prix plus élevé. Si ce problème était résolu, ce serait un grand service rendu à l'imprimerie; mais on ne peut décider sur le mérite de la découverte de M. Colson, avant que des épreuves multipliées en aient fait autre chose qu'un essai.

Le jury, désirant encourager ses recherches, lui vote une mention honorable.

§ 4. IMPRIMERIE.

La situation commerciale de l'imprimerie est, depuis deux ans, trop fâcheuse pour qu'un jury puisse louer ses développements et ses perfectionnements, sans mettre quelques réserves à ses encouragements. Cependant, si on n'envisage que les produits exposés, nul doute qu'il n'y ait un progrès marqué dans la précision de la composition, la netteté de l'impression et la qualité du noir, et ce résultat est d'autant plus sensible que ce n'est plus le fait du talent d'un seul ouvrier, dans une seule maison, mais que tous y ont plus ou moins participé, et que les imprimeurs des départements ont pu concourir avec ceux de la capitale.

M. Firmin Didot, à Paris, rue Jacob, 56.
Typographie, papeterie, librairie, fonderie.

Être à la fois retenu par une grande réputation et lié par des entreprises antérieures et, cependant, poursuivre sans relâche encore toutes les innovations, c'est le double caractère des anciennes et des nouvelles maisons dirigées par cette famille: C'est ainsi que MM. Didot ont su maintenir leur nom à la tête de la librairie française.

Fondeurs, imprimeurs, papetiers, libraires, ils ont réuni dans leurs ateliers toutes les branches de ce grand art qui, de toutes les puissances, est la seule qui ait toujours grandi.

Comme souvenir de leur ancienne célébrité d'éditeurs savants, ils présentent le *Thesaurus*, d'H. Étienne, les Classiques grecs, la Grammaire égyptienne, comme successeurs des éditeurs des grands ouvrages que publièrent les Choiseul-Gouffier, les Saint-Non, etc., ils entreprennent les plus vastes publications d'art et de voyages; enfin, comme négociants, ils luttent avec toute l'activité de la jeunesse contre la crise du bon marché, des annonces, du morcellement des livres, et ils offrent à 4 sous les livraisons de l'*Univers pittoresque*, vaste entreprise qui se poursuit quand toutes ses rivales ont succombé en même temps.

Leur industrie n'est pas seulement un progrès, c'est aussi une bonne œuvre. Ils font imprimer les Classiques grecs au Mesnil, près de Dreux, par de petites filles qui reçoivent l'hospitalité du travail dans le vaste établissement qu'ils y ont fondé, et qui, chaque jour, envoient à Paris des feuilles de grec remarquables par une correction rare.

Le jury rappelle en faveur de MM. Didot la médaille d'or, qui est toujours restée dans cette famille célèbre, l'honneur de la librairie parisienne.

RAPPEL DE MÉDAILLE D'ARGENT.

M. Desrosiers, à Moulins (Allier).

L'ancien Bourbonnais a fait une réputation légitime à cet imprimeur distingué. Il fallait plus qu'un concours de circonstances favorables pour mener à bien une entreprise aussi importante, il fallait une volonté ferme et l'amour de sa profession.

Cette année, il se présente avec une continuation de titres. L'impression des douze dames de rhétorique. même en noir, présente tout ce que comporte d'originalité la reproduction d'un ancien manuscrit : les vignettes surtout sont copiées sur cuivre avec une vérité digne d'éloge, et, lorsque le livre est rehaussé de peintures, il est comparable aux meilleures imitations des Rive, Bastard, etc.

Le jury rappelle en sa faveur la médaille d'argent.

MÉDAILLE D'ARGENT.

MM. Lacrampe et c^ie^, à Paris, rue Damiette, 2.

La maison Éverat et compagnie ne pouvant être mentionnée dans le rapport du jury de l'exposition de l'industrie, l'association des imprimeurs faite sous le nom de Lacrampe et compagnie prend le premier rang et mérite une distinction.

En effet, leur exposition, et, plus encore, la connaissance que le jury a prise de leur établissement ainsi que de la composition de leur société, lui ont prouvé qu'ils se sont efforcés de répondre à toutes les exigences d'une bonne imprimerie.

Après avoir atteint, dans plusieurs ouvrages illustrés, à une impression en noir, des gravures, aussi bonne que celles des meilleures imprimeries avec lesquelles ils rivalisaient, ils sont allés plus loin, et les premiers, en France, dans ces derniers temps, ils ont imprimé en couleur, au moyen de rentrées, et en or ou argent sur papier de couleur.

Aujourd'hui, cette maison est la plus importante pour les impressions avec gravures intercalées dans le texte.

Le jury leur décerne la médaille d'argent.

MÉDAILLE DE BRONZE.

M. Périaux, à Rouen (Seine-Inférieure).

La réunion de tous les moyens d'exécution, dans une grande ville comme Paris, rend facile ce qui présente à chaque pas, en province, une difficulté nouvelle.

Il faudrait donc savoir gré aux imprimeurs des départements d'une exécution même inférieure. Le jury est heureux de trouver, dans l'exposition de M. Périaux, des livres imprimés avec un luxe et une régularité remarquables.

Les *Stalles de Rouen*, par Langlois, l'*Histoire du château d'Arques*, le *roman de Brut* sont des livres qui font honneur à la ville de Rouen.

Le jury décerne à cet exposant la médaille de bronze.

MENTION HONORABLE.

MM. Martial-Ardant frères, à Limoges.

La publication de bons livres et de manuels utiles, à très-bon marché, est un titre à l'attention du jury.

Il accorde à MM. Martial-Ardant une mention honorable.

---

§ 5. TYPOGRAPHIE MUSICALE.

Application de la typographie à l'impression de la musique.

MÉDAILLES DE BRONZE.

M. Derriez.

Lorsque le livre de chant psaumes fut imprimé, à Mayence, après la Bible, on eût voulu y joindre la musique ; mais il fallut se borner à l'écrire à la main dans les espaces laissés en blanc. On songea plus tard à imprimer, en caractères mobiles, l'annotation ; et l'on se servit d'une seconde forme qui imprimait, en encre rouge, les initiales et les portées, ainsi que cela se voit dans le psautier de 1490.

Ce système ne dura pas, l'annotation n'avait pas alors de règles fixes. On fut obligé de n'imprimer que les portées, sur lesquelles chaque acheteur inscrivait à la main les notes à sa guise : les psautiers de 1502 et de 1506 en sont la preuve.

Mais la variété des systèmes d'annotation n'était pas un obstacle réel et durable contre lequel dût se briser longtemps le désir d'imprimer la musique en caractères mobiles.

La double difficulté à vaincre, la grande difficulté à combattre, c'étaient, d'un côté, l'irrégularité, de l'autre la cherté de cette impression. En effet, cette nécessité d'imprimer en deux fois les portées et les signes avait le double inconvénient d'augmenter beaucoup le prix du livre et de ne pas faire concorder assez exactement les lignes avec les notes.

Les portées étaient donc, depuis trois siècles, l'écueil véritable de cette impression, et le problème à résoudre consistait à découvrir le moyen d'imprimer d'un seul coup de presse, avec une même forme, les notes et les portées.

Pétrucci avança, mais n'acheva pas la solution de ce problème ; il eut l'idée bien simple, dans un temps où les notes du plain-chant formaient toutes corps à part, de graver isolément chacune d'elles, en y adjoignant la partie des portées sur lesquelles elle repose.

Cette innovation fut simultanément imitée à Paris, à Rome et à Florence. A Paris, des imprimeurs obtinrent même des priviléges pour l'impression de la musique en caractères mobiles, quoique leur système fût une copie servile du système de Pétrucci.

Très longtemps on a perfectionné ce procédé sans rien changer à sa base ; on a varié ses formes d'application sans les renouveler. Il s'est modifié avec la complication toujours croissante de l'annotation musicale; il s'est prêté à une division plus régulière de la force de chaque signe, mais là s'était arrêté le progrès.

Depuis longues années on n'avait rien changé à ce système de la typographie musicale; chaque note apportait avec elle sa part de portées, et jamais la portée n'a coïncidé exactement avec la note, ce qui formait une ligne interrompue, indécise et irrégulière.

En 1832, M. Duverger tenta d'affranchir les publications musicales de ces frais et de ces retards; mais il tourna la difficulté sans la vaincre; il appliqua le polytypage à la musique, en supprimant la composition des portées. Son procédé donnait plus de netteté et de régularité; mais ce ne sont toujours pas la composition et l'impression simultanées des notes et des portées en caractères mobiles, et l'économie, d'ailleurs, de ce système est perdue dans un tirage à petit nombre d'épreuves, tirage restreint qui est presque toujours celui des œuvres de musique.

M. Derriez seul a enfin résolu le problème : M. Derriez compose et imprime simultanément, en caractères mobiles, les notes et les portées de la musique, et offre sur la gravure une grande diminution de prix, qui n'est pas moindre de 50 pour 0/0 à 1000 exemplaires, et de 30 pour 0/0 à 500.

Cette invention placerait M. Derriez au premier rang; mais, aux yeux du jury, il lui manquait une sanction : celle de l'expérience. En l'attendant, M. Derriez a voulu prouver qu'il pratiquait toutes les branches de son art, et que dans chacune d'elles il savait introduire des perfectionnements : dans ses lettres, les formes sont moins tourmentés, le dessin est plus pur, les proportions sont mieux gardées; dans ses vignettes, au moyen de combinaisons d'angles rentrant et sortant, et de pleins épais entourés d'un ornement léger, il est parvenu à former des entourages variés et d'un riche effet.

Le jury, appréciant ce double titre d'inventeur et de praticien, lui décerne une médaille de bronze.

MM. Fantenstein et Cordel, à Paris, rue de la Harpe, 90.

MM. Fantenstein et Cordel ont une imprimerie et un matériel spécialement destinés à la publication des œuvres de musique.

Leur procédé diffère de celui de Breitkopf et de Fournier par les perfectionnements qu'ils y ont apportés, sans que toutefois ils aient réellement innové.

La note apporte toujours sa part de portée et est soumise aux imperfections de ce système, imperfections souvent encore assez fréquentes pour les forcer à fondre des clichés et à tirer sur solide plutôt que sur mobile.

Leur maison a déjà livré au commerce plusieurs volumes et continue d'être en activité : c'est la meilleure preuve de leur supériorité.

Le jury leur décerne une médaille de bronze.

MENTION HONORABLE.

M. Busset, à Dijon (Côte-d'Or).

M. Busset mérite une mention honorable, et le jury

l'accorde plutôt à ses efforts qu'à la réussite de son entreprise : il semble avoir inventé ce qui fut réellement pratiqué longtemps avant lui ; on ne pourra juger son système que lorsqu'il aura abordé une musique plus compliquée dans ses signes, et qu'il aura soumis ses nouveaux types à l'exploitation commerciale. Jusqu'à présent, ce qui semble ressortir de son spécimen, c'est une simplification assez sensible dans la composition.

Le jury, fidèle à son principe d'attendre, pour récompenser une invention, qu'elle ait déjà subi la sanction de l'expérience, manifeste ses espérances en décernant à M. Busset une mention honorable.

CITATION FAVORABLE.

M. Schonemberger, à Paris, boulevard Poissonnière, 10.

M. Schonemberger obtient une citation favorable pour ses publications de musique à bon marché.

---

§ 6. IMPRESSION TYPOGRAPHIQUE EN COULEUR.

Les impressions en couleur à la Congrève ont été remplacées avantageusement par un système de planches découpées, encrées séparément, et imprimées d'un seul coup de presse. On a donné au papier, non-seulement la couleur, mais le relief, et à des prix modérés. Le commerce adopte généralement les cartes et les annonces ainsi fabriquées.

MÉDAILLE DE BRONZE.

MM. Bauerkeller et cie, à Paris, rue Saint-Denis, 380.

Cette imprimerie, importée d'Allemagne par son propriétaire, s'est développée considérablement en France, et fait des affaires importantes. Aux annonces et aux cartes du commerce ont succédé les stores, les abat-jour, les cartonnages de toute espèce, des plans enfin de Paris et de toutes les grandes villes de l'Europe avec un essai de représentation en relief du terrain.

Le jury lui décerne une médaille de bronze.

MENTION HONORABLE.

M. Fichtemberg, à Paris, rue des Bernardins, 34.

Les produits de cet industriel n'ont peut-être pas autant de précision que ceux de M. Bauerkeller; cependant ses ateliers sont remplis d'activité et d'intelligence, et le commerce les a adoptés.

Le jury désire encourager ses efforts par une mention honorable.

CITATION FAVORABLE.

M. Thuvien, à Paris, rue de Condé, 9.

M. Thuvien est inventeur d'une presse à rouleau pour l'impression des affiches de grandes dimensions; il peut imprimer d'un coup de presse des feuilles de sept pieds de grandeur, et offre ainsi à l'industrie un moyen d'annonce plus voyant encore que tout ce qui avait été employé. Sans entrer dans les considérations du plus ou moins d'utilité, du plus ou moins de moralité des affiches, le jury devait distinguer le mérite d'une extension donnée à la presse, et il a reconnu que M. Thuvien avait droit à une citation favorable.

---

§ 7. LIBRAIRIE.

Représentée à l'exposition par les Didot, la librairie n'avait point à craindre d'y paraître avec désavantage; mais le jury devait regretter de ne pas voir se grouper, autour de cette maison respectable des noms dont Paris s'honore à juste titre.

La librairie, depuis 1834, a-t-elle pris des développements? ces développements sont-ils louables? sont-ils utiles au public? peuvent-ils être avantageux à la librairie? Ces questions nous entraîneraient trop loin pour les résoudre ici. Disons seulement que jamais époque ne fut aussi productive en impressions, réimpressions, illustrations que les cinq années qui viennent de s'écouler, que jamais on n'a autant et aussi promptement dévoré de capitaux, et que la librairie, enfin, ne se rappelle pas avoir été dans une situation pécuniaire aussi difficile.

Si ce résultat était l'unique fin où dussent aboutir tant d'efforts et de sacrifices, il faudrait aussitôt rayer du rapport du jury cette branche si importante du commerce parisien. Mais ce n'est pas là le jugement qu'on doit porter sur la crise présente.

Quel que soit le résultat financier des derniers développements de la librairie, les livres seront néanmoins mieux imprimés, le papier sera mieux fabriqué, les ornements seront mieux distribués, le goût des beaux livres sera, chaque jour, plus répandu, enfin une révolution heureuse se sera opérée, et le public pourra exiger dorénavant qu'un livre bien écrit soit jeté dans le commerce avec toute l'élégance qu'il mérite.

Lorsque la librairie, revenue de la folie de certaines spéculations, aura reconquis le calme qui lui convient, il y aura plus d'éloges encore à donner à ceux qui nous auront valu un perfectionnement dont les premières conséquences seront oubliées.

RAPPEL DE MÉDAILLE D'ARGENT.

M. Panckoucke, à Paris, rue des Poitevins, 14.

Le jury regrette de ne pouvoir trouver, dans les classiques latins exposés par M. Panckoucke, que des qualités qu'il ne doit pas apprécier : celles d'une entreprise de librairie grande, nationale, utile aux lettres et aux sciences.

M. Panckoucke trouvera dans le gouvernement toute la reconnaissance qui est due aux services qu'il n'a cessé de rendre à son pays, depuis que son père, l'éditeur de l'*Encyclopédie* de Diderot et de d'Alembert, lui a laissé la direction de sa librairie.

Les Victoires et conquêtes des Français, la réimpression de l'ouvrage d'Égypte, le Dictionnaire médical, enfin les classiques latins sont des ouvrages utiles. Le meilleur éloge qu'on puisse faire de ces grandes entreprises, c'est de les appeler des entreprises nationales.

Le jury confirme la médaille d'argent qu'il avait obtenue à la précédente exposition.

MÉDAILLES D'ARGENT.

M. Curmer, à Paris, rue de Richelieu, 49.

Le jury s'est souvent arrêté devant les belles publications de cet exposant; le public connaît déjà son nom. Parmi les éditeurs nouvellement entrés dans cette carrière,

M. Curmer est celui qui a mis le plus de soin dans ses entreprises. Chacune d'elles surpasse celle qui la précède par quelque heureuse innovation. Toutes font honneur à la librairie parisienne.

Chaque pays a contribué à enrichir ses éditions; ainsi, pendant que les plus habiles graveurs anglais exécutaient les dessins de nos meilleurs dessinateurs, pendant que les graveurs allemands rendaient avec pureté les compositions d'Overbeck, l'éditeur faisait broyer dans ses ateliers un noir de sa composition plus durable et plus pur, il commandait aux fabriques d'Annonay un papier plus souple et moins brûlé de chaux, il donnait de nouveaux dessins pour ses riches reliures; il combinait, enfin, l'ensemble d'une librairie progressive.

Le jury lui décerne la médaille d'argent.

M. Dubochet, à Paris, rue de Seine, 33.

Non moins importante que celle qui précède, la librairie de M. Dubochet a publié des éditions qui sont devenues aussi populaires que les noms des auteurs qu'il mettait de nouveau au jour, avec un si grand luxe d'ornement; aujourd'hui, l'*Histoire de Napoléon* est un nouveau titre aux encouragements que distribue le jury; c'est une belle pensée d'illustrer, par la main de notre peintre le plus populaire, notre plus grande histoire nationale.

Le jury décerne à M. Dubochet une médaille d'argent.

RAPPEL DE MÉDAILLE DE BRONZE.

M. Audot, à Paris, rue du Paon, 8.

M. Audot a continué la publication de ses ouvrages à bon marché; le jury le trouve toujours digne de la médaille de bronze qu'il a obtenue en 1834.

---

§ 8. OBJETS D'ARTS ET DE FANTAISIE.

RAPPEL DE MÉDAILLE D'ARGENT.

M. Giroux, à Paris, rue du Coq-Saint-Honoré, 7.

Le jury a reconnu que, depuis cinq années, la maison Giroux, dirigée par M. Giroux fils, a donné plus de développements à sa fabrication; qu'elle a continué, en même temps, à servir utilement par ses commandes, ses achats et ses expositions, la classe si nombreuse des artistes qui, pour pénétrer dans l'industrie, ont besoin d'un intermédiaire intelligent qui les guide dans une voie également rapprochée du bon goût et du goût à la mode; d'un intermédiaire entreprenant qui consente à faire exécuter de grands travaux, au risque de ne point rentrer dans ses dépenses; d'un intermédiaire assez riche, enfin, pour payer, à l'avance, des productions dont la vente est toujours lente, et dont le prix, cependant, est souvent attendu pour faire vivre les familles de leurs auteurs.

Le jury a remarqué, dans l'exposition de M. Giroux, des échantillons de sa papeterie variée, de ses assortiments de couleurs, de crayons et d'ustensiles pour les ateliers; de ses reliures, de ses cadres et de ses nécessaires.

Le jury, reconnaissant que, dans cette réunion si utile de tant d'objets divers, une grande partie est fabriquée par les ouvriers de M. Giroux, qu'une autre partie, bien que fabriquée au dehors, l'est sur les modèles fournis par lui, qu'enfin cette exploitation industrielle dure depuis quarante ans, rappelle, en faveur de cet industriel, la médaille d'argent qu'il a obtenue du jury de 1834.

MÉDAILLES DE BRONZE.

M. Susse, à Paris, place de la Bourse, 7 et 8.

M. Susse devait être rangé dans la même catégorie que M. Giroux, par la nature de son industrie et les services qu'il rend aux arts.

Le jury lui décerne une médaille de bronze.

M. Pommateau, à Paris, rue Ménilmontant, 116.

Simple ouvrier sculpteur des ornements de l'architecture, M. Pommateau emploie ses loisirs à sculpter d'après des dessins de sa composition. La fontaine en pierre de liais, qu'il a exposée, a frappé le jury par une disposition pleine d'originalité, et par un choix d'ornements pris dans la nature et imités aussi fidèlement qu'arrangés avec goût. L'addition de la dorure et de la couleur d'azur, dans le but de faire ressortir les détails, n'a pas paru heureuse. Le jury a conçu les meilleures espérances sur l'assistance que cet artiste peut, dès à présent, donner à l'industrie; il lui décerne une médaille de bronze.

MENTION HONORABLE.

M. Allix fils, à Paris, rue des Grands-Augustins, 29.

Le modelage en cire est une de ces industries placées défavorablement, parce qu'elle prétend aux régions des arts sans y atteindre, et qu'elle n'offre souvent que la caricature de ce qu'elle cherche à imiter. M. Allix fils, qui exploite le moulage des figures en cire (dites *têtes à perruque*), a présenté cependant, à l'exposition, des figures de petites dimensions que le jury a remarquées. Elles sont modelées, d'après nature, avec une recherche assez heureuse du dessin et des formes pour faire espérer que les perfectionnements dont les figures en cire sont susceptibles trouveront, dans cet artiste, les ressources nécessaires du talent et du zèle.

Ce n'est pas une mission aussi peu importante qu'on le suppose que celle qui consisterait à réformer tous les objets informes, sculpture, modelage ou peinture, qu'on offre aux regards des passants. Cette mission sera à moitié remplie, si on parvient à diminuer ce qu'ils ont de défectueux ou ce qu'ils présentent de ridicule.

Le jury décerne à M. Allix fils une mention honorable.

M. Fichet, à Paris, rue du Faubourg-Poissonnière, 11.

M. Fichet s'est appliqué à matérialiser tous les objets qui, jusqu'à présent, ont été démontrés dans l'enseignement industriel, au moyen de dessins faits sur tableau; de cette manière, il réussit à donner à ses élèves une idée vraie des problèmes qu'ils apprennent souvent, dans les autres systèmes d'éducation, sans les comprendre. L'utilité de ces appareils est incontestable, et les résultats obtenus en sont la preuve. Mais le jury n'a pu admettre l'exposition de M. Fichet, parmi les produits de l'industrie, qu'en considération des avantages que l'industrie en retire par les connaissances mieux raisonnées qu'acquièrent les ouvriers qu'elle emploie.

Le jury lui décerne une mention honorable.

M. Faure, à Paris, rue Coquenard, 9.

On a perfectionné, chaque année, les mannequins destinés aux études des peintres et des sculpteurs; on a cherché à leur donner toutes les formes humaines. Mais il restait une qualité à atteindre, celle du bon marché, afin de mettre ce perfectionnement à la portée des artistes.

M. Faure est parvenu à donner à son squelette articulé plus que la facilité des mouvements, il lui a donné, par une application particulière de ressorts, la souplesse des formes; maintenant on peut les habiller sans que les vêtements prennent de la roideur, et ils remplacent le modèle vivant, dans beaucoup de cas où les draperies couvrent les formes et demandent une imitation longue et servile.

Les prix de 500 fr. à 1,000 fr. paraissent moins élevés quand on se rappelle ce que coûtait, il y a dix ans, un mannequin pareil, et quand on examine les pièces d'assemblage si nombreuses de ces imitations du corps humain.

Le jury lui décerne une mention honorable.

NON-EXPOSANT.

CITATIONS FAVORABLES.

Mademoiselle DE CHAZALLES, à Paris, rue du Bac, 91.

Mlle de Chazalles est auteur d'herbiers artificiels destinés à reproduire, avec la plus grande exactitude, les couleurs et la forme extérieure des plantes, de manière à servir de complément aux données déjà obtenues au moyen des mêmes plantes naturelles desséchées. Ces herbiers sont faits avec le plus grand soin, et paraissent devoir remplir le but proposé. Le jury reconnait que c'est une innovation qui mérite de fixer son attention et d'être citée favorablement.

M. Moreau, à Paris, rue du Petit-Lion-Saint-Sauveur, 13.

M. Moreau est cité favorablement pour ses produits sculptés en ivoire, qui surpassent, par leur finesse et leur précision, tout ce qui a été présenté à l'exposition.

M. Jehl, à Paris, rue Notre-Dame-des-Champs, 8.

Il dirigeait les travaux de M. Didot; depuis peu, il travaille pour son compte. La réputation dont jouit cet artiste lui donne des droits à une citation favorable.

---

§ 9. RELIURE.

Les perfectionnements de la reliure n'ont peut-être pas répondu, comme ils l'auraient dû, au goût des amateurs, et l'on peut même ajouter à leur libéralité.

A une époque où, comme à la nôtre, on dépense plus d'argent à la reliure qu'à l'acquisition des livres, où un volume broché de 12 fr. se vend 300 fr. quand il est relié, on devait s'attendre à quelques procédés nouveaux, à quelque invention remarquable.

Nous n'avons à citer que l'emploi du caoutchouc, invention très-utile pour les livres à figures, ainsi que l'heureuse imitation des reliures les plus célèbres du temps passé.

RAPPELS DE MÉDAILLES D'ARGENT.

M. Koehler, à Paris, rue de Grenelle-Saint-Germain, 59.

Cet exposant s'est fait remarquer par le goût de ses reliures exécutées aux petits fers et au point, tant à l'intérieur que sur les plats. La précision de son travail vient en aide à l'élégance de ses dessins, dont les ornements et la disposition rappellent les plus belles reliures. Rien n'est à la fois plus gracieux et mieux conditionné que son volume de maroquin vert-olive contenant les cent histoires de Troyes, exécuté au prix de 200 fr.; un volume en maroquin rouge, intitulé *Meliadus de Lionnoys*, riche surtout sur les plats, exécuté au prix de 300 fr.; un *Mystère*, relié en maroquin bleu; le livre du Décameron, en maroquin brun. On voit avec plaisir ces ouvrages rares et précieux habillés de nouveau avec tout le luxe de costume de leur temps.

M. Kœhler fait également la reliure ordinaire à bon marché. Le jury s'est assuré qu'il livrait au commerce des livres bien établis, aux prix ordinaires.

Cet artiste mérite le rappel de la médaille d'argent qu'il obtint en 1834.

M. Simier, à Paris, rue Saint-Honoré, 152.

Le jury aurait désiré trouver, dans les reliures présentées par M. Simier, quelque chose qui surpassât ce qu'il a présenté à la dernière exposition. La belle exécution des objets exposés par lui à cette époque rendait peut-être la tâche trop difficile.

Il est resté digne, de toute manière, de la médaille d'argent qu'il a reçue en 1834; le jury la rappelle en sa faveur.

MÉDAILLES DE BRONZE.

M. Gohier-Desfontaines, à Paris, rue Feydeau, 28.

Les Anglais sont inventeurs du procédé que les exposants ont importé en France. On induit de caoutchouc un côté des planches d'un volume, on les applique ensuite contre un morceau de peau ou de carton, et on obtient une reliure solide sans coutures, onglet, ni nervures.

Le jury s'est assuré, par plusieurs expériences, que cette reliure était durable et qu'elle avait l'avantage de laisser les feuilles doubles se développer entièrement à l'œil.

L'application de ce procédé aux livres de texte n'est pas aussi favorable; quoique l'expérience soit jusqu'à ce moment en sa faveur, il sera peut être bon d'attendre encore avant de faire couper le dos de ses livres pour les donner à une reliure qui n'en comporte plus ensuite d'autres.

Le jury décerne à M. Gohier-Desfontaines une médaille de bronze.

M. Lardière, à Paris, rue Louis-le-Grand, 35.

La reliure, comme tout objet de luxe et de goût, on peut même dire, comme tout objet d'art, est soumise à la condition du prix. C'est donc un mérite industriel que de donner à bon marché ce qui a l'attrait d'une élégance coûteuse. M. Lardière expose des reliures aux petits fers de 18 et de 20 fr., qu'on pourrait facilement estimer le double : les dessins, à la vérité, n'en sont ni très-purs, ni très-gracieux; mais la dorure en est riche, le maroquin solide, l'ensemble bien conditionné.

Le jury décerne à M. Lardière une médaille de bronze.

M. Roumestant, à Paris, rue Montmorency, 10.

Deux applications différentes semblent devoir donner à ses registres toutes les conditions de solidité voulues. Les dos métalliques ont un mouvement plus facile et permettent de fermer les volumes sans plisser ou détacher les feuillets; ensuite, en cousant ces feuillets, l'exposant a soin d'enduire le dos de chaque livre d'une couche de caoutchouc, qui, réunie au fil de la couture, les empêche, même après un long service, de descendre ou de monter, de perdre enfin leur alignement.

Le jury accorde à M. Roumestant une médaille de bronze.

M. Reichmann, à Paris, rue Saint-Benoît, 19.

Le jury de 1834 avait honorablement mentionné les reliures mobiles. Les bibliothèques du roi, les cabinets de lecture, les grands clubs ont sanctionné cette innovation. Le jury a remarqué, cette année, les perfectionnements que M. Reichmann a apportés à son invention. Les vis ne présentent plus, en dehors, de saillie gênante; elles sont introduites dans l'épaisseur du dos et rentrent en elles-mêmes.

En en plaçant trois au lieu de deux, en introduisant des planchettes de bois dans l'intérieur, il a prévu les difficultés d'une reliure qui doit successivement serrer un seul feuillet ou une seule livraison dans un livre destiné à en contenir plus tard une centaine.

Le jury lui décerne une médaille de bronze.

CITATIONS FAVORABLES.

M. Lebrun, à Paris, rue de Grenelle-Saint-Germain, 126.

Élève et longtemps ouvrier de Simier, cet exposant s'est efforcé de prouver qu'en s'établissant à son compte il réunissait toutes les conditions d'un bon relieur.

En effet, le jury a vu, avec plaisir, quelques livres où des difficultés de reliures et d'ornements à petits fers se trouvaient heureusement vaincues.

M. Lebrun doit encore perfectionner son travail. Ses livres s'ouvrent difficilement, ses ornements doivent être dessinés avec un goût plus pur.

M. Bruyer, à Paris, rue Saint-Martin.

Cet exposant a perfectionné son procédé de couture pour la reliure.

Le jury renouvelle sa citation favorable.

M. Robert, à Paris, rue Saint-Martin, 138.

Le procédé du caoutchouc, dit reliure araphique, a été appliqué aux registres du commerce; mais l'expérience seule prouvera s'ils peuvent résister à la fatigue qu'on leur fait subir à toute heure en les fermant et en les ouvrant : plusieurs maisons en font l'essai; on peut citer

M. de Warru, à Paris, rue Lepelletier, 4;

M. Jennisset, à Paris, rue du Sentier, 26;

MM. Roussel, oncle et neveu, à Paris, rue des Fossés-Montmartre, 10;

M. Pouquet, à Paris, rue des Fossés-Montmartre, 6.

---

§ 10. LITHOGRAPHIE.

Sennefelder, l'inventeur de la lithographie, avait déjà prévu tous ses développements; il est mort à la tâche, et le procédé de l'impression en couleur dont il poursuivait la découverte, dans les dernières années de sa vie, est resté un problème. Mais combien son invention, sortie de ses mains, incertaine, imparfaite et coûteuse, n'a-t-elle pas pris d'essor et acquis de développements! de quelle utilité n'est-elle pas devenue dans les œuvres d'art comme dans les produits de l'industrie!

L'impression en noir est toujours ce qu'elle était, d'une fidélité parfaite. Le dessin sur pierre, que l'artiste avait peine à reconnaître dans l'épreuve qu'on lui rapportait, est aujourd'hui rendu avec les finesses les plus légères et les teintes les plus vaporeuses. Les essais d'imitation de manière noire, d'aquatinte, de fouillis retouchés, et les essais inhabiles d'artistes qui n'ont jamais dessiné sur pierre, tout enfin vient avec netteté. La pierre donne au papier tout ce qu'elle a reçu.

Faisons toutefois remarquer que l'épreuve ne vient pas mieux maintenant qu'elle ne venait, il y a cinq ans; mais le progrès existe dans un succès toujours égal et toujours assuré avec de médiocres comme avec d'habiles imprimeurs.

Cette garantie nouvelle assure définitivement la carrière de la lithographie, et son application à tous les genres d'impression en fait un élément désormais utile à l'industrie entière.

En effet, on a successivement repris tous les procédés indiqués par Sennefelder, qui avait trouvé, dans son esprit inventif, tous les germes des développements de sa découverte. Chacun de ces procédés, imparfait en lui-même, laissé imparfait par Sennefelder, a été perfectionné avec talent et succès.

Nous citerons d'abord la gravure sur pierre à la pointe et au burin, la gravure des plans et des cartes; enfin le dessin à la plume et au pinceau, imitant la gravure.

Les prix d'impression ont également baissé; s'ils n'ont pas diminué davantage encore, cela tient à l'état d'imperfection de la presse lithographique, qui est restée ce qu'elle était au temps de l'inventeur, et a gardé tous les rouages qu'il lui a donnés.

Le jury appelle l'attention du gouvernement et celle de la Société d'encouragement sur cette partie des moyens d'exécution de la lithographie. C'est vers cet unique perfectionnement, qui porte en lui tous les autres, qu'il importe aujourd'hui de diriger tous les efforts; c'est dans ce but que tous les prix doivent être décernés.

Depuis l'exposition de l'industrie de 1834, on a aussi développé trois procédés qu'on peut appeler nouveaux, tellement leur pratique est devenue sûre et prompte, d'incertaine et de difficile qu'elle était. Ce sont l'impression en couleurs, l'impression à deux teintes, les reports d'anciennes et de nouvelles impressions.

L'impression en couleurs ne sera résolue que le jour où plusieurs couleurs pourront être apposées, à la fois, sur la pierre, et enlevées d'un seul et même coup de presse. Le procédé de M. Engelmann a tourné, mais n'a pas vaincu la difficulté. Ce procédé consiste à dessiner sur chaque pierre les couleurs différentes, et à les imprimer exactement, au moyen de points de repère. Cependant cette extension donnée à un procédé connu, ce perfectionnement d'un repérage déjà pratiqué, doivent être considérés comme une innovation utile, puisqu'ils offrent d'importantes ressources aux arts, aux sciences et à l'industrie.

L'impression à deux teintes est une invention récente. Sennefelder connaissait le moyen d'enlever des blancs au grattoir sur une teinte unie, et de la repérer sur un dessin noir dont elle formait le fond et la lumière. On avait fait, depuis, de fréquentes applications de ce système. Des planches imitant d'anciens dessins avaient été publiées en Allemagne; Engelmann, en 1816, publia des essais, ainsi que Villain, en 1820. Mais le procédé qu'emploie M. Hullmandel de Londres, et que M. Letronne a importé en France, était inconnu. Ses résultats sont des plus heureux. On peut citer les ouvrages de Harding, ceux de Roberts, ceux de Callermole comme une preuve de la supériorité du procédé de l'imprimeur anglais, supériorité qu'a atteinte M. Letronne dans le *Voyage en Orient* qu'il imprime pour le compte de la librairie Didot.

Lorsque Sennefelder arriva à Paris, on parlait à peine de sa découverte, on refusait même de croire à son importance. Il s'adressa à la maison de librairie de MM. Treuttel et Würtz, alors la plus importante de celles de Paris, et leur offrit son secret comme un levier destiné à aider puissamment à ses grandes entreprises. « Voyez, » dit-il au chef de la maison, « cette vieille page d'impression qui sert d'enveloppe à ce paquet, je l'emporte, et, demain matin, je vous en rapporterai vingt épreuves. » Le lendemain, il tint parole; MM. Treuttel et Würtz lui donnèrent un atelier pour y continuer ses essais, et s'engagèrent à publier son manuel de lithographie.

C'était déjà l'idée féconde de l'association des facilités que présentent les dessins sur pierre, et des avantages que procure la rapidité des compositions typographiques. On trouve plusieurs essais de ce genre dans l'album que Sennefelder publia en 1819 (1); mais l'incertitude et la difficulté de ce procédé le firent abandonner jusqu'à ce que la lithographie eût acquis, de nos jours, assez d'assurance dans sa marche pour qu'il pût être repris avec utilité.

La lithographie devait être jugée par le jury dans ses diverses applications qui réunissent ses différents procédés :

La lithographie en noir;

La lithographie en couleur;

La lithographie appliquée aux cartes géographiques;

Les reports d'anciennes gravures.

Les cinq années qui viennent de s'écouler n'ont point été steriles pour la lithographie en noir. La pierre a été attaquée de différentes manières, et souvent avec succès. Je citerai les efforts de M. Laplante pour exécuter la grande gravure au burin; les essais de M. Bichebois pour remplacer, par un fond préparé, la double impression, dite à deux

---

(1) Collection de plusieurs essais en dessins et gravures pour servir de supplément à l'instruction pratique de la lithographie, par Alloys Sennefelder, 1819. On trouve, dans ce cahier, deux transports d'impressions fraîches, prises, l'une sur une taille de bois, l'autre sur une gravure en creux; puis un transport indiqué, comme étant d'un ancien livre, mais qui est évidemment retouché à la main.

teintes; les imitations de manière noire et d'aquatinte de M. Lessore, qui méritent une attention toute particulière; enfin les reports d'impressions récentes qui, par différentes applications utiles, sont devenues une conquête de ces dernières années.

MÉDAILLES D'ARGENT.

MM. Lemercier et Benard, à Paris, rue de Seine-Saint-Germain, 55.

L'imprimerie lithographique de MM. Lemercier et Benard est aujourd'hui la plus importante, autant par la beauté de son établissement, le nombre de ses presses et de ses ouvriers, que par la supériorité marquée de ses tirages.

Le mérite de cette maison n'est pas seulement reconnu en France; l'étranger lui confie aussi ses plus belles entreprises. Nous ne citerons aucun de ses travaux, parce qu'ils méritent tous de l'être, sous le rapport de l'impression. Le jury a examiné avec soin les planches que MM. Lemercier et Benard ont exposées, et s'est assuré qu'un tirage régulier, dépassant souvent le nombre le plus fort qu'on accorde à la lithographie, donnait une suite d'épreuves égales en pureté et en brillant.

Il a remarqué, en outre, dans la gestion de l'établissement, à côté de beaucoup d'ordre et de régularité, une tendance continue à accueillir les nouveaux procédés, à les développer, à encourager même les essais par des sacrifices.

Le jury décerne à MM. Lemercier et Benard la médaille d'argent.

M. Thierry, à Paris, cité Bergère, 1

La maison Engelmann et Thierry est dissoute. Aujourd'hui MM. Thierry et compagnie, qui en ont recueilli tout le matériel et toutes les bonnes traditions, exposent pour leur compte. Ils ont droit aux distinctions du jury, autant par les efforts qu'ils ont faits pour soutenir dignement leur nouvelle maison que par la part si active qu'ils avaient prise dans la maison ancienne, qui reçut alors la médaille d'argent.

Cette année, ils se présentent à l'exposition avec de belles planches dessinées par Dauzats; l'impression rend fidèlement la légèreté unie à la vigueur, caractère particulier du crayon de ce peintre. Des portraits légèrement esquissés, des cartes géographiques gravées dans leurs ateliers, et enfin de la musique imprimée à très-bon marché, forment l'ensemble de leurs titres à l'attention.

Il est inutile d'ajouter que l'industrie trouve chez eux, à des prix modérés, les cartes et les annonces dont elle a besoin.

Le jury lui décerne la médaille d'argent.

M. Simon fils, à Strasbourg.

M. Simon fils semble se rappeler que l'Alsace fut une des premières à tirer parti de l'invention de Sennefelder, et comprendre qu'elle doit conserver, par des progrès constants, ses droits d'antériorité; il a envoyé, à l'exposition, des échantillons de grandes lithographies très-terminées, dont l'une, d'après M. L. Robert, est imprimée d'une manière très-remarquable, des lithographies en couleur sans retouches à la main, et représentant, avec une grande ressemblance, des plantes fossiles; il est impossible de rendre mieux le ton de la pierre et la finesse de la plante. Enfin le jury a admiré l'album de Midolle composé d'une suite de lettres et d'ornements imprimés sur fond de couleur nuancé.

Le jury lui accorde la médaille d'argent.

RAPPEL DE MÉDAILLE DE BRONZE.

M. Delarue, à Paris, rue Notre-Dame-des-Victoires, 16.

L'imprimerie de cet exposant, plus particulièrement destinée au petit commerce des cartes de visites et des annonces de débitants, a continué ses affaires actives. Le quatrième volume de l'isographie, qui vient d'être mis en vente, est exécuté avec la même fidélité que les trois premiers.

Le jury le juge toujours digne de la médaille de bronze.

MÉDAILLES DE BRONZE.

M. Villain, à Paris, rue de Sèvres, 29.

L'exposition de M. Villain porte, presque sur chaque planche, la date de l'année 1820, et on ne s'expliquerait pas cette anomalie sans l'interprétation suivante.

Sennefelder avait employé un procédé lithographique qui consistait à gratter des lumières sur une teinte unie qui, au moyen d'une seconde impression, servait de fond à un dessin en noir; il publia, en 1819, plusieurs essais, et, en 1820, M. Villain l'imita, en appliquant ce procédé aux différents sujets auxquels il convenait. Depuis, et tout dernièrement encore, M. Letronne, qui ne figure pas parmi les exposants, importa d'Angletere un nouveau procédé qui consiste bien à produire ce même genre d'effet, mais qui, par d'ingénieux moyens, enlève les blancs de manière à leur donner, sur l'épreuve, l'apparence de blancs apposés, tantôt au pinceau, tantôt à la plume ou bien à l'estompe. C'est pour établir l'antériorité de son procédé que M. Villain a exposé ces anciennes impressions; mais il y a évidemment erreur, car les moyens sont complétement différents.

Au reste, l'imprimerie de M. Villain est recommandable à d'autres titres, et a des titres déjà anciens.

Le jury lui décerne une médaille de bronze.

M. Boboeuf, à Paris, rue Cadet, 23.

Obtenir le bon marché pour l'impression de la musique, qui se grave et s'imprime déjà à des prix si modérés, c'était encore rendre un service au commerce; M. Bobœuf mérite, à ce titre, une médaille de bronze.

M. Inasco-Jobard.

Son *Voyage pittoresque en Bourgogne* le place sur la ligne de M. Desroziers, et le jury voit avec plaisir les progrès que l'imprimerie peut faire dans les conditions défavorables où elle se trouve en province, lorsque des hommes intelligents ne reculent ni devant les sacrifices, ni devant les difficultés.

Le jury lui décerne une médaille de bronze.

M. Haubloup, à Paris, rue Dauphine, 22.

L'imprimerie de M. Haubloup est ancienne. Un des premiers, il a exploité la réunion du texte typographique, transporté sur la pierre, et du dessin exécuté à la plume, à côté.

Son *Album d'histoire naturelle*, *Muséum pittoresque*, a été tiré à un très-grand nombre d'exemplaires.

Il fait, en outre, le transport de l'autographie avec précision. Son recueil de lettres manuscrites, pour habituer les enfants à la lecture des écritures les plus difficiles, est d'une bonne exécution ; l'idée en est ingénieuse, et peut devenir utile.

Le jury décerne à M. Haubloup une médaille de bronze. Il avait obtenu, en 1834, une mention honorable.

MM. Martenot et c^ie, à Paris, rue de Richelieu, 92.

Les transports d'impressions récentes, exécutés par MM. Martenot et compagnie, avaient, en 1834, fixé l'attention du jury, qui lui vota une mention honorable. Depuis cette époque, cette imprimerie lithographique a continué ses efforts ; elle se présente à l'exposition avec plusieurs planches d'une bonne exécution, parmi lesquelles nous avons distingué une carte de la France imprimée en quatre couleurs, au moyen de quatre reports qui se répèrent avec exactitude. Quand cette carte sera gravée sur pierre, quand les couleurs, mieux distribuées, présenteront à l'œil, d'une manière plus saillante, les parties importantes, ce sera une publication utile ; elle mérite cependant déjà des éloges, et le jury décerne à MM. Martenot et compagnie, pour l'ensemble de leurs travaux, la médaille de bronze.

MENTIONS HONORABLES.

M. Gihaut, à Paris, boulevard des Italiens, 5.

Jusqu'à présent M. Gihaut avait plutôt été éditeur commissionnaire que fabricant; mais, depuis quelques années, il a monté une imprimerie lithographique, uniquement pour ses publications, et l'on a vu sortir de cet établissement les jolies planches de la collection de M. Raffet, et, tout dernièrement, le beau voyage pittoresque en Russie par ce peintre.

Le jury désire encourager ses efforts; il lui décerne une mention honorable.

M. Racinet, à Paris, place Saint-Germain-l'Auxerrois, 31.

A côté du luxe des grandes publications, il faut à l'imprimerie lithographique le bon marché des affaires courantes, telles que cartes, adresses, desssins d'objets nouveaux mis en vente.

M. Racinet a plus particulièrement destiné son établissement à cette partie, et, par la bonne exécution de ses travaux aussi bien que par la modération des prix, il a rendu de véritables services au commerce.

Le jury décerne à M. Racinet une mention honorable.

M. Bineteau, à Paris, rue des Maçons-Sorbonne, 3.

L'imprimerie lithographique de M. Bineteau semble se

distinguer par la spécialité géographique qu'il cherche à lui donner; de bons transports de cartes gravées sur cuivre, et surtout deux cartes murales, ont fixé l'attention du jury.

M Barbat, à Châlons-sur-Marne.

L'exposition de M. Barbat montre que son imprimerie est plus spécialement destinée à la papeterie. Il exécute, dans ce genre, avec goût et finesse, une multitude de vignettes en couleur, en or et en argent.

Le jury le juge digne d'une mention honorable.

---

§ 11. LITHOGRAPHIE EN COULEURS.

L'impression en couleurs est encore un problème : la lithographie ne l'a pas plus résolu que la gravure. Cette condition reste à remplir : *encrer d'un coup de rouleau et imprimer d'un coup de presse*. Sennefelder est mort en cherchant à vaincre la difficulté qu'il avait seul abordée de front; il avait composé des crayons assez minces et de toutes les nuances, avec lesquels il formait des dessins comme les mosaïstes italiens; il serrait ensuite cet assemblage dans un cadre, et, au moyen d'une essence qui dissolvait légèrement la surface de tous ces crayons de différentes couleurs, il obtenait, *d'un seul coup de rouleau et d'un seul coup de presse*, une épreuve d'un dessin entier.

Lorsqu'il mourut, cet essai était encore informe; il ne fut repris par personne, et toutes les tentatives formées depuis pour imprimer en couleur se sont réduites à obtenir, au moyen de points de repère, une précision plus complète, dans le rapport entre elles, de plusieurs planches ou pierres chargées chacune d'une couleur différente.

MÉDAILLE D'ARGENT.

M. Engelmann, à Paris, rue Cité-Bergère, 1.

M. Engelmann père avait obtenu, en 1834, une médaille d'argent pour son établissement lithographique, l'un des plus anciens et certainement le plus actif de Paris; depuis cette époque, il se sépara de son associé, M. Thierry, et alla en Alsace. Son fils continue cette maison et exploite, à Paris, sa dernière invention : l'impression lithographique en couleurs.

Cette invention n'a pas résolu le problème de l'impression en couleurs; mais elle rend cependant aux arts, aux sciences, au commerce, de si grands services, qu'elle mérite les encouragements du jury, qui décerne à M. Engelmann fils une nouvelle médaille d'argent.

MENTIONS HONORABLES.

M. Garson, à Paris, rue de la Cité, 31.

Si le jury de l'industrie avait eu pour mission de constater les droits des inventeurs, il se serait enquis officiellement des titres de M. Garson à l'invention de l'impression en couleur, à laquelle il prétend; mais cette invention, qui, en elle même, n'est que la conséquence d'une série de perfectionnements faits par différents imprimeurs, n'avait droit à une récompense de premier ordre que par une exploitation commerciale établie avec quelque développement : M. Garson n'a pas encore atteint ce résultat.

Le jury décerne à ses efforts une mention honorable.

M. Lessore, à Paris, boulevard Pigalle, 8.

Si M. Lessore avait mis, dans le commerce, des produits de sa nouvelle imprimerie, le jury n'aurait pas hésité à lui accorder une médaille de premier ordre ; mais, par une susceptibilité d'artiste aussi louable que rare, il ne veut rien publier jusqu'à ce qu'il ait atteint la perfection qu'il poursuit.

Dans ces circonstances et par un principe dont il ne s'est jamais départi, le jury ne peut accorder à cet exposant qu'une mention honorable.

---

§ 12. REPORTS D'ANCIENNES IMPRESSIONS.

MÉDAILLE D'ARGENT.

MM. Dupont frères, à Paris, rue de Grenelle-Saint-Honoré.

Si l'on faisait habituellement une distinction entre les découvertes et les inventions, on serait moins exposé à disputer sur des mots, parce qu'en général on est d'accord sur le fond. Les découvertes, par cela seul qu'elles sont sans antécédents, prennent un caractère tranché qui permet d'apprécier le mérite de leurs auteurs. Mais les inventions ne sont que les perfectionnements successifs d'une idée mère, et il est difficile d'établir une ligne de démarcation entre chaque progrès ; ainsi, par exemple, l'impression fut une découverte : l'imprimerie et tous les genres d'impressions de la gravure qui en découlèrent furent des inventions. De même, la lithographie ou l'impression chimique est une découverte de notre époque, dont tout l'honneur appartient, sans contestations sérieuses, à Sennefelder. Mais, du moment où l'on entre dans le vaste champ des perfectionnements appelés des inventions, les difficultés s'élèvent de toutes parts en même temps que les prétentions.

Le jury avait à juger une question de ce genre : il avait à apprécier le mérite de plusieurs industriels qui ont envoyé, dans les salles de l'exposition, des reproductions d'impressions de toutes les époques, faites au moyen de reports sur pierre.

Il avait le droit d'exclure du concours tout ce qui n'avait pas été soumis à son examen, de laisser en dehors de l'exposition tous ceux qui avaient voulu y rester, et de juger seulement, entre eux, les concurrents exposants. Sa tâche alors eût été facile ; mais il a voulu, non pas seulement s'acquitter de sa mission, mais s'en acquitter d'une manière qui fût utile à tous, et qui jetât la lumière dans la question qu'il abordait.

Le résumé qui suit prouvera, en établissant les droits de chacun, que ce n'est qu'avec une entière connaissance que le jury a décerné des récompenses aux exposants qui se sont présentés à son jugement, et seulement après avoir apprécié le mérite de ceux dont il n'était pourtant pas tenu de s'occuper.

Le principe sur lequel est basée la découverte de la lithographie ou de l'impression chimique est celui de l'attraction et de la répulsion des corps gras et de l'eau ; il entraine avec lui, dans la pratique, le transport sur pierre de tout corps gras détaché d'une surface souple et spongieuse. Sennefelder avait passé de l'impression typographique sur la gravure en relief de ses pierres (1796) à l'impression chimique (1798), au moyen des transports ou décalques de la musique qu'il écrivait sur papier gommé. Le transport est donc aussi vieux que la lithographie, il est plus vieux qu'elle, puisqu'il la crée. En 1809, Sennefelder publia une annonce, et, parmi les procédés dont il donne l'explication, il cite le transport des feuilles de livres et de journaux, mais il garde le silence sur le moyen qu'il emploie, et il justifie cette réserve par l'abus qu'on pourrait faire de ce moyen de reproduction. En 1819, il est plus confiant et publie son procédé, qui vaut mieux, toutefois, que les deux spécimens qu'il donne et qui portent les traces de nombreuses retouches.

Dès l'année 1820, on connaissait donc un moyen de reproduire le texte imprimé et les gravures.

Si le jury n'avait pas dû se rappeler qu'il avait à juger les produits de l'industrie, et que l'exploitation commerciale d'un procédé était le premier titre aux récompenses qu'il décerne, il se serait laissé entraîner à suivre, pas à pas, les progrès qui ont été faits depuis cette époque, et les essais tentés, de côté et d'autre, avec plus ou moins de bonheur.

Mais, laissant de côté cette investigation, il n'est remonté qu'à la dernière exposition de 1834, et n'a recherché que ce qui s'est fait depuis les dernières récompenses que le jury a distribuées.

On se rappelle qu'en 1833 les procédés des reports étaient assez multipliés, que leur application était assez perfectionnée pour qu'on essayât déjà de tous côtés de les employer à des publications. La Société d'encouragement sentit qu'il fallait donner plus d'essor encore à ces tentatives, elle proposa un prix. En 1833, M. Delarue obtint une médaille pour la perfection de plusieurs de ses transports, et, à l'exposition de 1834, M. d'Aiguebelle eut la médaille d'argent, que lui méritèrent des transports d'impressions anciennes.

Le progrès était donc évident. L'application seule était si longue et si incertaine, que ce procédé ne pouvait encore servir qu'à la curiosité, et restait inutile à l'industrie. Tous les imprimeurs déclaraient alors, ce qu'ils déclarent encore aujourd'hui, qu'ils ne s'en occuperaient pas, parce qu'ils n'entrevoyaient pas la possibilité de l'exploiter. Dans les transports d'impressions anciennes, les originaux étaient perdus; dans les transports d'impressions modernes, le tirage était trop coûteux.

C'est au milieu de ces circonstances que MM. Dupont viennent prendre place parmi les lithographes, et qu'ils mettent en œuvre leurs nouveaux moyens; mais, avant de parler de leur exploitation, il faut admettre l'existence d'autres essais qui n'ont aucun mérite aux yeux du jury, puisqu'ils n'ont pas été publiés, mais qui établissent des droits d'antériorité que son impartialité doit reconnaître.

Déjà, en 1828, une société s'était formée entre MM. Laget, Haugck, Billard, Panckoucke et Mantoux pour le transport sur pierre de textes imprimés, dans le but d'employer ce procédé à la publication d'un journal. L'acte fut passé entre les intéressés présents, et cette idée industrielle se trouvait ainsi déjà développée, quoique avec l'aveu d'essais à tenter et de moyens à perfectionner. Mais rien ne se fit, la société laissa passer le temps pendant lequel ses membres étaient liés, sans rien produire ; elle vit s'élever une concurrence et ne songea pas à s'y opposer, à faire preuve d'existence.

Ce fut M. Gudin, notre habile peintre de marine, qui vint, cette fois, aider, de son talent et de son ardeur, cette application nouvelle d'un procédé qui n'avait encore été, pour ainsi dire, qu'effleuré. Associé avec MM. de Bremond et Wachsmuth, il s'empara du papier à décalque et de l'encre à transport de Sennefelder. Soutenu dans ses tentatives par une longue habitude de la lithographie, il obtient bientôt un papier meilleur et une encre inaltérable. Il forme alors un projet qu'on peut appeler gigantesque, tant l'idée en est généreuse, l'application facile, tant la spéculation même en paraît avantageuse. Ce projet, c'est la publication d'un journal quotidien, orné des dessins de nos plus habiles artistes, qui, de Paris, s'expédiera dans le monde entier, se reproduira partout, et se modifiera selon les lieux. Le brevet qui décrit le plan et les moyens d'exécution de cette entreprise fut obtenu en janvier 1838. Cette publication fut entravée par diverses circonstances, mais la société est restée constituée, et l'on assure que le journal va paraître.

Voilà le point où en étaient les décalques des impressions sur pierre, lorsque MM. Dupont publièrent leurs premiers essais et apportèrent à l'exposition une collection curieuse de transports lithographiques, d'impressions de toutes les époques. Cette collection fut présentée en concurrence avec les transports de trois autres exposants : MM. d'Aiguebelle, Chastenet et Jacotier.

Puisque l'invention même du transport et l'idée de clichés chimiques appartenaient à d'autres, il ne s'agissait plus que de décider qui, des quatre exposants, transportait le mieux et le plus rapidement, c'est-à-dire le plus économiquement, les impressions qui ont depuis six mois jusqu'à trois siècles de date.

Il ne s'agissait plus que de se rendre compte de l'intérêt commercial de ce procédé et de son exploitation industrielle.

Le jury était occupé de ce travail, lorsqu'il reçut une réclamation signée par quarante-six imprimeurs lithographes de Paris, contre les prétentions de MM. Dupont.

Le jury ne voulut point ignorer cette protestation, d'autant plus qu'il avait un rapide et facile moyen d'arriver à la vérité, un moyen qui devait convaincre en même temps les réclamants de l'impartialité du jury, et le jury de la valeur de la réclamation. Ce moyen, c'était d'offrir, à chaque lithographe signataire, des conditions parfaitement égales à celles qui avaient été imposées à MM. Dupont.

Ces essais simultanés ont eu lieu et ont donné les résultats suivants : 1° le procédé de MM. Dupont diffère en partie de celui de Sennefelder; 2° il est plus sûr et plus rapide qu'aucun de ceux jusqu'alors employés; 3° enfin les épreuves que MM. Dupont ont fournies sont imprimées des deux côtés du papier, sont plus pures et plus noires, plus près d'une complète réussite que les épreuves présentées par les autres imprimeurs.

Le jury, après avoir établi cette supériorité, a dû reconnaître, en outre, que MM. Dupont, favorisés par des circonstances qui leur sont particulières, ont été les premiers à exploiter le procédé des transports d'une manière toute industrielle :

1° M. Auguste Dupont, en plaçant à la disposition de cette exploitation son dépôt de pierres de Châteauroux, particulièrement propres à ce genre d'impression;

2° M. Paul Dupont, en soumettant à l'application de ce procédé tout ce qui, dans son imprimerie typographique, pouvait l'être avec avantage, et en formant un atelier d'imprimerie lithographique;

3° Les deux frères, enfin, en ne reculant devant aucun sacrifice de temps et d'argent pour donner, à cette spécialité de leur établissement, toute l'extension qui pouvait la rendre utile au commerce et profitable à leur association.

Le jury avait encore à rechercher l'utilité de ce procédé et son avantage industriel; il a vu qu'on pourrait dorénavant donner, au prix de 3 ou 4 sous, à des artistes sans fortune, des gravures des XVe et XVIe siècles, qui coûtent depuis 5 francs jusqu'à 200. Les gravures transportées ne sont point aussi parfaites que les originaux; mais elles donnent le dessin et l'effet dans une pureté suffisante pour étudier le style de l'école et le talent du maître.

Sous le point de vue commercial, le jury n'a pas adopté les idées avantageuses que se sont faites les exposants; mais il s'est assuré qu'un profit raisonnable se présentait dans une multitude d'occasions, et surtout chaque fois qu'il ne s'agissait que d'un tirage à petit nombre, par exemple, pour complément de volume ou de feuilles manquant à une édition entière, ou pour différentes autres applications.

Le jury, d'après toutes ces considérations et sans méconnaître que de grands perfectionnements peuvent encore être apportés dans les procédés de transports, décerne à MM. Dupont frères une médaille d'argent.

MÉDAILLE DE BRONZE.

M. Chatenet, à Angoulême (Charente).

M. Chatenet met un zèle louable à rechercher des procédés nouveaux pour le transport des anciennes impressions : les épreuves qu'il a envoyées à l'exposition, la page Elzevir surtout, et la feuille Scandenberg du concours, sont très-bien venues; mais d'autres épreuves, la page des heures et le fragment de la grande chronique entre autres, prouvent l'incertitude de son procédé.

Le jury lui décerne une médaille de bronze.

MENTION HONORABLE.

M. Jacotier, à Paris, rue de Buffon, 15.

Les recherches de M. Jacotier sont plus méritoires, bien que, jusqu'à présent, elles soient moins heureuses.

Le but qu'il s'est proposé est le transport des anciennes gravures en creux ou en tailles-douces, à la pointe ou à l'eau-forte. Le décalque du transport se fait assez facilement; mais il n'est pas encore parvenu à tirer des épreuves du dessin qu'il dépose sur la pierre. Dès qu'on veut encrer, tout s'empâte et s'estompe. M. Jacotier nous a présenté une petite gravure du XVIIe siècle bien réussie, un Callot très-bien venu, un Albert Durer (le petit courrier) imparfait. Tout prouve qu'il est sur la voie du succès, et qu'il ne lui faut que de la persévérance pour résoudre le problème.

Le jury lui décerne une mention honorable.

§ 13. ZINCOGRAPHIE.

MÉDAILLE DE BRONZE.

M. KAEPELIN, rue du Croissant, 20.

Sennefelder connaissait le procédé du dessin et de l'impression chimique sur zinc : il vint à Paris, en 1823, pour en exploiter les avantages ; mais, depuis, on avait abandonné en France cette précieuse extension donnée à l'impression chimique, et l'Angleterre s'était chargée d'en recueillir tous les profits en perfectionnant la pratique. M. Kaepelin, qui possédait un brevet d'invention pour l'impression sur zinc, fit un voyage dans ce pays et revint à Paris prendre un brevet de perfectionnement pour exploiter de nouveau ce mode d'impression ; les différentes épreuves qu'il a présentées, dont deux d'une très-grande dimension, ont bien réussi, et le jury s'est assuré qu'il a fait des sacrifices considérables pour dresser et grener des feuilles de métal, à l'aide d'un moyen mécanique. M. Kaepelin imprime, en outre, sur pierre et fait les transports d'anciennes impressions avec succès, au moyen de deux procédés différents.

Le jury lui accorde une médaille de bronze.

---

§ 14. CARTES GÉOGRAPHIQUES.

De tous les genres d'industries scientifiques, la géographie est la plus ingrate : la contrefaçon étant insaisissable, le mérite des travaux consciencieux devient problématique, et c'est pourquoi l'on s'explique que, dans un pays comme la France, qui s'honore d'un nom comme celui de d'Anville, le nombre des géographes éditeurs soit aussi restreint. C'est qu'il est décourageant de travailler pendant une année à la rectification de quelque point inaperçu du globe, au redressement de quelques erreurs astronomiques, sur l'épreuve d'un dessin de carte, et de voir, à peine sa carte mise au jour, le plagiaire la copier, et, parce qu'il l'a réduite de quelques lignes, s'arroger le droit d'y mettre son nom.

Tel est le triste rôle du géographe; on doit se trouver heureux, dans des circonstances aussi défavorables, de rencontrer encore quelques hommes qui, tout en restant dans les conditions industrielles, travaillent à l'avancement de la science, en réunissant et en coordonnant les renseignements des voyageurs.

Sous le rapport matériel, la gravure des cartes a fait des progrès, la lithographie a continué à lui venir en aide par la gravure et le transport, et aujourd'hui le bon marché ôte toute excuse à l'ignorance.

RAPPEL DE MÉDAILLE D'ARGENT.

M. ANDRIVEAU-GOUJON, à Paris, rue du Bac, 6.

M. Andriveau-Goujon a continué à mériter la médaille d'argent que le jury de 1834 lui avait décernée; les publications qu'il a mises au jour, pendant les cinq années qui se sont écoulées depuis la dernière exposition, lui ont conservé, dans le commerce de la librairie, le rang qu'il y avait acquis.

Le jury rappelle en sa faveur la médaille d'argent.

NOUVELLE MÉDAILLE D'ARGENT.

M. Picquet, à Paris, quai Conti, 17.

M. Picquet aurait déjà mérité les récompenses acordées par le jury, s'il se fût présenté à la dernière exposition, car on aurait reconnu que cet industriel réunit la connaissance scientifique de la géographie à l'exploitation commerciale des cartes et livres de géographie. Le jury mentionnera son atlas universel, une suite de cartes générales bien exécutées et dressées sur des données nouvelles, enfin des cartes transportées sur pierres et livrées dans le commerce à bon marché.

M. Picquet est jugé digne d'une nouvelle médaille d'argent.

MENTION HONORABLE.

M. Alex. Zakozewski, à Paris, rue de Lille, 71.

Cet artiste polonais emploie avantageusement la pointe de diamants à la gravure de la topographie sur pierre lithographique : on pourrait encore reprocher à ses travaux de la sécheresse ; mais ils offrent une netteté qui est souvent précieuse dans les détails. Ses prix sont modérés.

Le jury lui décerne une mention honorable.

§ 15. GRAVURE EN CREUX.

Gravure au burin.

Les jurys départementaux ont admis, à l'exposition, des objets qui devaient être examinés par d'autres juges que ceux qui ont été désignés pour former le jury de l'industrie. La gravure, proprement dite, est de ce nombre; cependant l'utilité industrielle de certaines publications nous a imposé le devoir de les ranger parmi les produits qui méritaient d'être désignés à l'estime publique.

MENTIONS HONORABLES.

M. L. Bouchard-Huzard, à Paris, rue de l'Éperon, 7.

Parmi les ouvrages d'histoire naturelle les mieux exécutés et les plus utiles, il faut citer l'*Histoire du maïs*, de M. Matthieu Bonafous. Le jury, mettant de côté les titres de l'auteur à la reconnaissance publique, ne s'est occupé que de l'exécution matérielle du volume, qui lui a paru digne d'éloges; texte, planches coloriées, gravures imprimées dans le texte, papier, tout lui a semblé réuni dans cet ouvrage pour s'associer aux talents du savant auteur, et mériter une mention honorable.

M. Lecomte, à Paris, rue Sainte-Anne, 57.

Cet éditeur a réuni, dans un recueil, une collection de dessins d'ornementation, dont l'utilité est d'autant moins contestable qu'un plus grand nombre de fabricants de papiers peints, de parquets, d'étoffes, etc., etc., en ont tiré parti et ont exposé les dessins publiés par M. Lecomte et mis en œuvre industriellement par eux.

Le jury espère encourager la continuation de cette publication en décernant à M. Lecomte une mention honorable.

M. Lebouteiller, à Paris, rue de la Bourse.

L'album de l'industrie a pour but de propager, dans les ateliers, l'admission des formes les plus goûtées et des modèles les plus à la mode, c'est surtout dans l'exposition même que l'auteur a recherché ses objets de comparaison. Sans exprimer une opinion sur l'utilité d'une publication qui doit avoir pour règle la mode du jour, le jury a dû, cependant, remarquer l'exécution consciencieuse des dessins et la traduction habile des gravures; il décerne à M. Lebouteiller une mention honorable.

M. Lusson, à Paris, rue des Saints-Pères, 13.

L'architecture a ses phases d'oubli et d'engouement; le style gothique, après avoir été abandonné, avait été méconnu, et, quand une disposition plus raisonnable d'éclectisme artistique laissa plus d'essor à l'admiration pour tous les genres d'originalité, on trouva dans l'architecture gothique des beautés mêlées à tous ses défauts et l'on voulut refaire du gothique, mais les éléments manquèrent, on avait perdu les traditions, et les essais tentés furent plus que malheureux.

Depuis quelque temps, les études sérieuses ont produit, dans cette voie, des publications utiles; celle de M. Lusson doit être rangée dans ce nombre, elle donne aux architectes des instructions pratiques qu'ils trouveraient difficilement ailleurs.

Le jury lui décerne une mention honorable.

CITATIONS FAVORABLES.

M. Schnetz, à Paris, rue Gît-le-Cœur, 5.

Cet artiste s'est appliqué à imiter sur pierre différents genres de gravures, il a exposé des sujets d'histoire naturelle, d'antiquité, etc., et l'on doit encourager ses efforts tout en lui recommandant une manière plus ferme dans l'exécution, plus nourrie dans les tailles et plus sentie dans le dessin.

Le jury lui accorde une citation favorable.

M. Vialon, à Paris, passage Colbert, escalier E.

Pour ses gravures de titres et vignettes sur étain.

M. Letort, rue des Petits-Champs, 52.

Pour ses gravures de cachets et timbres.

§ 16. NETTOYAGE DE GRAVURES.

Les piqûres de vers, les taches d'humidité, de noir et de graisse, les déchirures sont autant de déchets pour les gravures et les livres les plus précieux. L'industrie qui consiste à doubler la valeur d'un objet d'art, en augmentant sa jouissance, mérite donc quelque encouragement. On sait quel prix on met, en Angleterre, pour obtenir ces restaurations bien faites; il est heureux que nous ayons aussi en France des personnes qui s'y consacrent entièrement.

MENTION HONORABLE.

M. Rémiot, à Paris, rue de l'Arbre-Sec, 6.

En l'absence de M. Simonin, qui n'a point exposé cette année, le jury a distingué les nettoyages des anciennes gravures opérées par M. Rémiot et surtout ses réemmargements qui leur rendent toute leur fraicheur première.

Le jury le croit digne d'une mention honorable.

---

§ 17. CALLIGRAPHIE.

On continue à inventer des instruments pour faciliter les premières leçons de l'écriture; mais on les complique de telle façon que l'étude de leur emploi prend plus de temps qu'ils ne sont destinés à en épargner.

Le jury a donc cru devoir passer sous silence ces essais et attendre que l'expérience ait prononcé sur leur utilité.

RAPPEL DE MENTION HONORABLE.

M. Taupier, à Paris, rue Montigny, 6.

La méthode de M. Taupier continue à maintenir sa supériorité sur les autres et à mériter la mention honorable que le jury de 1834 lui a décernée.

---

§ 18. STORES ET ÉCRANS PEINTS ET IMPRIMÉS.

Le goût du luxe extérieur, du luxe d'apparat devait produire une ornementation brillante, en la promenant successivement sur les parquets, les murs et les meubles de nos appartements.

L'artiste Chenavard, doué d'une disposition spéciale à rattacher les arts à l'industrie, s'aperçut facilement du parti qu'on pouvait tirer des rideaux qui nous servent à intercepter, moins peut-être les rayons bien rares de notre pâle soleil que les regards de la curiosité, bien plus perçants encore que les clartés du jour.

Il s'empara de la fabrication des stores et en développa rapidement l'heureuse portée. Dès ce moment, nos fenêtres furent ornées de rinceaux variés, d'éclatantes mosaïques, de fleurs ou de paysages, de copies de nos grands maîtres, et les peintures étaient si bien combinées, qu'à l'extérieur elles présentaient des tableaux, tandis qu'à l'intérieur elles développaient de brillantes transparences.

Depuis l'exposition de 1834, cette industrie s'est essentiellement perfectionnée dans ses moyens matériels d'exécution, mais non dans le goût qui prévaut généralement dans le style de ses ornements et de ses figures.

On a employé de nouvelles couleurs, des gazes à la fois plus solides et plus transparentes, des vernis plus inaltérables et moins cassants, on s'est aidé de l'impression pour les ornements qui se répètent, on a atteint ainsi un prix très-modéré, cette condition dernière de tous les efforts de l'industrie; mais, à côté de ces progrès, le dessin est devenu plus contourné, l'ornementation plus désordonnée par le mélange des styles et des époques, les figures se sont montrées plus tourmentées dans leurs poses et dans leurs attitudes. Ce reproche, commun à toutes les industries, s'adresse d'autant plus à celle-ci qu'elle prétend davantage, comme peinture, à ressortir de l'art.

MÉDAILLE DE BRONZE.

MM. L. PLUET et Cie, successeurs d'ATRAMBLÉ, BRIOT et DE GATTIGNY.

Cette maison, après quelques vicissitudes, s'est relevée sous la direction de M. Pluet, et a présenté à l'exposition les plus beaux stores.

Le jury a remarqué la belle exécution d'un sujet religieux, d'une imitation assez bonne de vitraux du XIIIe siècle, et de quelques autres sujets aussi bien peints et plus convenables à leur destination, enfin d'un assortiment de stores imprimés qui peuvent se livrer au commerce aux prix de 18 à 22 fr. dans des dimensions de 9 pieds sur 5.

Le jury décerne à M. Pluet une médaille de bronze.

MENTIONS HONORABLES.

M. Perret, à Paris, rue du Faubourg-Saint-Denis, 105.

M. Perret a continué sa fabrication, qui date de 1827, et qui lui a valu, en 1824, une citation favorable; il l'a perfectionnée par l'emploi de nouvelles couleurs qui, comme la laque de Mme Gobert, donnent un grand éclat à ses ornements et par l'emploi d'une gaze qui convient mieux à ce genre de transparents.

Le jury a remarqué, parmi les produits qu'il a exposés, un vase de fleurs avec un paon d'un effet très-brillant et plusieurs sujets que l'exposant débite au prix moyen de 3 fr., le pied carré.

M. Alphonse Leroy, à Paris, quai Saint-Michel, 15.

M. A. Leroy expose pour la première fois des stores d'une belle exécution, les uns composés par lui, les autres peints d'après les dessins qu'il a faits sur nature.

Le jury désire encourager ses efforts en lui votant une mention honorable.

CITATIONS FAVORABLES.

M. SAVARY, à Paris, rue de Bièvre, 33.

Pour ses stores élégamment peints et imprimés.

M. MARREL, à Paris, rue Phélippeaux, 15.

Pour des écrans transparents à ressorts.

SECTION VI.

ÉBÉNISTERIE ET TABLETTERIE.

M. Blanqui, rapporteur.

ÉBÉNISTERIE.

Considérations générales.

L'ébénisterie a fait des progrès notables depuis l'exposition de 1834. On remarque avec satisfaction, cette année, un commencement de retour au bon goût, une recherche plus sévère de l'art, des soins plus attentifs dans les détails d'exécution : vous en serez peu surpris si vous considérez que la fabrication des meubles est concentrée presque tout entière à Paris, où, depuis vingt-cinq ans, elle s'est organisée sur une vaste échelle dans le faubourg Saint-Antoine. Ce faubourg lui-même, avec ses quarante mille habitants, semble ne former qu'une seule usine, dirigée par les maîtres les plus intelligents, et servie par les ouvriers les plus habiles. Tout y est soumis au principe fécond de la division du travail. Les scieries mécaniques débitent le bois de placage en feuilles légères, en baguettes sveltes et déliées. La hardiesse des découpeurs ne connaît plus de bornes : elle s'est emparée des métaux, de l'ivoire, de l'écaille naturelle et factice pour en faire des fleurs, des bordures, des ornements de toute espèce; elle a même appelé la gravure à son aide, et les nombreuses incrustations dont les imitateurs des meubles de boule ont couvert leurs produits témoignent des efforts qu'ils ont faits pour appliquer à l'ébénisterie ce procédé tombé en désuétude.

Votre commission des beaux-arts aurait voulu pouvoir vous annoncer que, du sein de notre grande manufacture d'ébénisterie, il était sorti quelques pièces dignes de faire école, et de donner enfin un caractère original à la fabrication française. Malgré les tentatives louables qui ont été faites à cet égard, nous n'en sommes encore qu'à des imitations. La mode a remis en honneur les formes du moyen âge, et surtout celles de la *renaissance*. Les vieux buffets, les vieux bahuts de nos aïeux, reparaissent rajeunis par la main de nos artistes, dont la modestie nous afflige, puisqu'ils s'abstiennent d'innover, malgré leur supériorité d'exécution incontestable. A quoi bon persister dans le métier de lapiste quand on a reçu le génie créateur? Vers la fin du XVIIIe siècle, nous avons été en proie au genre bizarre et maniéré dont Boucher et Wateau étaient la personnification en peinture. La Révolution et l'Empire nous ont imposé le style grec et romain, les meubles à colonnes ioniques, doriques et toscans; la Restauration a vu nos pendules, nos fauteuils et nos commodes se couronner d'ogives et simuler des cathédrales : aujourd'hui, nous devenons Florentins et Byzantins; quand donc serons-nous Français?

L'exposition de cette année peut se diviser, en ce qui concerne l'ébénisterie, en deux grandes catégories, celle qui comprend les meubles de luxe et celle des meubles de consommation courante; on y remarque aussi quelques inventions ingénieuses et utiles que nous signalerons, et une découverte tout à fait hors de ligne, celle de M. Émile Grimpé, dont la commission des beaux-arts vous doit un compte particulier, comme d'un fait capital de l'industrie actuelle des bois.

L'acajou a cessé d'être le bois dominant, sans que, néanmoins, la tentative courageuse de quelques fabricants, pour restaurer les bois indigènes, ait été couronnée de succès. M. Wernet, l'apôtre de cette innovation patriotique, a persévéré dans ses efforts. Un meuble en chêne vert, ressemblant au plus bel acajou moucheté, a fixé l'attention du public. Ce bois est d'une dessiccation très-difficile, et cependant il est à désirer que l'usage en devienne général; le département de la Corse en possède des forêts magnifiques, dont l'exploitation serait une grande source de richesse pour le pays. Mais le palissandre et l'ébène sont les bois le plus en faveur, à cause de leur teinte sombre et unie qui fait mieux ressortir les incrustations. Le bois de courbaril, aux veines larges et satinées, commence à se répandre. Un habile facteur de pianos, M. Pape, a trouvé le moyen d'obtenir, par un procédé particulier de sciage, des feuilles d'ivoire d'une seule pièce de la plus grande longueur et d'une largeur inconnue jusqu'à ce jour. D'un autre côté, l'abaissement de droit sur les bois exotiques a été fort utile à l'ébénisterie. Cette industrie se trouve aujourd'hui, sous tous les rapports, dans les conditions les plus favorables, et l'on peut évaluer sa production annuelle à plus de quarante millions de francs.

Cette production ne pourra que s'accroître sous l'influence des procédés inventés par M. Émile Grimpé, et qui ont été présentés à l'exposition par la société Gosse de Billy. Ces procédés furent exclusivement employés d'abord à la confection des bois de fusil pour l'armée. Bientôt M. Émile Grimpé imagina de les appliquer à la fabrication des moulures en relief et en creux, rectilignes et curvilignes; et les nombreux objets à formes simples ou sculptés qu'il a soumis à l'appréciation du jury ne laissent aucun doute sur l'entière efficacité de ses procédés. Il est démontré, aujourd'hui, que l'on peut sculpter les bois mécaniquement et y produire, au prix du travail le plus simple, les effets les plus inattendus et les plus variés. La menuiserie et l'ébénisterie de M. Grimpé coûtent moins cher que l'ébénisterie et la menuiserie ordinaires : c'est l'art amené aux procédés économiques et expéditifs de la mécanique. Mais l'auteur ne s'est pas borné à faire de l'art mécaniquement, en reproduisant et variant au besoin les formes et les dimensions des statues, des bas-reliefs et autres sculptures; il expose des tenons, des mortaises, des queues d'aronde, des languettes, rainures, feuillures, chambranles, traverses, battants, jets d'eau, panneaux, siéges, dossiers, tabourets, pilastres, bois de brosses, bois de cadres et de nécessaires, de poulies de marine, d'arçon, saboterie et charronnage, tous confectionnés mécaniquement avec une rapidité extraordinaire et une économie qui varie, selon les difficultés du travail, de 20 pour 100 à 850 pour 100. Les expériences les plus authentiques sont faites à cet égard.

RAPPEL DE MÉDAILLE D'OR.

M. Jacob Desmalter, à Paris, rue des Vinaigriers, 23.

M. Jacob Desmalter est un des fabricants d'ébénisterie les plus anciens et les plus considérables de Paris. Ses produits ont toujours été signalés par leur excellente exécution, par leur variété, par leur importance commerciale; ils justifient, sous tous les rapports, le rappel de la médaille d'or que M. Jacob Desmalter a obtenue aux expositions précédentes.

MÉDAILLE D'OR.

MM. de Billy et cie, à Paris, rue de l'Arcade, 4.

La société Gosse de Billy a obtenu la médaille d'or pour l'exploitation des procédés mécaniques de M. E. Grimpé appliqués au travail des bois.

RAPPELS DE MÉDAILLES D'ARGENT.

M. Bellangé fils, à Paris, rue des Marais, faubourg Saint-Martin, 33.

M. Bellangé fils s'est toujours fait remarquer par l'excellente confection de ses meubles, et par ses imitations exactes et consciencieuses des diverses écoles; il a présenté, cette année, un véritable assortiment de pièces capitales de plusieurs styles, en acajou, en ébène, en chêne, en incrustations façon de boule, qui prouvent tout à la fois la souplesse et la vigueur de son talent. Ces magnifiques meubles rendent M. Bellangé fils de plus en plus digne de la médaille d'argent qu'il a déjà obtenue, et dont le jury lui accorde la confirmation.

M. Bellangre, à Paris, passage Saulnier, 8.

M. Bellangre a exécuté, pour le roi, des meubles façon de boule qui ont été généralement remarqués par leurs riches incrustations. Les autres objets exposés par ce fabricant n'ont pas paru moins dignes d'éloges que ceux dont nous venons de parler. M. Bellangre continue de mériter la médaille d'argent qu'il a déjà obtenue.

MM. Meynard père et fils, à Paris, passage de la Boule-Blanche, faubourg Saint-Antoine.

MM. Meynard père et fils ont obtenu, en 1834, une médaille d'argent pour l'élégante simplicité d'exécution de leurs meubles, dont la fabrication occupe un grand nombre d'ouvriers dans le faubourg Saint-Antoine. Les objets qu'ils exposent, cette année, sont principalement dignes d'attention par le fini du travail et le choix irréprochable des matériaux. Ce ne sont point des tours de force, mais de simples échantillons d'une facture large et sévère, que le jury récompense par le rappel de la médaille d'argent.

MM. Fischer père et fils, à Paris, rue Saint-Antoine, passage Guémenée, 3.

MM. Fischer père et fils occupent, dans la fabrication,

le même rang que MM. Meynard. Leur maison est connue depuis longtemps par des essais hardis et heureux en ébénisterie. Aucun article ne sort de leurs ateliers sans être achevé jusque dans ses moindres détails. Ils ont fait, cette année, un usage peut-être immodéré de l'écaille foncée en couleur; mais leurs meubles sont d'une si noble élégance, que ce léger excès, qui est d'ailleurs un excès de richesse, ne saurait atténuer en rien le mérite distingué de la fabrication. Le jury confirme à MM. Fischer la médaille d'argent qu'ils ont déjà obtenue.

M. Werner, à Paris, rue de Grenelle-Saint-Germain, 108.

M. Werner a fait de grands efforts pour naturaliser en France l'usage des bois français. Depuis plusieurs années, ce fabricant a exposé des meubles en érable, en frêne, en olivier, sans se laisser décourager par l'indifférence des consommateurs, fidèles au bois d'acajou ou séduits par le palissandre, le courbaril, l'angica, l'ébène et les autres bois de couleur qui ont la vogue aujourd'hui. Cette année, M. Werner a encore persévéré dans son vieux culte pour les bois indigènes; il a exposé un meuble en bois de chêne vert desséché par des procédés particuliers, et de l'effet le plus agréable. La persévérance de M. Werner à mettre en consommation les bois de notre pays, ses recherches ingénieuses sur les meilleurs moyens de les employer, et, par-dessus tout, son habileté de fabrication, ont paru au jury des titres suffisants pour le rappel de la médaille d'argent.

MÉDAILLES D'ARGENT.

M. Grohé, à Paris, rue de Varennes, 30.

M. Grohé expose des meubles de différents genres en acajou et en ébène, un dressoir de salon dans le style de la renaissance, une bibliothèque de salon, un bahut en ébène, une table du plus beau style qui a été achetée par le prince royal, et plusieurs autres articles tous dignes de suffrage par l'heureux choix des ornements, par leurs formes ingénieuses et surtout par une exécution des plus louables. M. Grohé s'est placé au premier rang de nos ébénistes. Le jury lui décerne une médaille d'argent.

M. Durand fils, à Paris, rue du Harlay, 5, au Marais.

M. Durand fils est un jeune fabricant de la plus belle espérance; il a été étudier en Italie les grands modèles de l'art, et il a essayé de reproduire, dans une bibliothèque exposée par lui cette année, les saines traditions des maîtres de ce pays. Le jury n'a pas été moins frappé que le public de l'ensemble harmonieux et élégant de ce chef-d'œuvre d'ébénisterie, qui atteste dans M. Durand fils un talent très-distingué, un goût pur et une habileté de fabricant peu commune. Le jury lui accorde une médaille d'argent.

M. Jolly, à Paris, rue du Faubourg-Saint-Antoine, 38.

M. Jolly est un des ébénistes les plus intelligents de ce

quartier général de la fabrication des meubles. Ceux qu'il a envoyés à l'exposition ne laissent rien à désirer pour le fini de l'exécution, pour la délicatesse des découpures et la légèreté du dessin. On a surtout remarqué les panneaux d'une commode à tiroirs à l'anglaise qui n'avait point de rivale dans toute l'exposition. M. Jolly est aussi un des plus habiles incrustateurs. Sa belle table ovale, à pied d'ébène artistement travaillé, est revêtue d'un placage moitié cuivre, moitié bois, de l'effet le plus agréable. M. Jolly exporte d'ailleurs une très-grande quantité de meubles, et l'importance commerciale de sa maison s'accroît tous les jours. Le jury lui décerne une médaille d'argent.

MÉDAILLES DE BRONZE.

M. Berg, à Paris, rue Saint-Antoine, 193.

M. Berg a exposé plusieurs meubles en ébène et en imitation de boule, deux petites bibliothèques avec incrustations, plusieurs fauteuils et une table à compartiments d'une exécution régulière et soignée. Les deux bibliothèques en ébène ont paru établies sur un bon plan et traitées, dans leurs moindres détails, avec une élégante simplicité. Le jury accorde à M. Berg une médaille de bronze.

M. Barbier, à Paris, rue des Trois-Pavillons, 16.

M. Barbier s'est distingué dans la confection d'un meuble dans le style de la renaissance, qui annonce de la part de ce fabricant une grande facilité de travail et une sûreté d'exécution matérielle extrêmement remarquable. Le jury lui décerne une médaille de bronze.

M. Hoefer, à Paris, impasse Guémenée, 8.

M. Hoefer a mérité l'attention du jury par la variété des produits qu'il expose, tous marqués au coin du goût et enrichis de combinaisons ingénieuses. On a principalement distingué un petit secrétaire pouvant servir de table à jouer, qui se monte et démonte sans effort. Les meubles de M. Hoefer ne sont pas moins remarquables par le bas prix auquel ce fabricant les livre. Le jury lui accorde une médaille de bronze.

M. Royer, à Paris, rue Saint-Antoine, 23.

M. Royer obtient la médaille de bronze pour l'ensemble de ses produits, tous bien conçus, bien exécutés, en bonnes matières et d'une consommation courante. Ce fabricant ne peut manquer de s'élever à un rang encore plus distingué en persévérant dans la voie où il est entré.

M. Kugel, ébéniste à Nancy.

M. Kugel n'a exposé qu'un secrétaire à cylindre en palissandre, avec baguettes en cuivre; mais ce meuble a paru au jury d'un travail si complet et si régulier, qu'il a cru devoir accorder à ce fabricant une médaille de bronze, en témoignage de ce premier succès en ébénisterie obtenu par l'industrie départementale.

M. Osmond, à Paris, boulevard Beaumarchais, 57.

M. Osmond s'est consacré à la fabrication des meubles

en imitation des laques de la Chine; il en expose une grande variété : tables à thé, tables à ouvrage, paravents, chaises, bureaux, tous fort remarquables par une heureuse ressemblance avec les véritables laques chinoises. Cette fabrication a pris un grand essor et se répand de jour en jour davantage. Le jury accorde à M. Osmond la médaille de bronze.

M. Baudry, à Paris, rue Saint-Roch, 10.

M. Baudry est l'auteur d'une invention ingénieuse au moyen de laquelle il est parvenu à renfermer deux bois de lit garnis dans un seul. Il suffit de mouvoir un tiroir à coulisse pour dresser le second lit contenu dans le premier, avec tous ses accessoires. M. Baudry a exposé aussi une échelle de bibliothèque articulée, qui se plie et se replie à volonté, et qui est renfermée dans une table. Le jury accorde à M. Baudry une médaille de bronze pour l'heureuse invention de ces meubles utiles.

MM. Ringuet père et fils, à Paris, rue Neuve-des-Petits-Champs, 36.

MM. Ringuet père et fils se distinguent par la hardiesse d'exécution d'un meuble en ébène incrusté et orné dans le goût dominant de la renaissance, qui annonce chez ce fabricant une habileté capable de suffire à des travaux plus sérieux et plus étendus. Le jury leur décerne une médaille de bronze.

MENTIONS HONORABLES.

M. Bigot, à Paris, rue Saint-Lazare, 142.

M. Mainfroy, à Paris, boulevard Saint-Martin, 70.

M. Carré, à Paris, rue du Faubourg-Poissonnière.

M. Geiseler, à Paris, Place-Royale, 12.

M. Drescher, à Paris, rue du Roi-de-Sicile, 25.

M. Aubin, à Paris, rue Sainte-Apolline, 2.

CITATIONS HONORABLES.

M. Florange, à Paris, faubourg Saint-Antoine, 20.

M. Bonnié, à Paris, rue Caumartin, 8.

M. Busnel, à Paris, rue du Petit-Thomas, 20.

M. Pennequin, à Paris, rue de Lesdiguières, 3.

M. Coulon, à Paris, rue Contrescarpe-Saint-Antoine, 70.

M. Klein, à Paris, faubourg Saint-Antoine, 110.

§ 2. TABLETTERIE.

Le jury sait l'intérêt qui s'attache aux petites industries : elles sont comme ces filets d'eau qui entretiennent la vie et la fécondité partout où s'étend leur cours, et qui finissent par devenir des rivières; telle est particulièrement l'industrie parisienne qui s'exerce en chambre, sans grands ateliers, ni machines puissantes, et qui pourtant donne naissance à une production annuelle de plusieurs millions. La tabletterie joue, dans cette industrie toute domestique, un rôle assez important. C'est de Paris que se répandent sur la France et le monde ces cargaisons de *nécessaires*, de portefeuilles ouvrés, de boîtes de toute espèce et d'objets de fantaisie pourvus d'une valeur idéale, c'est-à-dire très-souvent au-dessus de leur valeur mercantile. La fabrication des tabatières en offre un exemple frappant, car le commerce du tabac n'offre pas seulement des avantages à la régie, il procure des profits à une foule de petites industries où se font quelquefois de grandes fortunes. Il y a des tabatières qui ne coûtent qu'un franc la douzaine, et l'on en fabrique qui valent plus de 10,000 francs la pièce, quand elles s'élèvent à la hauteur du présent diplomatique.

L'attention du jury central ne s'est donc pas arrêtée sur la tabletterie avec moins de sollicitude que sur les autres industries. Il n'est pas un seul objet exposé que le rapporteur chargé du travail n'ait examiné avec soin. Le seul progrès qu'il ait à signaler consiste dans le mérite général de l'exécution de tous les articles et dans l'invention de quelques secrets ou procédés particuliers, soit dans la construction des nécessaires, soit dans la disposition des portefeuilles de bureau, de banque, de voyage.

MÉDAILLE D'ARGENT.

M. Aucock, à Paris, rue de la Paix, 4 *bis*,

A obtenu aux expositions précédentes une médaille d'argent pour l'excellente confection de ses nécessaires de voyage et de toilette, depuis le prix de 200 fr. jusqu'à 1,000 fr. et au-dessus, tous remarquables par le choix des diverses pièces dont ils se composent et par leur disposition ingénieuse. Sa maison est renommée depuis longtemps dans ce genre d'industrie, qui a pris un grand développement et qui a paru au jury central justifier la récompense accordée à M. Aucock.

RAPPELS DE MÉDAILLES DE BRONZE.

M. Fenoux, à Paris, rue de Grenelle-Saint-Honoré, 51,

A exposé une grande variété de portefeuilles de diverses formes, à secrets et à compartiments, tous d'une variété et d'une élégance remarquables. Plusieurs de ces portefeuilles sont de véritables nécessaires de voyage. Le jury a surtout distingué une trousse d'officier d'un prix modique et d'une exécution très-soignée. M. Fenoux a élevé son industrie au rang d'une fabrication importante par le choix consciencieux des matières et par le fini du travail qui s'exécute dans ses ateliers sur une assez vaste échelle. Le jury lui décerne le rappel de la médaille de bronze qu'il a obtenue en 1834.

M. Guérin, à Paris, boulevart Beaumarchais, 29,

A obtenu en 1834 une médaille de bronze pour l'excellente confection de ses ouvrages exécutés au tour, corbeilles, rouets, dévidoirs et une foule d'autres semblables, tous d'un goût parfait et d'une solidité reconnue. Le jury a trouvé dans les produits de M. Guérin des preuves non équivoques du zèle qu'a mis ce fabricant à soutenir la bonne réputation de sa maison, et il l'a jugé digne du rappel de la médaille de bronze.

MÉDAILLES DE BRONZE.

M. Colletta, à Paris, rue Mandar, 9,

Est le vétéran de la fabrication des tabatières en bois, à imitation de nielles, dont il présente à l'exposition un assortiment considérable. Le jury a particulièrement distingué ses charnières en bois d'une délicatesse extrême; et la variété infinie des formes sous lesquelles il se joue de toutes les difficultés de l'art du tabletier. C'est M. Colletta qui a donné l'impulsion la plus prononcée à la fabrication des tabatières depuis plusieurs années. Le jury lui décerne une médaille de bronze comme récompense de ses efforts.

M. Servais, à Paris, rue d'Enghien, 14,

Est l'auteur des jolies peintures exécutées sur albâtre et recouvertes d'une glace, dont il a orné plusieurs petites tables présentées à l'exposition. Cette combinaison a permis d'obtenir des effets très-agréables, d'un genre de meubles qui semblait ne pas pouvoir s'y présenter, et qui mérite de devenir l'objet d'ue consommation de quelque valeur. Le jury décerne à M. Servais une médaille de bronze.

MENTIONS HONORABLES.

M. Quenesseu, à Paris, rue Neuve-des-Petits-Champs, 53.

M. Joliet, à Paris, galerie d'Orléans, 14.

M. Lagrange, à Paris, rue Saint-Antoine, 163.

M. Goret, à Paris, rue-Michel-le-Comte, 33.

M. Petit, à Paris, rue de la Cité, 17.

CITATIONS.

M. Hayet, à Paris, rue Sainte-Avoie, 44.

M. Castagnos, à Paris, rue Saint-Germain-des-Prés, 7.

M. Année, à Paris, rue Chapon, 18.

M. Goebel, à Paris, rue Michel-le-Comte, 24.

M. Simon, à Paris, rue Saint-Martin, 275.

APPAREILS CONTRE LES INCENDIES DES THÉATRES.

M. Pierre CUILLER, machiniste en chef du théâtre des Variétés, boulevard Montmartre.

M. Cuiller a présenté, à l'exposition, un modèle d'appareil pour préserver des incendies les cintres des théâtres. Cet appareil, de la plus grande simplicité, peut s'adapter facilement et à peu de frais à tous les théâtres, sans rien changer au jeu de leurs machines. Il suffit de couper un simple cordage, pour faire tomber, sur le théâtre, tous les cintres embrasés, de manière que le foyer le plus animé est éteint immédiatement, en moins d'une minute, et que la représentation peut même être aussitôt continuée.

Sur la proposition de M. le préfet de police et le rapport d'une commission spéciale d'ingénieurs, architectes et hommes de l'art chargés d'examiner l'appareil de M. Cuiller, une ordonnance royale du 22 août dernier a enjoint à tous les directeurs de théâtre de la capitale de faire exécuter, dans le délai d'un mois, cet appareil, qui doit compléter les mesures de sûreté pour les théâtres.

Le jury central, en regrettant que M. Cuiller ne lui ait présenté qu'un petit modèle de son appareil, qui est de la plus haute importance pour arrêter instantanément les terribles effets des incendies des salles de spectacle, estime qu'il mérite de recevoir une mention honorable et d'être particulièrement signalé à l'attention du gouvernement.

SECTION VII.

SCULPTURE STATUAIRE EXÉCUTÉE PAR PROCÉDÉS MÉCANIQUES.

M. Amédée Durand, rapporteur.

Considérations générales.

Parmi les choses qui ont produit le plus d'étonnement au milieu du grand nombre des objets réunis dans les salles de l'exposition, aucune n'a été plus curieusement examinée que la sculpture statuaire obtenue par des procédés mécaniques.

Il y en a eu de trois espèces : deux sont dues à des procédés qui, quoique différents entre eux, sont unis par des analogies évidentes ; mais la troisième espèce résulte d'une manière de faire tellement étrange, qu'elle ne pouvait être prévue par personne, et elle est, en même temps, tellement parfaite dans ses résultats, que la main de l'artiste n'oserait tenter d'y concourir que là où l'action mécanique s'est trouvée entièrement annulée.

Généralement on se fait, des procédés ordinaires employés pour ébaucher les statues en marbre, une idée très-fausse. Un procédé simple, facile, à la portée des intelligences les plus ordinaires, est celui qu'emploient ces sculpteurs praticiens qui n'opèrent jamais qu'entourés de compas et de fils à plomb, et qui placent sur le marbre une multitude de points dont la rigoureuse exactitude est merveilleusement secondée par la facilité et la certitude de l'opération. Qu'on dégage cette opération de son prestige artistique, qu'on examine ce qui se fait, et on sera étonné de ne trouver qu'un travail mécanique que la main de l'homme est inhabile à produire aussi exactement que le ferait une machine.

De là est né le droit, pour la mécanique, de s'emparer de cette partie de la sculpture, qui constitue l'ébauche, et de la perfectionner jusqu'au point où elle devient travail parfait.

L'exposition de 1839 aura eu la gloire de montrer ce résultat produit à un point qui dépasse toutes les espérances.

MÉDAILLES D'ARGENT.

M. Collas, à Paris, rue Notre-Dame-des-Champs.

Parmi les productions nombreuses et en toutes matières qu'a exposées M. Collas, la copie de la Vénus de Milo tenait le premier rang. Cette œuvre, déjà connue et admirée du public, aura ouvert la carrière qu'a conquise la mécanique sur le terrain longtemps respecté de la sculpture statuaire. La grande difficulté n'était pas de copier, en le réduisant, un bas-relief quelconque et d'en obtenir la copie en telle matière que ce soit, le tour à portrait donnait ce résultat. Elle consistait à copier, dans une dimension différente, la sculpture de ronde bosse. M. Collas a obtenu ce résultat en la transformant en bas-relief; pour cela, il a divisé son modèle par portions de formes telles que chacune pût sortir d'un moule d'une seule pièce. Ces parties exécutées isolément ont ensuite été réunies et ont composé la statue réduite qui a été admirée à l'exposition.

Pour arriver là, M. Collas a dû modifier le tour à portrait dans sa pièce qu'on nomme *barre*, et il l'a fait en mécanicien habile. Le mouvement horizontal alternatif trop rapide de cette barre, eu égard à sa masse, lui a été enlevé, et a été transporté à des organes accessoires d'une construction légère. De cette modification ont dépendu le succès des travaux de M. Collas et la possibilité qu'il possède aujourd'hui de copier, en les changeant de dimension, tous les morceaux de la sculpture. Indépendamment de ces travaux, M. Collas en suit d'autres qui ont pour résultat de copier, sans les diviser, les statues ou bustes de ronde bosse et d'en obtenir la copie en telle matière que ce soit. Le jury, qui a vu opérer devant lui les mécanismes variés, au moyen desquels ses copies sont exécutées dans les rapports de dimension avec la plus fidèle exactitude, se plaît à témoigner à cet habile mécanicien sa haute satisfaction en lui accordant la médaille d'argent.

M. Moreau, à Paris, rue Notre-Dame-des-Champs, 46.

Quand il est question d'un art qui exige autant de précision que la sculpture exécutée en marbre, qui demande autant de délicatesse, de fermeté et de souplesse dans le faire et qu'il s'agit de rendre compte de ce résultat obtenu, à l'état de perfection, par des moyens où l'adresse de la main n'entre pour rien et le sentiment de l'artiste pour moins encore, on peut éprouver de l'embarras en n'ayant pas à signaler un de ces chefs-d'œuvre de mécanique qui étonnent le monde.

M. Moreau s'est chargé de nous apprendre qu'une autre voie existait pour arriver à ce terme; dire comment M. Moreau a appris à faire mieux et plus rapidement qu'aucune machine connue n'est pas notre tâche, le peu de mots que nous pouvons en dire sera pour attester la réalité du moyen tout incroyable qu'il emploie.

Sous l'action de son procédé, le marbre reçoit la forme qu'on lui destine comme s'il se moulait; c'est en effet par le moyen d'un moule en fonte de fer, incessamment frappé sur le marbre, pendant que du grès et de l'eau s'écoulent entre les deux corps, que la sculpture se trouve opérée.

Si on cherche à se rendre compte de l'effet mécanique produit, on peut considérer chaque grain de sable à l'instant où il reçoit le choc du moule en fer comme une pointe très-fine qui pénètre d'une quantité infiniment petite dans la matière, puis, pour ainsi dire, en même temps, comme se divisant par petits fragments dont chacun, en s'éloignant, exerce sur le marbre une action semblable à celle du grès sous la scie du scieur de pierre.

Ces deux effets répétés à chaque choc du moule, et ces chocs répétés six cents fois par minute, ont, en très-peu de temps, pour résultat un marbre sculpté avec une perfection qui ne pourrait admettre de retouche que dans quelques cas particuliers.

M. Moreau, dès le début, a montré, sans le secours d'aucun instrument de précision, que, par son moyen, il pouvait exécuter la sculpture de ronde bosse; les têtes formant consoles qu'il a exposées étaient produites sur trois de leurs faces, les lignes de raccordement étaient imperceptibles : dès lors, des statues peuvent être confiées au procédé, qui, toutefois, se trouve astreint à l'identité avec le modèle sans changement de dimension.

Bien d'autres choses encore, même dans les travaux purement industriels, pourront naître de la découverte de M. Moreau. En attendant que ces résultats immanquables se développent, et lui réservant une récompense plus élevée pour cette époque, le jury lui accorde la médaille d'argent.

MÉDAILLE DE BRONZE.

M. Dutel, à Paris, rue des Trois-Bornes, 71.

La sculpture qu'a exposée M. Dutel, sortant de ses appareils, est à l'état d'ébauche, mais accompagnée d'une précision suffisante quant aux masses. Ce genre de sculpture, obtenu plus particulièrement sur marbre, est produit par une fraise animée d'une grande vitesse.

Cet instrument est soumis, dans sa translation, à un système de parallélogrammes mobiles mis en rapport, à main d'homme, avec le modèle, par une touche-mousse, comme dans le tour à portrait. Le modèle et la copie obéissent simultanément à un mouvement de rotation lent qui vient présenter successivement à l'appareil tous les points de leurs surfaces. Tel est l'aperçu général qu'il est possible de présenter sur ce procédé dont les résultats récents encore n'ont pu être appréciés dans les avantages qu'ils pourront offrir aux artistes; ce sont les statuaires qui décideront du degré de mérite et d'importance que pourra avoir une ébauche très-avancée dans toutes ses parties, dans laquelle les erreurs sont impossibles, et qui ne sera pas bigarrée par des points noirs d'une précision quelquefois désolante et quelquefois aussi d'une infidélité irréparable. En attendant que ce jugement ait pu être porté, le mérite industriel de l'entreprise formée par M. Dutel est trop incontestable aux yeux du jury pour qu'il ne s'empresse de le signaler comme digne de la médaille de bronze.

SEPTIÈME COMMISSION.

ARTS CÉRAMIQUES ET VITRIQUES (1).

MM. Brongniart, président, Beudin, d'Arcet, Dumas, Gay-Lussac, Saint-Cricq, et le baron Thénard.

PREMIÈRE SECTION.

ARTS CÉRAMIQUES.

M. Brongniart, rapporteur.

Considérations générales.

La commission des poteries du jury central avait cru devoir établir, en 1823, d'une manière plus ex-

(1) *Hyaliques* serait peut-être mieux, mais ce mot paraît s'appliquer uniquement au verre transparent, et ne conviendrait pas à la totalité des industries qui se rapportent, comme nous l'entendons ici, à toutes les matières vitrifiées.

plicite qu'on ne l'avait encore fait, et rappeler en 1827, les différents principes qu'elle a adoptés pour former son opinion, et proposer au jury les décisions qu'il a prises. La commission des poteries de 1839 croit devoir suivre la même marche et profiter de la faculté qui lui est donnée de publier textuellement son rapport pour donner à ces principes et à la classification des objets soumis à son examen le développement et la publicité propres à faire apprécier ses jugements et leurs motifs. En conséquence, elle présentera une classification, la plus rationnelle possible, de tous ces objets; elle énumérera les qualités que doit posséder chacune des classes de cette industrie, pour constituer la perfection désirable et possible, et elle en déduira les règles qui l'ont dirigée dans la graduation des différentes sortes de distinctions qu'elle a proposé au jury d'accorder aux exposants dont les produits ont approché plus ou moins de cette perfection.

Nous devons commencer par exposer les principes, c'est-à-dire les qualités qui constituent une bonne poterie, de bonnes couleurs et une bonne application de ces couleurs; afin d'avoir une mesure, un type auquel nous puissions rapporter les différents produits mis à l'exposition.

Plusieurs des qualités exigées sont nécessairement différentes pour chaque sorte de poteries, pour chaque genre de perfection; mais il en est quelques-unes qui sont fondamentales et qui doivent être admises comme principes généraux, sauf à faire connaître ensuite les qualités propres à chaque classe des produits céramiques et vitriques qu'on a soumis au jugement du jury. Les qualités des objets présentés peuvent être considérées sous quatre points de vue différents :

1° Sous celui *de la fabrication* proprement dite, se rapportant à la nature des matières employées, à la manière plus ou moins ingénieuse, économique ou perfectionnée dont elles ont été employées, ayant égard à la facilité de la fabrication, à la plus grande chance de succès, au mode de cuisson, à la durabilité des objets dans leurs usages, sous le rapport de leur résistance au choc, à l'usure, à la souillure et aux changements de température auxquels ils doivent être exposés.

2° Sous celui *de la convenance* des objets. Genre de mérite qui consiste à apporter dans les objets fabriqués les conditions propres à leur faire remplir, le plus commodément possible, l'usage auquel ils sont destinés : c'est ainsi que le commerce rejette dans la faïence les pièces qui ne se manient pas facilement et sans risques, celles qui sont chargées de moulures inutiles, d'angles saillants, etc., tandis qu'il les admet dans les porcelaines. Un vase de cette dernière matière a beau être brillant et élégant, il est rejeté s'il verse mal, s'il n'est pas solide sur sa base, etc.

Cette qualité si généralement prisée en Angleterre est beaucoup trop négligée en France dans les arts céramiques. Il est du devoir du jury d'y ramener l'attention du fabricant par les éloges qu'il donnera aux productions qui les possèdent.

3° Sous le rapport *de l'aspect*, c'est-à-dire de l'agrément qu'il offre à la vue, quel que soit la mode ou le goût dominant.

Cette considération est nécessairement liée par la forme et par le genre de décoration, soit en peinture, soit en relief, aux arts du dessin et à ce qu'on appelle le bon goût; elle est, par la vacillation de ses principes, par la funeste influence de la mode, ee fléau destructeur des beaux-arts, très difficile à apprécier. Le fabricant est dominé par le commerce qu'il faut satisfaire, il est arrêté par la dépense qu'entraînent la bonne composition et la bonne exécution de tout ce qui est figure et ornement; il n'a à sa disposition complète que les formes et certains ornements exécutables, sans grands frais, au moyen des procédés mécaniques de multiplication.

Les formes sont à sa disposition, parce qu'il peut choisir et exécuter celles que les artistes habiles lui indiqueront comme les meilleures et cela sans qu'il lui en coûte plus que pour en exécuter de mauvaises. Il n'en est pas de même des figures et des ornements :

le talent individuel entre pour beaucoup dans leur mérite, et ce talent ne peut s'employer sans dépenses qui excèdent ordinairement les prix de vente que comportent la plupart des produits céramiques commerciaux. La commission n'a donc pas dû faire entrer en considération les riches et fastueuses décorations présentées par des fabricants ; car, lorsqu'elles sont à bas prix, elles sont mauvaises; quand elles sont bonnes sous le rapport de la composition, et surtout de l'exécution, elles sont chères. Ce sont des exceptions, des chefs-d'œuvre propres à appeler l'attention des visiteurs; mais ce ne sont pas des objets industriels et commerciables.

La quatrième considération, celle qui domine toutes les autres, est *le prix*. C'est le plus difficile à introduire, tant les éléments qui le composent sont variables et même incertains, tant il est difficile ici d'arriver au vrai.

Or tous les genres de mérite dont nous venons de parler disparaissent ou plutôt deviennent vains s'ils ne sont obtenus qu'à grands frais. Le prix des pièces exposées doit donc entrer comme une partie importante du jugement à porter. Mais c'est le prix réel et commercial qu'il faut connaître et non celui de l'échantillon présenté.

Le jury sait combien il est difficile d'arriver à ce résultat, quels que soient les efforts qu'on fasse pour l'atteindre. La commission des poteries n'a pu faire que comme les autres, elle a jugé *en jury*, c'est-à-dire d'après la conviction acquise par différentes voies. Elle a toujours consulté le commerce, autant que cela lui a été possible, pour savoir : 1° si les pièces exposées étaient le résultat d'une véritable fabrication établie en grand et non pas celui de quelques essais; 2° si les pièces présentées étaient conformes à celles que produisait la fabrication actuelle des fabricants qui les avaient exposées; 3° si les prix cotés ou donnés étaient ceux de son commerce habituel. La commission peut assurer qu'elle a pris ces trois sortes de renseignements sur presque tous les objets pour lesquels elle a eu l'honneur de proposer au jury quelque distinction.

Quant aux autres conditions que les objets céramiques et vitriques doivent remplir pour approcher plus ou moins de la perfection, la commission, pour juger ces qualités, a fait, sur les pièces de poteries et de verre présentées, et qui en étaient susceptibles, quelques essais propres à en faire connaître la qualité. Ces essais ont consisté à exposer ces pièces aux différentes influences qu'elles auront à éprouver dans l'emploi auquel elles doivent être soumises. Il serait trop long de les indiquer ici en détail; or il en est de ces essais comme du prix : on ne peut jamais être parfaitement sûr de l'exactitude et de la généralité des faits qui en résultent; ils ne peuvent prouver avec quelque certitude qu'une seule chose, la mauvaise qualité ; car il n'est pas présumable qu'un manufacturier qui fabrique bien ait envoyé, à l'exposition, des pièces pourvues de défauts ordinairement étrangers à ses produits. Mais, quand les pièces de l'exposition ont résisté aux épreuves, cela ne prouve pas toujours que la fabrication générale soit bonne ; l'expérience seule peut fournir cette preuve. C'est donc encore l'opinion du commerce qu'il a fallu consulter quand cela a été possible, et c'est ce qu'a fait la commission.

Il nous a semblé que, pour obtenir la moindre des distinctions, il fallait que les objets exposés présentassent, au moins, l'une des qualités que nous venons d'énumérer, et qu'ils les présentassent même avec une certaine supériorité sur ce que font, en général et communément, toutes les fabriques.

Tels sont les principes et les réflexions qui ont rendu la commission des poteries, non pas avare et d'une parcimonie décourageante dans les *propositions* de distinctions qu'elle a soumises au jury, mais qui l'ont rendue *ménagère* de ces distinctions.

Elle a donc posé, pour règle générale de ses jugements, qu'une *nouveauté* ou une *découverte* ayant une grande influence sur l'art, soit en étendant ses moyens et son domaine, soit en apportant de grandes réductions dans les dépenses, devrait seule mériter, suivant sa plus grande importance, l'une des deux hautes distinctions ;

Qu'un *perfectionnement* notable dans l'art ou dans une de ses principales branches serait distingué par la médaille du troisième ordre; enfin que *quelques perfectionnements* dans des procédés déjà suivis, qu'une fabrication *constamment soignée* et bien entendue, sous le rapport de la convenance et de l'aspect, devraient être signalés par des mentions ou des citations.

La commission s'est donc fait ces questions chaque fois qu'il s'est agi de proposer au jury une distinction quelconque, fût-ce même la simple citation; jalouse de conserver ainsi à chacune de ces distinctions toute leur valeur et leur puissance morale.

Si, dans quelques cas, elle a été *forcée* de s'écarter de ses règles, si on voit quelques distinctions accordées à des fabricants sans que leurs produits puissent répondre à aucune des questions précédentes, ces cas sont rares et appliqués à des distinctions peu élevées; ces exceptions ont été nécessitées par des circonstances dominantes, qu'on n'aurait pu faire rentrer dans les règles sans causer plus de tort à l'individu que l'exception n'en fera au principe.

L'ordre à mettre dans les nombreuses sortes des produits céramiques est une chose nécessaire pour rendre précis le jugement qu'on devait en porter; car chacune des classes et sections de cette industrie a des conditions très-différentes à remplir pour répondre aux quatre considérations que nous venons d'exposer. Il nous a donc paru nécessaire de faire connaître sous quels titres nous classons et à quels caractères nous reconnaissons les classes et leurs subdivisions, enfin quelle sera *la qualité* particulière à chacune de ces subdivisions.

La commission a suivi, pour la distribution de ses travaux, les trois grandes divisions établies par le jury; c'est principalement dans la première division, dans celle qui est intitulée *poteries*, qu'elle a cru nécessaire d'établir une classification rationnelle que nous devons faire connaître sommairement avant d'entrer dans l'examen des produits exposés.

La septième commission, chargée de toutes les industries céramiques et vitriques, a divisé son travail en TROIS SECTIONS.

LA PREMIÈRE renferme les POTERIES PROPREMENT DITES, depuis la brique jusqu'aux porcelaines.

(M. BRONGNIART, *rapporteur.*)

LA SECONDE, les couleurs vitrifiables, leur composition et leur application sur toutes sortes d'excipient.

(M. BRONGNIART, *rapporteur.*)

LA TROISIÈME, la VERRERIE et toutes ses dépendances.

(M. DUMAS, *rapporteur.*)

La peinture sur verre qui se lie aux beaux-arts par son mode d'exécution, quoique placée dans la sixième commission, appartient aussi bien à l'industrie de la septième que les porcelaines blanches et translucides, décorées de fleurs, d'ornements, de figures et des plus riches couleurs (1).

(M. Brongniart a été nommé *rapporteur* de cette subdivision.)

On peut diviser les produits de la première section, comprenant, comme on vient de le dire, toutes les poteries, en classes et ordres, les définir et les caractériser comme il suit :

Classification technique des Poteries.

1re classe. — Terres cuites (briques, tuiles, plastique des anciens, etc.)

« *Pâte* souvent hétérogène, à cassure terreuse et « texture poreuse, cuite à basse température et « n'étant ordinairement recouverte d'aucun enduit « vitreux ou seulement d'une glaçure de plomb. »

2e classe. — Poterie commune.

« *Pâte* homogène, tendre, à cassure terreuse, à

(1) On avait, en 1834, apprécié cette analogie en laissant à la section de la verrerie les peintures sur verre et en vitraux colorés, exposées par la verrerie de Choisy.

« texture poreuse; opaque, de couleur sale; recou-
« verte d'un *vernis* ou glaçure, translucide et
« plombeuse. »

3e classe. — FAIENCE COMMUNE ou italienne.

« *Pâte* opaque, colorée ou blanchâtre, tendre,
« texture lâche, cassure terreuse; recouverte d'un
« *émail opaque* ordinairement stannifère. »

4e classe. — FAIENCE FINE ou anglaise (terre de pipe, et *improprement*, porcelaine opaque, demi-porcelaine, etc.).

« *Pâte* blanche, *opaque*, à texture fine, dense,
« sonore, assez dure; recouverte d'un *vernis* cris-
« tallin, plombifère, quelquefois boracique. »

5e classe. — GRÈS-CÉRAME (grès, ou poteries de grès).

« *Pâte* dense, très-dure, sonore, *opaque* à grain
« plus ou moins fin, de couleurs variées, ou sans
« *vernis*, ou enduite, soit d'une *glaçure* salifère et
« plombifère, soit d'une *couverte* terreuse. »

6e classe. — PORCELAINE DURE ou chinoise.

« *Pâte* blanche, fine, dure, cassure subvitreuse,
« *translucide;* la *glaçure* est une *couverte* terreuse,
« dure, qui ne fond qu'à une haute température. »

7e classe. — Porcelaine tendre ou française (porcelaine tritée, porcelaine vitreuse).

« *Pâte* fine, dense, à texture presque vitreuse, « dure, *translucide*, fusible à une haute tempéra- « ture; *vernis* vitreux, *transparent*, peu dur, plom- « bifère ou boracifère. »

Comme il ne nous serait pas possible de suivre toujours exactement cette division dans le cours de ce rapport, parce que nous ne pouvons pas scinder les produits d'une même manufacture qui fabrique et expose des pièces qui appartiennent à plusieurs de ces classes, nous avons cru devoir présenter cette classification à la suite des considérations générales, quoiqu'elle n'appartienne qu'à la première division des objets qui font partie de la septième commission.

Nous devons, avant de clore ces considérations, signaler les changements soit heureux, soit malheureux, ceux dont on doit se féliciter ou se plaindre, que l'art céramique a éprouvés depuis la dernière exposition.

Les changements favorables, les vraies améliorations, portent principalement sur l'acquisition de couleurs plus variées et plus solides pour la décoration de la porcelaine.

Ils portent, pour ce qui concerne la fabrication, sur des procédés de tournage et de moulage, mis en pratique, suivis et améliorés dans la fabrique de porcelaines de Chantilly, qui n'a pas exposé, sur des procédés d'encastage économique, publiés par la manufacture royale de porcelaine de Sèvres.

Ils portent, dans la faïence, sur l'abandon que de grandes fabriques françaises ont fait de la terre de pipe, avec sa pâte perméable et ses vernis tendres, pour son remplacement presque général par des faïences à couverte dure, dont la composition a été importée d'Angleterre, composition nouvelle qui introduit dans la pâte de ces faïences le kaolin, un des éléments de la porcelaine, et dans la glaçure l'acide borique.

Les changements dont on peut se plaindre, c'est souvent un abaissement de prix aux dépens de la qualité soit dans les formes, soit dans les compositions : que l'on compare des assiettes de porcelaine faites il y a trente ans, avec des assiettes faites en 1838 et 39, on trouvera que celles-ci ont, il est vrai, diminué de prix de plus de 25 pour 100, et il n'y aurait, certes, qu'à s'en feliciter, si, en comparant entre elles les pièces de ces deux époques, on ne remarquait que celles de 1810 étaient, en général, mieux fabriquées que celles du temps actuel; si on ne voyait avec peine que c'est à une célérité qui ne permet aucun soin qu'on doit en partie cet abaissement de prix. Nous disons en partie, car il y a heureusement d'autres conditions plus durables qui ont aussi contribué à cette réduction. Il en est de même de la dorure sur la porcelaine, si on a su en varier les tons d'une manière agréable et assez nouvelle, on est arrivé à faire la dorure ordinaire avec tant d'économie de feu et de matière, qu'elle n'a aucune solidité.

Nous reviendrons, dans la suite de ce rapport, sur les changements en bien ou en mal qu'ont montrés, depuis 1834, les différentes classes de poteries.

---

§ 1er. TERRES CUITES, PLASTIQUE, BRIQUES, TUILES ET CARREAUX.

Ces produits céramiques peuvent avoir deux sortes de mérites bien différents : l'un tient à leur nature et à la manière dont le fabricant les a composés et cuits pour qu'ils conviennent à l'usage auquel ils sont destinés; l'autre mérite tient uniquement aux formes qu'on a données à ces objets en raison de l'emploi qu'on en veut faire.

Il n'y a presque rien à dire sur la première considération; toutes les terres cuites présentées sont d'une pâte ordinaire et qui paraît propre à l'emploi auquel on les destine. Ainsi les briques de M. SARGENT, qui a eu autrefois une mention honorable, sont poreuses, parce qu'il regarde cette qualité comme plus convenable à certaines constructions, on lui rappellera CETTE MENTION.

Quand les formes présentent des ornements, des imitations de la nature ou des figures, elles constituent l'art auquel les anciens ont donné le nom de *plastique;* ils l'ont pratiquée très en grand et avec succès. Outre les pièces citées par les écrivains, on a trouvé à Pompeïa, à Rome, etc., des statues ou fragments de statues de grandeur naturelle; il y a peu de fabricants de faïence ou de terres cuites qui n'aient orné leurs magasins et les parcs de grandes pièces de ce genre. Cet art a donc été pratiqué de tous temps sur une très-grande échelle.

NOUVELLES MÉDAILLES DE BRONZE.

MM. VIREBENT frères, de Toulouse,

Ont mis à l'exposition de 1834, sous le nom de *plinthotomie* des pièces en terre cuite, et très-bien cuites, destinées à entrer dans les constructions et dans l'ornement des bâtiments; le jury leur a décerné alors une médaille de bronze.

Depuis cette époque, ils ont considérablement étendu leur fabrication de plastique en l'appliquant à tous les ornements, aux figures même qui peuvent entrer dans la décoration d'un bâtiment. Ils ont mis à l'exposition de 1839 un tombeau fait ainsi et composé de parties très-grandes et d'une seule pièce, et pour rendre ces monuments plus durables ils ont imaginé de les composer de deux pâtes différentes superposées, dont l'une, plus grossière, sert comme de doublure à la pâte fine extérieure.

Cette notable addition, faite à la fabrication de plastique de MM. Virebent, suppose un talent particulier de moulage et une bonne composition de pâte, et rend MM. Virebent dignes d'une *nouvelle médaille de bronze.*

La plupart des autres exposants doivent être principalement considérés sous le point de vue de l'application de leurs produits aux constructions; aussi avons-nous dû consulter un de nos collègues, architecte (M. Fontaine), pour savoir si le but proposé avait été atteint et s'il était nouveau.

Parmi ce grand nombre d'exposants de briques, tuiles, carreaux, tuyaux et autres matériaux de construction en terre cuite (il y en a 21), nous croyons n'avoir à faire remarquer au jury que les noms suivants.

M. Gourlier.

M. Gourlier, qui a reçu, dans les expositions précédentes, une médaille de bronze pour ses tuyaux de cheminée construits avec des br[illegible] formés et disposés avec beaucoup d'intelligence pour [illegible]rer dans la masse des murs sans les affaiblir, a ajouté à ses procédés de fabrication un moulin à deux chevaux qui coupe l'argile, passe les matières sèches qui doivent entrer dans la composition de la pâte, mêle les éléments de la pâte en remplaçant ainsi l'opération du marchage, qui a ici des inconvénients assez graves, et la met enfin en état d'être moulée.

Le jury décerne à M. Gourlier une *nouvelle médaille de bronze* pour son ancienne fabrication encore perfectionnée, et surtout pour le moulin que nous venons de signaler, en faisant remarquer que les fabricants assez nombreux qui font maintenant des cheminées en terre cuite encastrées dans les murs n'ont fait qu'imiter, développer et peut-être un peu perfectionner le procédé dont M. Gourlier a eu le premier l'heureuse idée.

MENTIONS HONORABLES.

MM. Courtois frères, d'une part, et M. Fouronge de l'autre, sont venus après M. Gourlier et ont apporté quelques modifications à son procédé.

M. Jean-Jacques Courtois, à Issy,

Fait voir des tuyaux de cheminée en brique dont les diverses parties sont disposées de manière à permettre un dévoiement des tuyaux que MM. les architectes regardent comme une heureuse disposition, et qui n'a pas, pour le ramonage, les graves inconvénients qu'on semblait craindre. Un rapport du conseil de la grande voirie, fait à l'occasion d'un procédé semblable proposé par M. Fourouge, nous paraît pouvoir s'appliquer à M. Courtois et détruire ces craintes. Le jury accorde à M. Jean-Jacques Courtois une mention honorable.

M. Jacques-Antoine Courtois, rue Saint-Lazare, 142,

A présenté une ingénieuse couverture en tuile à rebords, qui, plus légère que la couverture en tuile ordinaire, s'oppose très-efficacement à toutes les introductions des eaux pluviales soit par le vent, soit par la capillarité.

M. Courtois avait déjà fait connaître, en 1834, une disposition particulière de tuile, pour des chaperons de murs, qui lui a mérité une citation. Le jury pense que ses nouvelles tuiles le rendent digne d'une mention honorable.

M. Fourouge, à Paris, rue Rousselet-Saint-Germain, 14.

M. Fourouge a présenté des tuyaux de cheminée en terre

cuite dont toutes les dispositions sont parfaitement calculées pour qu'ils aient toute la solidité et la commodité d'ajustement, dans l'épaisseur des murs, qu'on puisse exiger. Il paraît être le premier qui ait cherché à éviter les joints verticaux, qui, en s'ouvrant quelquefois, peuvent permettre la communication de la fumée entre deux tuyaux. Le nettoyage ou ramonage à la corde s'en fera aussi facilement que dans tous les tuyaux trop étroits pour donner passage à un ramoneur; la crainte d'accumulation de la suie dans les parties anguleuses a été détruite par une disposition particulière approuvée dans un rapport officiel de la grande voirie.

Ces imitations, avec quelques perfectionnements, tels que le dévoiement, la suppression des joints verticaux, etc., sans lesquels elles mériteraient peu d'attention, partant toutes de l'idée mère de M. Gourlier émise dès 1823, ne peuvent faire attribuer à leurs auteurs qu'une mention honorable, que le jury accorde à M. Fourouge.

M. Sonltzener, à Paris, rue de Richelieu, 59.

L'art de faire des planchers en terre cuite, en les composant soit de parties qui se joignent exactement les unes aux autres, pour présenter des ornements ou même des sujets variés de forme et d'ornement, soit en les incrustant de pâte de diverses couleurs, rencontre d'assez grandes difficultés dans la fabrication, et n'a pas de ces applications nombreuses qui, seules, peuvent soutenir une fabrique. Ces sortes de décorations ne peuvent guère s'appliquer, dans les maisons riches, qu'à des rez-de-chaussée, car elles ne trouvent pas, dans cette partie, si souvent humide, la rivalité du parquet; mais, dans les étages supérieurs, ce genre de carrelage ne peut l'emporter sur le parquet pour les personnes aisées, et il est trop cher pour celles qui, préférant l'économie à l'élégance, préfèrent alors de simples carreaux. On voit que ces causes ont dû considérablement réduire l'emploi de ce carrelage élégant, et qu'elles expliquent pourquoi on a vu aux expositions tant de fabriques naissantes et si peu d'anciennes, tant d'échantillons présentés et si peu d'appartements ainsi carrelés.

Néanmoins les échantillons exposés par M. Soultzener ayant paru d'un bon emploi à M. l'architecte qui a bien voulu les examiner avec nous, la commission des poteries ayant reconnu qu'ils étaient d'une bonne fabrication, le jury accorde à M. Soultzener une mention honorable.

Il accorde de semblables mentions :

A M. Chevreuse, propriétaire de la tuilerie des Bordes, près Metz,

Pour les améliorations qu'il a introduites dans la fabrication des tuiles et des briques, en faisant celles-ci par des procédés mécaniques fort simples, et surtout en remplaçant, pour leur cuisson, le bois par la houille, innovation récente aux environs de Metz et constatée par un certificat du maire.

A M. Mothereau, à Paris, avenue de Saint-Ouen,

Qui a présenté des grands carreaux de terre cuite, creux, pour cloison, ce qui donne aux cloisons plus de légèreté et les rend plus sourdes; il fait aussi des briques par procédés mécaniques.

A MM. Boulets-Lacroix, à Bellevue-Bertangles (Somme),

Pour les briques réfractaires qu'ils ont faites et qui, d'après les attestations des usines qui les ont employées, jouissent éminemment de cette faculté.

CITATIONS FAVORABLES.

M. Rouveaux, à Paris, rue Transnonain, 42,

Pour ses poteries destinées à la construction des planchers. Il leur a donné une légèreté qui n'est pas aux dépens de la solidité, et une forme qui permet d'économiser une grande partie du plâtre dans la liaison ; il diminue notablement, par cette double combinaison, le poids des matériaux dans l'emploi de ces poteries.

M. Valentin-Feau-Béchard, à Orléans,

Qui paraît avoir apporté d'assez notables perfectionnements dans la fabrication des tuiles, en les rendant plus solides, plus légères, et leur donnant deux surfaces unies, ce qui permet d'en mettre toujours une à l'extérieur et d'obtenir ainsi tous les avantages qu'on trouve dans le poli des surfaces exposées à la pluie, contre la croissance des mousses.

De tels perfectionnements mériteraient plus qu'une citation, si M. F. Béchard n'annonçait que ce ne sont que des essais en grand et que les tuiles envoyées sortent de sa première fournée.

MM. Palmie et Peyraud, à Saint-Malo,

Pour leur grande fabrication de briques faites avec les marnes des grèves près de la mer et pour une machine à battre les tuiles; ils emploient cent ouvriers, font cinq cent mille briques et de trente à cinquante mille tuiles.

M. Girardot, à Briey (Moselle),

Propriétaire et directeur d'une grande fabrique de tuiles et briques.

M. Hubsch, à Sèvres, rue de Vaugirard,

Qui a exposé sous le numéro 1367 des carreaux qu'il appelle *mosaïques*.

Ce sont des carreaux, les uns marbrés de blanc jaunâtre et de rouge, les autres rouges, et d'autres noirs.

Il les fait par des mélanges d'argiles, de marnes et de sables, diversement colorés ou prenant différentes couleurs au feu, et qu'il tire principalement des environs de Paris.

Il les cuit au bois dans des fours disposés pour une cuisson égale et économique.

Ces carreaux, d'un agréable aspect, sont principalement destinés à remplacer le carrelage en pierre de liais des salles à manger. Leur prix le plus élevé et de 24 fr. la toise (d'un tiers meilleur marché que le plus bas prix du carrelage en pierre, qui est de 36 fr.).

Cette fabrique, établie très-grandement, est à sa naissance : cependant elle a déjà fait plusieurs fournées et carrelé plusieurs maisons.

Elle mérite donc d'être encouragée par une citation favorable.

Creusets, cornues, tubes et autres instruments de chimie en grès-cérame grossier.

RAPPEL DE MÉDAILLE DE BRONZE.

M. Laurent Gilbert, à Orléans.

Nous avons dit plusieurs fois qu'il était extrêmement difficile de juger les qualités réelles et constantes d'une fabrication de creusets; outre qu'elles dépendent des usages auxquels chaque sorte de creuset est destinée, elles proviennent aussi du soin et de l'habileté de l'ouvrier qui a fait le mélange et qui tourne ou moule le creuset. Il n'y a donc qu'une longue expérience qui puisse donner des notions certaines sur la véritable qualité des creusets; nous n'aurions besoin, pour prouver cette assertion, que de comparer le grand nombre de fabriques si vantées qui ont fourni des creusets *indestructibles*, avec le petit nombre de ces fabriques qui existent encore; or, parmi le petit nombre de ces fabriques encore sur pied et qui ont mis leurs produits à l'exposition, nous devons mettre en première ligne celle de M. *Laurent Gilbert*, à Orléans; si nous n'avons pas fait sur ses creusets, etc., des expériences à peu près inutiles, nous possédons des témoignages plus certains de la bonne qualité des produits de M. Laurent, qui sont :

1° Au sujet des formes à sucre, par une attestation des plus claires du directeur de la raffinerie de M. Delessert, qui donne depuis longtemps la préférence à M. Gilbert sur tous les autres fabricants;

2° Au sujet des creusets, cornues et matras, dans une commande considérable, accompagnée d'éloges de M. Vimeux, rue de la Barillerie, et de M. L. Foullon, rue Saint-Martin, 159.

Nous pensons que M. L. Gilbert est très-digne de la médaille de bronze qui lui a été accordée en 1834.

MENTION HONORABLE.

M. Tesson, à Paris, rue Saint-Maur, 63 et 65.

Nous devons *mentionner honorablement* M. Tesson, *de Paris*, qui a cherché à modifier ses creusets, en raison de l'usage auquel on doit les appliquer, en donnant, à ceux d'entre eux qui sont destinés à fondre des mélanges vitrescibles, une grande infusibilité, et, à ceux qui ont pour but de renfermer des matières métalliques fondues, une texture lâche au moyen de matières charbonneuses.

Il fait, en outre, avec intelligence et succès, des moufles pour cuire les peintures sur porcelaine et des fourneaux de chimie.

Pipes.

Les pipes s'apprécient difficilement par la simple vue; on ne peut rien dire autre chose, si ce n'est qu'elles sont d'une bonne couleur bleuâtre, qu'elles paraissent d'une pâte fine, bien modelées, bien moulées, bien percées ; mais les fumeurs délicats s'inquiètent peu de ces qualités extérieures qu'il est d'ailleurs si facile d'obtenir, ils n'apprécient que les qualités qui se manifestent par l'emploi. Aussi les plus habiles fabricants déclarent-ils eux-mêmes qu'on ne peut reconnaître les bonnes qualités d'une pipe que par l'usage, et que les manufactures qui ont acquis ainsi leur réputation ont sur les nouvelles fabriques un avantage immense.

Les pipes, qui n'avaient point paru aux expositions précédentes, du moins d'une manière assez notable pour être citées, ont tenu à celle-ci cinq places.

Cette fabrication a pris, en effet, beaucoup plus d'extension et, par conséquent, plus d'importance depuis quelques années. On ne comptait guère, il y a moins de dix ans, que trois ou quatre fabriques de pipes en France, dont deux dans le département du Nord, et elles avaient bien de la peine à soutenir la concurrence avec celles de Hollande et de Belgique, malgré les droits d'entrée et les frais de transports; on en compte à présent huit à dix au moins. Cinq de ces fabriques ont exposé, mais trois seules, par les qualités de leurs produits et l'importance de leur fabrication, méritent d'être citées.

La première est celle qui est désignée sous les noms *Hasslauer* et *L. Fiolet, à Givet*; elle paraît être supérieure à toutes les autres par l'étendue de son commerce dans toutes les parties de la France où ses produits vont le disputer sur le lieu même où sont des fabriques de pipes, avec les produits de ces fabriques; ce qui établit la supériorité industrielle de cette manufacture et son importance. Le jury doit en faire une *mention honorable* et *citer favorablement* la manufacture de pipes de M. Courtois, à Forges-les-Eaux, celle de MM. Mérat et Tavenot, à Montereau, qui emploie cent dix ouvriers, et celle de M. Olivier (Désiré), à Landerneau, dans le Finistère; il paraîtrait même, au dire des fumeurs, que cette fabrique vient immédiatement après celle de Givet.

---

§ 2. FAÏENCES, GRÈS-CÉRAMES DIVERS ET PORCELAINE TENDRE.

Ce qu'on appelait généralement *faïence* était, il y a cinquante à soixante ans, une poterie parfaitement caractérisée par sa pâte colorée et lâche, et par son émail rendu opaque par de l'étain.

Cette poterie a été attaquée et presque expulsée, en Angleterre, par la terre de pipe, que Wedgwood a créée, et que lui et ses imitateurs ont parfaitement fabriquée pendant près de cinquante ans. C'est une poterie à pâte dure et à vernis transparent, que nous avons désignée par le nom de *faïence fine*; quand cette poterie a été mal faite, elle est devenue si mauvaise, qu'on a cherché à en faire une autre dont la pâte, par conséquent l'émail, fût essentiellement dur comme l'est nécessairement celui de la faïence à émail stannifère, et on a nommé, en Angleterre, cette nouvelle faïence *terre* ou *poterie de fer* (iron-stone).

On a fait à peu près la même chose en France, et le jury de 1834 a eu occasion d'en louer publiquement les auteurs, M. Lebœuf et M. de Saint-Cricq, en leur accordant à chacun une médaille d'or.

On a donné à cette poterie le nom un peu ambitieux, un peu contradictoire, de *porcelaine opaque*; car le caractère de la porcelaine est d'avoir de la transparence.

Maintenant il n'est presque plus question de la faïence fine tendre, nommée *terre de pipe*. La fabrication de la faïence commune, à pâte grossière, poreuse et tendre, à émail blanc et épais, diminue aussi très-notablement; on n'en fait plus depuis longtemps en Angleterre : les fabricants qui veulent la soutenir encore comme étant une poterie plus solide que la terre de pipe, et moins chère que la prétendue porcelaine opaque, cherchent à l'améliorer, et nous mettrons à la tête de ces intelligents fabricants M. Masson d'une part, et de l'autre M. d'Huart de Nothomb; mais, comme on va le voir, ils se présentent dans des positions bien différentes.

Nous diviserons donc les faïences en *faïence commune*, *faïence fine tendre* (ou terre de pipe), et *faïence fine dure* (iron-stone, porcelaine opaque).

Nous n'aurons pas à nous occuper des terres de pipe, très-peu des faïences communes; mais beaucoup des faïences fines dures et des grès fins, qui en sont comme une annexe.

Les premiers essais publics et bien constatés de la fabrication en France des faïences fines anglaises, à pâte sonore et dense et à couverte dure (dites *iron-stone* et *porcelaine opaque*), et même de la porcelaine tendre anglaise, nous paraissent dus à M. de Saint-Amans; les registres et collections de la manufacture de Sèvres, les bulletins de la Société d'encouragement reportent ces essais à 1824. En 1827, M. de Saint-Amans mit, à l'exposition des produits de l'industrie, des pièces d'essai assez nombreuses, qui firent beaucoup d'effet, et lui valurent une médaille de bronze. Au 1er janvier 1829 et au 1er janvier 1830, M. de Saint-Amans mit, aux expositions des manufactures royales, un grand nombre de pièces de cette sorte de faïence et de grès, qu'il avait fabriquées dans la manufacture de porcelaine de Sèvres, sous les yeux et presque avec le concours des chefs d'ateliers et du directeur de cet établissement. Or, dans ce temps, les établissements de Creil, de Montereau, de Choisy, de Toulouse, d'Arboras, de Bordeaux, ou n'existaient pas, ou n'avaient encore rien produit de semblable.

C'est un fait rappelé dans les rapports du jury de l'exposition de 1834.

On doit donc, au moins, présumer que c'est à tout ce qu'a dit et écrit M. de Saint-Amans, à tout ce qu'il a fait de bon ou de mauvais, à tout ce qu'il a déposé à Sèvres et montré aux expositions publiques, qu'on doit l'essor qu'a pris la fabrication de la faïence fine à couverte dure, c'est-à-dire de la porcelaine opaque, du grès-cérame, etc.

Nous bornons ici l'énoncé de notre opinion sur M. de Saint-Amans, nous n'avons pas à juger les produits auxquels il a pu concourir depuis 1834, puisqu'il n'est pas exposant; mais il est dans les attributions, dans les devoirs même du jury, de faire l'histoire des progrès de l'industrie qu'il est chargé d'apprécier : or le concours de M. de Saint-Amans au perfectionnement des poteries que nous allons examiner est un point important dans l'histoire de l'introduction de ce genre de fabrication en France.

Faïence commune.

MÉDAILLE D'ARGENT.

M. Masson, à Paris, rue de la Roquette, 39.

Nous venons de dire ce que nous entendons par ce nom : c'est l'ancienne faïence à couverte stannifère, faite, pour la première fois en Italie, à Nevers, et en Anjou par Bernard Palissy. Cette faïence paraissait peu susceptible de ces perfectionnements qui pouvaient la faire paraître avec quelque distinction aux expositions; et, en effet, à peine a-t-on pu, dans les expositions précédentes, lui donner quelques mentions honorables; mais entre les mains de M. Masson, faïencier à Paris et successeur d'Olivier, le faïencier qui s'était déjà distingué vers 1790, cet art s'est relevé. Non-seulement M. Masson a exposé des pièces en blanc faites avec beaucoup de pureté et de légèreté, et dont l'émail, également glacé, nous a paru dur et solide, mais encore des pièces en fond bleu, d'une vivacité et d'une égalité de tons, d'un glacé et d'une finesse de fabrication qui le disputent à la porcelaine. Il a présenté deux très-grands vases, faits presque d'un seul morceau, et couverts très-également de ce bel émail bleu, et nous avons trouvé les mêmes qualités dans ses immenses magasins. Nous avons vu chez M. Masson une grande fabrique montée de tous les engins propres à opérer avec célérité, certitude et économie sur la pâte; tels qu'une machine à vapeur, un gâchoir préparant, mêlant et tamisant la pâte; une fabrique enfin, faisant pour 250,000 fr. d'affaires, employant environ quatre-vingts ouvriers, consommant pour 40,000 fr. de matières premières; une fabrique où le maître prépare tout son émail et tout son bleu, qu'il tire directement du cobalt de Tunaberg, etc.; par conséquent, une fabrique digne en tout de l'attention du jury et de la médaille d'argent que le jury lui décerne.

MENTIONS HONORABLES.

M. Huart de Nothomb, à Longwy (Moselle).

Quoique la faïence commune puisse craindre d'être détruite par les faïences fines dures, dites demi-porcelaines, une autre faïencerie, à Longwy, dans le département de la Moselle, prend aussi un nouvel essor, sous la direction éclairée de M. d'Huart de Nothomb, qui a présenté à l'exposition des pièces qui annoncent les améliorations qu'il est en train d'apporter dans cette ancienne fabrique, en durcissant l'émail avec de l'acide borique, en cuisant dans un four à deux étages et à dix allandiers à chaque étage, de manière à réduire notablement les frais de cuisson.

Le jury accorde à cette fabrique une mention honorable.

Si les grandes améliorations que M. d'Huart de Nothomb est en train d'opérer étaient toutes effectuées, et si les pièces mises à l'exposition n'étaient pas plutôt des pièces d'essai que des échantillons d'une fabrication sanctionnée par l'expérience, M. d'Huart de Nothomb pourrait mériter une plus haute distinction ; mais il est en train de produire, il réussira, nous n'en doutons pas ; cependant il n'a encore rien *produit* comme le jury l'entend : on ne peut donc, quel que soit son mérite individuel, le placer, même par une médaille de bronze, très près de M. Masson, qui a fait beaucoup et bien.

MM. Barré et Boncoirant, à Nismes.

Le jury accorde également une mention honorable à MM. Barré et Boncoirant, fabricants de faïence commune et de terre de pipe à Nismes. Ces fabricants ont présenté, à l'exposition, des produits dont il n'est pas encore possible de faire l'éloge sous le rapport de leurs qualités durables ; mais ce que le jury connaît de cet établissement lui fait pressentir les services qu'il rendra au commerce de la poterie dans le midi de la France, par ceux qu'il a déjà rendus en repoussant du sol français pour près de 200,000 fr. de poteries génoises qui se répandaient sur le littoral des départements du Midi.

Faïence fine dure, grès-cérame et porcelaine tendre.

Nous réunissons ces trois sortes de fabrication sous le même titre, parce qu'elles sont presque toujours faites, tant en France qu'en Angleterre, dans le même établissement, et que c'est leur ensemble, plutôt qu'une seule d'entre elles, qui a fixé plus spécialement l'attention du jury.

Nous avons dit que la faïence fine tendre ou terre de pipe était presque abandonnée ; cependant M. Utzschneider a encore présenté des pièces de cette poterie, qui nous on paru avoir toutes les qualités qu'on peut lui demander.

Mais c'est sur la fabrication des *grès* et de la *faïence fine dure* ou *porcelaine opaque* que s'élèvent le plus de concurrents.

RAPPELS DE MÉDAILLES D'OR

M. Utzschneider, à Sarreguemines (Moselle).

M. Utzschneider, de Sarreguemines, est toujours à la tête de ces fabrications : aux genres divers de poteries qu'il avait déjà exposés, il ajoute à cette exposition des pièces en faïence fine *ordinaire* de toutes les variétés de couleurs et de décorations désirables ; des *faïences fines dures* aussi belles qu'aucune de celles qui ont été présentées par d'autres fabricants ; des *grès-cérames* de toutes les couleurs et notamment des pièces en grès brun foncé avec un émail blanc très-glacé dans l'inté ieur ; des impressions faites avec une perfection trop peu appréciée par les consommateurs ; enfin des grès opaques imitant le jaspe, le porphyre et les autres roches dures, dans lesquels il a incrusté avec habileté des ornements en pâte rougeâtre.

Nous connaissons l'établissement de M. Utzschneider ; nous savons avec quelle intelligence, quelle économie, quel ordre il est conduit, malgré la défaveur des localités ; nous connaissons ses moulins ; nous avons vu le parti qu'il a su tirer de ses moteurs pour polir ses grès durs et pouvoir les donner à un prix moins élevé que les premiers qu'il a exposés ; enfin M. Utzschneider vient d'employer la houille dans tous ses fours, ce qui est pour lui et pour le pays un très-grand avantage.

Depuis la première exposition en 1801, on a épuisé pour M. Utzschneider tous les genres de distinction qu'il est au pouvoir du jury de décerner ou de demander; car il a reçu, en 1819, la croix de la Légion d'honneur.

Nous pensons que le simple rappel de la médaille d'or, qui, certes, ne peut lui être disputé, est un faible témoignage de la haute opinion que la commission des poteries professe pour M. Utzschneider; mais fidèle à son esprit de réserve dans l'emploi des médailles d'or, cette haute distinction, un rappel, le plus honorable et le plus motivé, est la seule distinction qu'il soit en son pouvoir de lui décerner.

M. Louis Leboeuf, à Montereau.

La manufacture de Montereau, dont M. Louis Lebœuf est propriétaire, a mis un grand assortiment de grès-cérame et de faïence fine dure : la commission des poteries a remarqué des pièces offrant deux nouvelles pâtes de couleur : l'une bleuâtre, et l'autre verdâtre, faites avec soin et succès. La commission n'ayant vu, d'ailleurs, ni dans les pièces exposées, ni dans celles qui composent les magasins de Montereau, aucun caractère extérieur qui dénotât une fabrication inférieure à celle de 1834; pensant que les reproches que les consommateurs ont pu faire à quelques produits de la manufacture de Montereau, depuis la dernière exposition, peuvent être attribués à des accidents ou à des causes transitoires, a jugé que cet établissement était toujours digne de la médaille d'or qui lui a été décernée en 1834.

MÉDAILLES D'ARGENT.

MM. Decaen, à Arboras et à Grigny.

On a fait connaître, en 1834, en quoi la fabrication de faïence fine de MM. Decaen différait de celle qu'on faisait ordinairement, on a dit comment ils avaient été du nombre des premiers fabricants qui avaient durci leur vernis par l'introduction de l'acide borique, qui étaient parvenus à raffermir leur pâte par le procédé ingénieux du vide, à cuire au coke, etc. Ils présentent, cette année, de nouveaux et beaux échantillons de leur fabrication de faïence fine dure (iron-stone), élevée au titre de porcelaine opaque, des porcelaines tendres épaisses, à la façon de Tournay, enfin un des plus complets et des plus parfaits assortiments de porcelaine tendre anglaise ; ils ont imité, avec raison, la perfection de cette poterie, en légèreté, en tenuité, en délicatesse des formes et des ornements, en glacé de la couverte, etc. ; ils ont fait des fleurs en porcelaine, des corbeilles tressées, etc., mais ils ont imité aussi, et peut-être à tort, les Anglais dans l'imperfection de leurs formes grotesques.

Les kaolins, qui entrent dans la confection de ces faïences et porcelaines, viennent de carrières découvertes par MM. Caen, dans les environs d'Arboras.

La porcelaine tendre anglaise se fabrique à Grigny : la manufacture est en pleine activité ; elle occupe quatre-vingts ouvriers, et fait deux fournées par semaine. Les pièces envoyées à l'exposition sont le produit d'une première fournée, et se sentent un peu, disent MM. de Caen, d'une fabrication accélérée par l'exposition.

La franchise de cet aveu est presque nécessaire pour voir les imperfections indiquées : nous avons, au contraire, reconnu, dans la fabrication de MM. Decaen, la plupart des qualités qui caractérisent cette sorte de porcelaine; qualités qui appartiennent également à la porcelaine dure, mais que le désir de faire à bon marché a fait abandonner, parce qu'on a cru que cet abandon ne serait pas remarqué des consommateurs : ils l'ont remarqué pourtant, et tellement qu'ils vont maintenant rechercher ces qualités dans la porcelaine anglaise, et voilà qu'on est obligé, en France, où l'on avait une porcelaine nationale, d'aller dans les pays étrangers chercher une perfection qu'on ne trouve plus dans la porcelaine dure. On aura perdu cette suprématie de fabrication, et c'est en vain qu'on tâchera de la ressaisir, en imitant la porcelaine anglaise; les réputations de localité ne s'acquièrent pas facilement; mais elles ne se détruisent pas non plus aisément, et, malgré les efforts de MM. Decaen et des autres fabricants français qui veulent faire de la porcelaine tendre anglaise, il est douteux que la France, si elle perd sa supériorité dans la porcelaine dure, puisse la retrouver dans la fabrication de la porcelaine tendre anglaise.

La commission des poteries, vu la grande extension de l'industrie céramique de MM. Decaen, qui embrasse maintenant trois sortes de fabrications dans deux établissements, savoir : celle de la faïence fine dure et de la porcelaine tendre à la manière de Tournay, à Arboras, et celle de la porcelaine tendre anglaise, à Grigny; considérant aussi le service rendu à cette industrie par la cuisson complète de toutes ces poteries à la houille, par la découverte de kaolins talqueux aux environs d'Arboras, et pouvant regarder des établissements qui font deux fournées par semaine comme étant en pleine activité, a proposé d'accorder à MM. Decaen une médaille d'argent.

Le jury leur décerne cette distinction.

M. David Johnston, à Bordeaux.

Une nouvelle et grande fabrique de ces mêmes poteries vient de s'établir à Bordeaux par les efforts, par les soins et aux frais de M. Johnston, maire de cette ville : elle présente des *faïences fines dures*, fort belles et qui paraissent bonnes ; des grès variés, et de toutes les formes ; des porcelaines tendres anglaises déjà en assez grand nombre. Tous les ornements sont imprimés ; et généralement assez bien ; on a tenté un mode d'impression nouveau, au moyen de la lithographie, procédé qui permet plus de perfection dans les dessins, plus d'effets dans les compositions, et une notable économie. La manufacture de Bordeaux n'a exposé qu'une vingtaine de pièces imprimées par ce procédé ; mais elles sont grandes, et, malgré quelques imperfections, suite presque inévitable d'un nouveau genre d'opération, ce mode d'impression paraît promettre des succès.

La manufacture de Bordeaux n'est pas encore entrée dans la lice commerciale ; elle y entre : nous avons vu son dépôt à Paris, qui est grand et garni d'un nombre immense de pièces, nous avons examiné ces pièces avec soin et avec les connaissances que nous donne la pratique ; nous avons vu qu'elles étaient généralement bonnes, mais nous avons reconnu quelques défauts qui lui donnent encore un peu d'infériorité sur les fabriques qui ont déjà cinq ou sept ans d'expérience. Or elle est venue après elles; elle a paru lorsque la faïence fine dure et les grès étaient déjà introduits à l'aide de l'infatigable importateur, dont nous avons déjà parlé, et qui est venu encore ici, de l'aveu de M. Johnston, donner le premier mouvement à cette manufacture. L'expérience va prouver, nous n'en doutons pas d'après les essais que nous avons faits, que le vernis ou glaçure est assez dur, assez bien lié avec la pâte pour n'être altéré, ni par des rayures, ni par des tressaillures. Enfin le procédé de la lithographie, qui paraît propre à cette fabrication, n'a pas encore pour lui la sanction de l'expérience.

Malgré ces restrictions, le jury a pensé que, dans le but de protéger une importante manufacture, établie dans une position très-favorable au commerce, avec de grands efforts et de grands sacrifices de la part d'un haut fonctionnaire, qui voulait rendre un service à son pays, il était convenable de lui décerner, dès sa naissance, une médaille d'argent.

RAPPEL DE MÉDAILLE D'ARGENT ET NOUVELLE MÉDAILLE DE BRONZE.

MM. Fouque et Arnoux, à Saint-Gaudens (Haute-Garonne),

Dont l'établissement considérable est situé à Valentine près Saint-Gaudens, département de la Haute-Garonne, ont mis aux expositions précédentes des produits divers, qui leur ont constamment mérité les éloges et les distinctions du jury.

Ils ont obtenu, en 1834, une médaille d'argent pour l'ensemble d'une fabrication très-variée et généralement bonne. Ils se présentent, en 1839, d'abord avec les mêmes produits plutôt supérieurs qu'inférieurs à ceux qu'ils avaient exposés en 1834, ils sont donc, sous ce rapport, toujours dignes de la médaille d'argent qui leur a été accordée; mais ils ont présenté, cette année, quelques applications nouvelles de leur porcelaine et de leur procédé de décoration qui méritent une nouvelle attention.

L'une consiste dans l'emploi d'une pâte dure et imperméable, comme celle de la porcelaine, recouverte d'une *glaçure* feldspathique, pour faire des tuyaux de conduite pour le gaz et pour les eaux minérales; ces tuyaux sont assez solides, assez inaltérables, assez durs pour résister aux puissantes actions chimiques ou mécaniques auxquelles ils peuvent être exposés et pour conduire au loin les eaux minérales sans laisser craindre ni l'addition d'aucun élément ni la perte d'aucun de ces principes si fugaces, dans lesquels réside peut-être l'efficacité de ces eaux.

Cette fabrication n'est pas à sa naissance. Un rapport de l'Académie de Toulouse et une facture certifiée du maire de Baguères-de-Luchon font connaître l'emploi déjà fait, sur une assez grande échelle, de ces tuyaux fabriqués avec tout les soins nécessaires pour qu'ils puissent se joindre solidement.

La seconde nouveauté, présentée par MM. Fouque et Arnoux, est un procédé de décoration en couleurs, des faïences fines et des faïences communes au moyen de l'impression à plusieurs planches, non pas avec des planches de cuivre, mais avec des planches de bois, qui donnent des traits et des couleurs plus sentis et qui résistent, bien plus longtemps que les planches métalliques, au dur frottement des couleurs vitrifiables.

Ils ont présenté enfin quelques échantillons d'une poterie rougeâtre faite avec une argile plastique jaunâtre qui devient rouge par la cuisson et qui est vernie par une glaçure qui ne contient point de plomb; ils assurent que cette solide et saine poterie peut se donner au même prix que les poteries communes, si grossières et si altérables.

Parmi ces nouveautés, si les unes n'étaient que des applications variées de procédés déjà usités; si les autres (l'impression avec planches sur bois et la poterie rouge) avaient en leur faveur un développement commercial plus étendu et une plus complète sanction de la pratique, nous aurions proposé une nouvelle médaille d'argent pour ces fabricants; mais nous croyons qu'il suffit de leur rappeler avec distinction celle qu'ils ont déjà reçue et de leur décerner une médaille de bronze pour les trois nouvelles applications que nous venons de faire connaître, les tuyaux, l'impression avec planche de bois et la poterie commune sans plomb.

Le jury admet ces propositions.

MENTION HONORABLE.

M. Touchard, à Paris, rue de la Michodière, 12.

Nous rapportons à la division des grès-cérames, quoique la pâte n'en ait pas la dureté, les jolis vases et autres objets d'ornements en pâtes rouges avec des ornements noirs et de diverses couleurs, que M. Touchard a exposés.

Plusieurs fabriques et plusieurs amateurs se sont exercés à imiter les poteries rouges antiques tant grecques que romaines, telles sont la fabrique de Creil, celle de Sèvres; quelques établissements passagers, tels que ceux des frères Piranesi, de M. Pérès; quelques illustres amateurs, tels que M. de Parois, feu M. Artaud de Lyon, et enfin M. le duc de Luynes qui a porté l'imitation jusqu'à l'illusion complète.

Mais nous n'avons vu rien de plus parfait, sous le rapport céramique, que les pièces exposées par M. Touchard : la finesse de la pâte, son ton d'un rouge harmonieux et surtout le beau vernis noir si bien glacé, qu'on le prendrait pour un vernis à l'esprit-de-vin, méritent une mention honorable et mériterait peut-être une plus haute distinction si ces pièces sortaient d'une fabrique établie et livrant depuis quelque temps ses produits au commerce.

CITATION FAVORABLE.

La manufacture de faïence fine de Gien.

La manufacture de faïence fine de Gien, sous le nom de Guyon de Boullen, a envoyé quelques échantillons en faïence fine qui nous ont paru avoir un peu trop de ressemblance avec l'ancienne terre de pipe, quoique le rapport du jury départemental indique que cette fabrique emploie du kaolin de Bayonne dans la composition de sa pâte et que son vernis est durci. Le prix de ses assiettes, qui est de 2 fr. 40 c. la douzaine, semblerait indiquer ce perfectionnement. Le jury décerne, comme encouragement, une citation à cette manufacture, qui emploie un assez grand nombre d'ouvriers.

---

§ 6. PORCELAINE DURE, TANT BLANCHE QUE DÉCORÉE.

La fabrication de la porcelaine, dans son entier, se compose de deux parties très-distinctes : l'une est la fabrication de ce qu'on appelle *le blanc*, c'est-à-dire de la porcelaine blanche, sans aucune coloration ni décoration ; l'autre consiste dans la coloration ou la décoration de ce produit immédiat de la fabrication. Tantôt les deux parties s'exécutent dans le même établissement, tantôt elles sont faites dans deux établissements indépendants l'un de l'autre. Nous traiterons ou séparément, ou dans leur ensemble, ces deux opérations, suivant la marche des fabriques dont nous examinerons les produits.

La porcelaine blanche d'usage ordinaire, telle que les assiettes, les tasses et les plats, a diminué de prix d'environ 20 à 25 pour 100 depuis 1834. Si cette diminution était généralement due à quelques procédés techniques plus parfaits, plus expéditifs et plus économiques, il y aurait lieu de louer sans restriction cet abaissement de prix, parce qu'il serait le résultat d'un perfectionnement réel ; mais on ne l'a, en grande partie, obtenu que par des moyens qui ôtent à la porcelaine plusieurs des qualités qu'on avait regardées jusqu'à présent comme constituant la belle et bonne porcelaine, dont la porcelaine de Saxe nous offre le type. Or c'est en général par une pâte transparente et plus vitreuse, d'une composition plus économique, mais aussi moins résistante aux changements de température; c'est par une fabrication manuelle si rapide, que l'ouvrier ne peut apporter des soins suffisants pour conserver, aux pièces qu'il façonne, la pureté de contour, la ténuité et l'égalité d'épaisseur qu'on désire y trouver; c'est enfin par une couverte plus tendre et souvent ondulée ou *coque d'œuf*, qu'on est arrivé en partie à cette réduction de prix.

Cependant elle n'est pas uniquement due aux causes blâmables que nous venons d'indiquer. Il y a eu de véritables améliorations, tels sont des changements heureux dans les dimensions des fours, considérablement augmentés, et dans le mode d'encastage; dans quelques procédés de moulage; dans l'emploi de certains tours, mandrins et calibres. Ce sont des progrès véritables, qui méritent des éloges; mais n'oublions pas que nous parlons de 1834, et que la plupart de ces améliorations ou existaient déjà à cette époque, ou étaient à leur naissance. Cependant il a suffi qu'elles parussent dans une fabrique, qu'elles permissent à cette fabrique de baisser ses prix, pour que toutes les autres s'y trouvassent forcées; et c'est ainsi que cette réduction a dû s'étendre sur toutes, mais d'une manière bien différente : chez les unes, c'est en recourant aux moyens que nous avons signalés plus haut, et, chez presque toutes, c'est en forçant les ouvriers d'acquérir une célérité de façonnage qui pût équivaloir, mais avec beaucoup moins de profits et de perfection, aux moyens mécaniques introduits dans les grandes fabriques. En général, ces causes de progrès sont faibles et en petit nombre; peu de personnes s'en prévalent, et nous sommes obligés de dire que la fabrication de ce que l'on appelle le blanc ayant fait très-peu de progrès depuis 1834, le jury n'a pu accorder aucune distinction notable à cette première partie de la fabrication des porcelaines.

Néanmoins nous pourrons faire remarquer quelques établissements qui ont mis à l'exposition des pièces dont l'exécution hardie et heureuse indique et plus de talent et plus de soin.

RAPPELS DE MÉDAILLES DE BRONZE.

M. Édouard HONORÉ, à Paris, boulevard Poissonnière, 4.

M. Édouard Honoré a présenté une nouvelle preuve d'une fabrication en général plus soignée que celle de beaucoup d'autres manufactures; cela se remarque surtout dans ses plats ovales, qui indiquent une habileté et un succès de moulage très-difficile dans cette sorte de pièce.

La décoration de ses porcelaines a aussi paru et mieux entendue et d'une bonne réussite; et si la pâte, qu'il confectionne lui-même, ne nous avait pas montré quelques défauts qu'il saura corriger dans la suite (1), nous ne nous serions pas contentés de le déclarer toujours digne de la médaille de bronze qu'il a obtenue dans les expositions précédentes.

---

(1) Depuis la clôture de l'exposition, notre présomption s'est réalisée. M. Éd. Honoré a découvert la cause de ces taches et les a évitées.

M. Louault, à Villedieu (Indre).

Nous dirons à peu près la même chose sur la fabrique de Villedieu, qui fait sa pâte elle-même, aussi est-elle généralement meilleure, se prête-t-elle mieux au moulage net des ornements, offre-t-elle une couverte plus glacée que les pâtes vitreuses qu'on fabrique et qu'on vend à Limoges. Le mérite de cette fabrication est toujours le même, et nous déclarons qu'elle continue de mériter la médaille de bronze qui lui a été décernée à plusieurs reprises.

MÉDAILLES DE BRONZE.

M. Jacob-Petit, à Paris, rue de Bondy, 26.

La fabrication de M. Jacob-Petit, à Fontainebleau, a, dans le commerce, une assez grande vogue, fondée sur l'imagination inépuisable de ce fabricant pour faire les pièces de fantaisie les plus variées : il sort toujours du nouveau de ses fours. Nous dirons que quand l'imagination n'est maîtrisée par aucune réflexion sur ce qui est approprié à l'objet qu'on prétend faire, que lorsqu'on se permet les formes et les ajustements les plus grotesques, il est facile de produire tous les jours du nouveau. Il est malheureux que la mode encourage un tel dévergondage de formes et d'ajustements grotesques, et force pour ainsi dire le fabricant à s'écarter de ce qu'il considère lui-même comme meilleur. C'est donc une question de commerce, et c'est sous ce premier point de vue que le jury doit d'abord envisager la fabrication de M. Jacob-Petit; mais, s'il l'examine sous le rapport réellement industriel, on remarquera que M. Jacob-Petit sait choisir, employer et diriger des ouvriers habiles, qui font réussir la plus grande partie de ces pièces si compliquées. On remarquera aussi des corbeilles, non pas moulées, mais tissées en baguettes de porcelaine, qui se sont prêtées à ce tissage, comme le ferait l'osier; or ce travail de la porcelaine dure, qui imite si bien celui qu'on a déjà fait en porcelaine tendre, est nouveau pour nous, quoiqu'il ne le soit pas tout à fait pour la fabrication actuelle, puisque M. Margaine a présenté aussi des petites corbeilles faites par le même procédé.

Le jury accorde à M. Jacob-Petit, pour l'application de ce procédé et pour sa fabrication en général, une médaille de bronze.

MM. Michel et Vallin, à Limoges.

Ces messieurs nous ont montré, dans leur magasin, un assortiment de pièces variées et bien faites, qui ne sont pas inférieures à ce qu'ils ont exposé dans les galeries; leur couverte est généralement bien glacée. C'est un établissement d'une grande importance, qui emploie plus de 200 ouvriers, et qui fait pour près de 300,000 fr. d'affaires par an : ces considérations portent le jury à décerner une médaille de bronze à ces fabricants.

M. Dupuy, à Conflans, près Charenton.

M. Dupuy a une manufacture d'une assez grande importance, puisque dans les temps de grande activité il occupe un grand nombre d'ouvriers; il fait pour près de 400,000 fr. d'affaires.

Il achète sa pâte à Limoges; mais, comme il choisit bien ses ouvriers, sa fabrication est généralement bonne. Il s'est prêté à plusieurs essais de cuissons, qui avaient pour objet de cuire à la tourbe, de brûler la fumée, etc.; c'est pour le jury une note favorable; enfin, quoique la commission et le jury n'attachent pas une grande importance aux chefs-d'œuvre faits exprès pour l'exposition, cependant, quand ces pièces remarquables ne peuvent être que le résultat d'une intelligente fabrication; quand, par conséquent, elle montre qu'un fabricant sent l'importance de cette condition si nécessaire au succès de toutes les industries, ces pièces peuvent être admises comme la preuve de cette qualité : c'est ce que nous avons pensé en examinant de très-près la grande corbeille de mariage que M. Dupuy a exposée en blanc, par conséquent dépourvue du prestige et des ressources de la décoration.

Le jury accorde à M. Dupuy une médaille de bronze.

Madame veuve Langlois, à Bayeux.

La fabrique de porcelaine de Bayeux, dirigée maintenant par madame veuve Langlois, seule avec ses deux filles, a acquis depuis longtemps la juste réputation de faire une porcelaine qui est un peu moins blanche, mais moins vitreuse que les autres, et qui a, par cela même, la qualité de supporter, sans altération, l'action d'une forte chaleur, et sans fracture ni fêlure, les changements de température qui se présentent dans les usages domestiques. Madame Langlois, réfléchissant sur cette qualité encore plus précieuse pour les opérations de chimie, a fait depuis longues années, avec cette même pâte, des cornues, des tubes, des capsules; mais elle a beaucoup augmenté sa fabrication dans ce genre, et elle se présente, cette année, avec un assortiment très-complet de ces instruments.

Les capsules employées par les chimistes, et soumises

encore tout nouvellement à d'assez rudes épreuves, y ont parfaitement résisté : elles n'ont offert ni fêlure ni gerçure.

Le jury décerne à madame veuve Langlois une nouvelle médaille de bronze pour la nouvelle application qu'elle a donnée à sa pâte de porcelaine.

M. Barré-Ruffin, à Orchamps (Jura).

Un fabricant du Jura, qui paraît pour la première fois aux expositions, M. Barré-Ruffin, d'Orchamps, a mis une porcelaine qui n'a pas la blancheur des porcelaines de luxe, mais qui a la qualité incontestable, vérifiée par l'emploi qu'en ont fait depuis longtemps plusieurs personnes, et par celui que nous en avons fait nous-mêmes, de résister, sans se fêler, à toutes les opérations culinaires que l'on est dans le cas de pratiquer dans un ménage. Nous ne pourrions dire précisément à quoi tient cette qualité ; c'est, jusqu'à présent, la seule fabrique, ayant continué la fabrication, commencée par Fourmi, de la porcelaine commune nommée *hygiocérame*, qui ait offert constamment cette utile qualité. M. Barré-Ruffin a voulu aussi employer sa pâte à faire des instruments de chimie ; nous n'avons pu essayer que les capsules, et nous avons été étonnés de trouver ces pièces, sous le rapport de la résistance aux changements de température, de beaucoup inférieures à celles de Sèvres et de Bayeux.

Le jury croit devoir distinguer l'utile et économique fabrication de M. Barré-Ruffin par une médaille de bronze.

MENTIONS HONORABLES.

M. Tharaud, à Limoges.

L'établissement de M. Tharaud n'a pas la même importance que ceux de plusieurs de ses confrères de Limoges; mais il fait de la porcelaine au moins aussi bonne et aussi belle qu'eux, et il la vend aux prix courants du commerce. Cela ne suffirait pas pour mériter une distinction particulière de la part du jury, s'il n'avait tenté de faire, avec une pâte réfractaire composée de matières à porcelaine de second choix, des tuyaux de conduite pour le gaz, qui, enduits d'une couverte de feldspath et cuits à une haute température, sont imperméables et très-solides. M. Galy-Cazalat les a essayés sous une pression de dix-sept atmosphères, ils n'ont cédé qu'à celle de dix-huit: ce sont donc de bons tuyaux; mais on en a déjà fait ailleurs, dont la bonne qualité a été confirmée par l'expérience: tels sont ceux que M. Rodier a faits en 1838, ceux que MM. Fouque et Arnoux ont fabriqués et livrés en assez grande quantité; ceux que M. Reichenecker a faits en argile plastique, à Oltweiler, dans le Haut-Rhin, et qui ont supporté une pression de quarante atmosphères; enfin M. Tharaud ne présente encore ces tuyaux que comme pièces d'essai, qu'il compte perfectionner, et dont il ne peut même établir le prix.

Le jury pense donc qu'on ne peut encore accorder à M. Tharaud qu'une mention honorable, fondée sur la bonne réputation de sa fabrication de porcelaine, et sur l'emploi qu'il cherche à donner aux kaolins et feldspath de qualités inférieures du Limousin, en en faisant des tuyaux solides et imperméables.

M. Clauss, à Paris, rue Pierre-Levée, 8.

Nous dirons à peu près la même chose de la fabrication de M. Clauss; il fait de bonnes porcelaines, d'assez joli biscuit, des mortiers, des moufles à cuire la porcelaine; c'est un des plus anciens et des meilleurs fabricants parmi le petit nombre de ceux qui sont restés dans Paris.

Le jury lui accorde une mention honorable.

---

§ 7. FABRICATION ET APPLICATION DES COULEURS VITRIFIABLES POUR LA PORCELAINE, ETC.

Fonds de couleur sur porcelaine dits au grand feu.

Cette partie de la décoration, et de la décoration solide et brillante de la porcelaine, a fait de grands progrès depuis la dernière exposition : ces progrès s'appliquent, les uns à la variété des couleurs, les autres à la manière de les poser.

On entend par fonds de couleurs au grand feu les couleurs brillantes qui, cuites et identifiées avec la couverte ou vernis de la porcelaine, sont susceptibles d'être dorées aussi brillamment et aussi solidement que la porcelaine elle-même.

On n'avait que deux belles couleurs de fonds au grand feu : le bleu de cobalt et ses dérivés, et le vert de chrôme; on possède, maintenant, huit couleurs bien distinctes de ces fonds, plus toutes les nuances qu'elles peuvent donner par leurs mélanges et par les différentes épaisseurs sous lesquelles on les met; presque toutes ces nuances ont été rendues publiques pour la première fois, par la manufacture royale de Sèvres, à son exposition de mai 1838 : elles étaient dues, comme le livret d'exposition le constate, à MM. Bunel et P. Nouaillier ; les pièces qui les présentaient étaient en grand nombre et on a continué à les faire, autant qu'il en était demandé.

M. Discry les a produites plus en grand et en a ajouté quelques-unes.

M. Halot, dans le même temps, a aussi exécuté plusieurs couleurs au grand feu nouvelles et variées ; mais la diversité des couleurs exposées par M. Discry l'emporte sur celle de son concurrent.

Voilà pour les couleurs, venons aux procédés de posage.

Le procédé le plus ordinaire, celui qui, jusqu'à présent, a été suivi par toutes les manufactures européennes pour obtenir le bleu foncé, le bleu *dit* agate, le vert de chrôme et le brun écaille, consiste à étendre ces couleurs, à l'état d'oxyde ou pur ou mêlé de feldspath, sur la couverte de la porcelaine déjà cuite, et à la repasser au grand feu. Il fallait donc, pour parfondre ces couleurs, un second feu aussi fort, aussi dispendieux que celui qui avait été déjà employé pour la cuisson de la porcelaine.

MM. Discry et Halot placent ces couleurs sur la pièce avant qu'elle soit cuite ; ils la recouvrent de l'émail feldspathique et ils cuisent ainsi, par un seul feu, la porcelaine et la couleur, avec le vernis ou couverte.

C'est un beau et bon procédé qui donne, en général, des fonds très-glacés, très-solides, assez égaux, et qui épargne un feu ; mais ces deux fabricants arrivent au même résultat par des voies assez différentes ; les bornes d'un rapport ne nous permettent pas d'exposer les détails de cette manipulation et les divers résultats qu'on peut obtenir en les variant. Il nous suffira de dire que M. Discry plonge la pièce de porcelaine, qu'on appelle *un dégourdi*, dans un émail de feldspath, coloré par un oxyde métallique, dont la coloration est susceptible de résister à une haute température, et que M. Halot, appliquant au pinceau la couleur métallique sur sa porcelaine dégourdie, qu'il a rendue susceptible de la recevoir, la plonge ensuite dans l'émail ou couverte, qui, en se fondant, lui donne la fixité et l'éclat.

Il y aurait des pages à écrire pour discuter la supériorité d'un procédé sur l'autre : ils sont assez différents, c'est tout ce qu'il nous suffit d'admettre; M. Discry a employé le sien plus en grand et d'une manière plus variée ; il a même combiné quelquefois, et quand cela lui a paru nécessaire, les deux procédés; la question de priorité de fonds au grand feu sous couverte, entre M. Discry et M. Halot, ne nous semble donc pas nécessaire à poser, puisque les procédés sont différents.

Maintenant il est de notre devoir de faire l'histoire de ce procédé et de montrer que ni ces couleurs sous couvertes, ni le procédé de l'immersion ou de la pose au pinceau, ne sont entièrement nouveaux; qu'ils avaient été mis en pratique longtemps avant ces messieurs, tant hors de France qu'en France, mais avec peu d'extension; de faire voir en même temps que, malgré ces premiers pas, ces fabricants, et surtout M. Discry, ont tout le mérite de la variété de couleurs, des nuances, des *réserves* et de l'extension commerciale que ce procédé a acquis.

Le procédé de posage sous couverte, employé par M. Halot, n'est que l'application de la décoration en bleu de cobalt des Chinois, des Saxons et de presque toutes les manufactures allemandes, des ornements en vert de chrôme sous couverte de la manufacture de Meissen en Saxe, de celle de M. Nathusius, près Magdebourg; etc. Ce sont des oxydes posés à l'huile sur le dégourdi et plongés dans la couverte après qu'on a expulsé la matière grasse par le feu.

Cette méthode a été étendue à ces mêmes couleurs et à quelques autres mises en fond par M. Paul Nouaillier, poseur de fonds de la manufacture royale de Sèvres, et elle a été vendue par lui à M. Halot, comme le constatent les pièces mises par le premier, en 1836 et 1838, dans le musée céramique de Sèvres et l'acte passé entre lui et M. Halot le 12 août 1837, acte que nous avons sous les yeux et que M. Halot ne conteste pas; non-seulement ce dernier l'a mise commercialement en pratique, mais il a ajouté des nuances et des perfectionnements qui ont fait fructifier entre ses mains son acquisition.

Le procédé de l'immersion est encore plus connu et a été plus directement employé à la pose des fonds au grand feu, tant sur la porcelaine dure que sur la porcelaine tendre. Les bleus, les verts de la porcelaine tendre anglaise sont posés par ce procédé; mais ne quittons ni la France ni la porcelaine dure.

En 1830, M. Alluaud, de Limoges, fit avec la diorite (roche amphibolique) de très-beaux fonds bruns mis par immersion : il en a déposé une pièce dans le musée de Sèvres.

En 1831, M. Ed. Honoré a placé aussi, dans le musée de Sèvres, comme échantillons, trois pièces de porcelaine, deux petits vases et une tasse, l'une en beau fond brun, les autres en fond vert de chrôme posés par immersion ; il avait pris un brevet en 1823 pour s'assurer la possession de ce procédé : il ne lui a donné ni la suite ni l'extension dont il paraissait susceptible, et nous n'avons vu, dans ses magasins, que quelques pièces en vert, en bleu et en bleu pâle, mises en fonds au grand feu par ce procédé.

M. Clauss fait voir des pièces dont le beau fond vert a été posé par le procédé de l'immersion mis en pratique d'après son dire, appuyé de ses livres, en août 1836.

Enfin le même musée de Sèvres possède et montre des pièces en brun de chrôme, en vert de chrôme et en bleu de cobalt, mises en fonds PAR IMMERSION en 1831 par M. Bunel, fonds qui ont été faits avec plus d'extension et de variété en 1838, et qui ont paru en grand nombre à l'exposition des manufactures royales du 1er mai de cette année, comme le constate, par une énumération et une description detaillée, le livret imprimé et publié alors.

Mais il y a dans le procédé de pose de ces fonds une particularité qui est encore plus remarquable et d'une application plus nouvelle.

C'est l'emploi qu'on a fait d'un corps gras, soit pour appliquer la couleur sur le dégourdi avec une certaine égalité, soit pour empêcher, dans l'immersion, la couverte colorée de s'attacher sur certaine partie de la pièce et pour fournir ce qu'on appelle *des réserves* destinées à recevoir ou une autre couleur ou des peintures diverses. MM. Discry et Halot ont exposé un très-grand nombre de pièces offrant toutes les varietés imaginables de ces réserves.

Le corps gras qu'on emploie depuis longtemps, et partout, pour empêcher la couverte de se placer sur les parties de sculpture et d'ornements qu'on veut conserver en biscuit, est de l'huile; mais les contours de ces réserves ne sont pas nettement limités, tandis que le corps et le procédé employés par les exposants donnent des cartels et des dessins aussi limités que la couleur le permet.

Nous ne voulons pas ôter, par toutes ces citations, ni à M. Halot ni à M. Discry surtout, le mérite de l'application plus variée, plus perfectionnée, plus étendue de ces procédés; mais nous avons dû, sous peine d'être taxés de partialité ou d'ignorance, présenter cette histoire des fonds au grand feu et citer les personnes qui avaient concouru plus ou moins efficacement à leurs progrès.

Revenons maintenant aux deux exposants qui ont droit à des distinctions pour les progrès qu'ils ont fait faire à cette partie des arts céramiques.

MÉDAILLE D'OR.

M. Discry-Talmours, à Paris, rue de Popincourt.

M. Discry s'étant emparé, par un travail assidu et avec une grande intelligence, des trois parties de l'opération des fonds au grand feu : la composition de ces fonds, la pose par immersion et la formation des réserves; ayant montré, par une pratique en grand, avec quelle rapidité il pouvait colorier ainsi richement, solidement et économiquement des porcelaines qu'on n'ornait autrement qu'avec lenteur et dépense; nous ayant fait voir, tant à l'exposition que dans ses magasins, qu'il pratiquait ce procédé très en grand et avec un succès presque constant (1); ayant montré par là la différence énorme qui existait entre la certi-

---

(1) Nous pourrions dire *constant*, car plusieurs d'entre nous, et le rapporteur particulièrement, ont assisté à des défournements dans la manufacture de M. Discry, et ont *été* frappés du petit nombre de pièces défectueuses, plutôt encore par accident que par l'effet du procédé, qui se présentaient en comparaison du grand nombre de pièces qui avaient toutes les qualités qu'on pouvait désirer.

tude d'exécution de ses procédés et ce qu'avaient produit avant lui quelques personnes qui n'avaient pour ainsi dire qu'essayé ce procédé :

Le jury, sur ces considérations, décerne une médaille d'or à M. Discry-Talmours.

MÉDAILLE DE BRONZE.

M. Halot, à Montreuil-sous-Bois (Seine).

M. Halot a présenté aussi des fonds au grand feu, variés et brillants, accompagnés de *réserves* et cuits à un seul feu; mais ses résultats sont moins étendus, son procédé est nécessairement et plus lent et moins nouveau.

Le jury croit devoir néanmoins en reconnaître le mérite en lui accordant une médaille de bronze.

Fonds et couleurs de moufles.

Après les tons éclatants, solides et durables que donnent les couleurs de fonds au grand feu viennent les couleurs dites de moufles, qui ne peuvent cuire à une bien haute température ni par conséquent être aussi éclatantes, aussi dures que les précédentes; elles ne peuvent, en général, recevoir aucune dorure susceptible d'acquérir un beau poli sous le brunissoir; mais elles sont très-variées, et il faut qu'elles le soient pour fournir au peintre tous les tons dont il a besoin; il faut qu'elles puissent se mêler, sans s'altérer, pour donner toutes les nuances fines, appréciables seulement par l'artiste qui peint, ou par celui qui juge le mérite d'un tableau.

Ce sont donc, dans cette partie de l'art, de nouvelles exigences, et de nouvelles difficultés à vaincre pour y satisfaire; nous sommes obligés de réunir, dans cette catégorie, l'application des couleurs avec leur fabrication.

RAPPELS DE MÉDAILLES D'ARGENT.

M. Dubois-Mortelèque, à Paris, rue du Faubourg-Saint-Martin, 158.

Nous rappellerons d'abord M. *Dubois-Mortelèque*, qui, ayant pris l'établissement de M. Mortelèque, son beau-père, mérite de recueillir tous les éloges qui ont été donnés si souvent à cet habile compositeur de couleurs pour les diverses porcelaines et pour le verre. Le jury lui rappelle la médaille d'argent qui lui a été donnée en 1834.

MM. Hachette et Hittorf, à Paris, rue Saint-Martin, 115.

M. Mortelèque a fourni à MM. Hachette et Hittorf les couleurs vitrifiables, qu'ils ont employées pour peindre sur lave, mais c'est sous leur nom qu'ont été exposés, tant en 1834 qu'en 1839, les objets en lave de Volvic que nous avons vus à ces deux expositions; nous avons dit, dans le temps, et nous redirons aujourd'hui, ce que nous pensons de ce genre de peinture, si propre à toutes les décorations, à tous les tableaux, originaux ou copiés, qui doivent être placés dans des lieux humides, ou rester exposés à toutes les intempéries atmosphériques; ils auront très-probablement l'inaltérabilité de la mosaïque faite en petits cubes d'émail, mais ils seront plus solides et surtout infiniment meilleur marché que ce mode de peinture si long et si dispendieux. On peut, avec ce moyen, revêtir d'une peinture inaltérable les plus grandes surfaces et cacher, mieux qu'en mosaïque, les lignes de réunion. Il est étonnant que ce procédé et son emploi soient restés comme stationnaires; le jury ne peut donc que rappeler à MM. Hachette et Hittorf la médaille d'argent qui leur a été décernée en 1834.

Nous arrivons maintenant à un des progrès notables, à une de ces nouveautés qui se présentent rarement dans la composition et l'application des couleurs vitrifiables.

Nous rappellerons ce que nous avons dit au commencement de cet article, sur les inconvénients des couleurs de moufle employées en fond.

MÉDAILLES D'ARGENT.

M. Rousseau, à Paris, rue Ménilmontant, 108.

M. Rousseau a exposé une suite nombreuse de ces fonds de couleurs, variés et brillants, et sur lesquels il a pu appliquer des ornements en dorure, larges, très-solides et parfaitement brunis, ce qui prouve leur solidité.

Ces fonds portent le nom de *fonds demi-grand feu*, parce qu'il faut employer, pour les cuire, une température supérieure à celle qui est nécessaire pour cuire les fonds de moufles ordinaires.

La puissante couleur de ces fonds résultant de l'épaisseur sous laquelle on peut les mettre, leur variété et le brillant des dorures qui les enrichissent ont frappé les praticiens comme les gens du monde. Ils ne sont pas cependant absolument nouveaux, car y a-t il maintenant; en industrie, quelque procédé dont on n'ait déjà eu l'idée? Les Chinois en possèdent plusieurs, quelques décorateurs sur porcelaine en ont approché; enfin M. Rousseau ne les fait pas réellement, il les obtient par un mélange approprié de couleurs que lui fournissent MM. Colville, Desfossés et compagnie et par le degré de cuissòn qui leur convient; néanmoins, leur application en grand, leur parfaite et presque constante réussite, leur introduction dans le commerce de la porcelaine lui appartiennent et le rendent digne de la médaille d'argent que le jury lui décerne.

Viennent ensuite des fabricants de couleurs vitrifiables, recommandables, en général, par la qualité de leurs produits, et en particulier par certaines couleurs.

M. Colville, à Paris, rue des Vinaigriers, 24.

On ne peut guère juger le mérite des couleurs à la moufle en les voyant, même lorsqu'elles ont réussi, mises en palette sur une seule plaque. Cependant ce mode d'échantillonnage est préférable à tout autre, car il apprend si les couleurs cuisent également à une même température, première condition à remplir; viennent ensuite les tons et la solidité des mélanges : M. Colville ne les a fait connaître qu'en les faisant employer dans les différents tableaux qu'il a présentés comme échantillons de l'emploi de ses couleurs; enfin résistent-elles à plusieurs feux sans s'écailler, les essais que nous avons faits de ses couleurs sur la porcelaine de Sèvres, plus dure que celle de Limoges, et surtout la bonne réputation de M. Colville, nous ont appris qu'elles possédaient cette importante qualité.

Nous croyons que ce fabricant habile, qui a présenté, en outre, un bleu Thenard que la section de chimie a déclaré parfait, qui n'a eu, en 1834, qu'une mention honorable, est digne, à cette exposition, de la médaille d'argent que le jury lui décerne.

MENTION HONORABLE.

MM. Desfossés frères, à Paris, rue de Bondy, 72.

MM. Desfossés, fils d'un chimiste qui a dirigé pendant quelque temps, à Sèvres, la fabrication et la cuisson des couleurs vitrifiables, se présentent pour la première fois à l'exposition; ils ne nous ont montré que des échantillons isolés, et des pièces faites avec leurs couleurs, tant de fonds demi-grand-feu que de peinture.

Nous avons remarqué, parmi ces fonds, un vert de chrôme et un bleu turquoise de moufle très-beaux, et que les décorateurs en porcelaines estiment beaucoup; aussi fournissent-ils, d'après leur déclaration, pour 12,000 fr. de couleurs par an à la plupart des décorateurs de porcelaine et même de faïence.

Le jury accorde une mention honorable à MM. Desfossés frères.

Décoration sur porcelaine.

Nous avons peu de choses à signaler dans la partie industrielle de la décoration sur porcelaine. Quant à ce qui concerne le mérite et le goût de l'exécution, le premier appartient entièrement à l'habileté de l'artiste qui a exécuté les pièces, et au prix qu'a bien voulu y mettre celui qui l'a commandé ; pour le goût, il est si variable, si indéfinissable, que c'est à la section des beaux-arts à dire ce qu'elle pense de ces décorations grotesques qui couvrent la plupart des porcelaines de l'exposition. Les décorateurs les font ainsi, parce qu'on les leur demande, et qu'ils n'ont aucun pouvoir pour diriger le goût du public, lors même qu'ils le croient mauvais.

RAPPELS DE MENTIONS HONORABLES.

M. Chapelle, à Paris, rue du Faubourg-Saint-Denis, 19.

Le jury rappelle à M. Chapelle la mention honorable qui lui fut accordée, en 1834, pour l'ensemble et la bonne réussite de ses décorations sur porcelaine et de ses dorures sur cristal.

Ce décorateur, qui a chez lui de vastes ateliers, et qui fait un commerce très-considérable, a senti la nécessité de broyer ses couleurs autrement que sur la glace ; il a donc établi un moulin à broyer, qui apporte économie et célérité dans ses actifs travaux.

M. Julienne-Moureau, à Paris, rue du Bac, 50.

Le jury rappelle à M. Julienne-Moureau la mention honorable qui lui fut accordée, en 1834, pour une nouvelle idée d'application des couleurs rouge, noire et blanche et des dessins de vases grecs, à la porcelaine. Il présente, cette fois, des cristaux ornés en platine, métal plus difficile à appliquer sur la porcelaine et sur le cristal, mais qui n'a pas, comme l'argent, l'inconvénient de noircir à l'air.

MENTIONS HONORABLES.

M. Vion, à Paris, rue de Bondy, 10.

Le jury accorde une mention honorable à M. Vion, d'abord pour l'application de ce même métal (le platine) en fonds sur porcelaine, ensuite pour ses fonds d'or demi-mat. Ce ne sont pas des choses absolument neuves, mais l'une et l'autre sont difficiles à obtenir avec l'égalité qu'on remarque surtout dans le demi-mat des fonds d'or de M. Vion; ensuite pour le mérite de ses décorations en imitation des couleurs épaisses, brillantes et solides des porcelaines chinoises.

Il s'est offert à cette exposition un assez nouveau mode de décoration de porcelaine et faïence que les auteurs appellent *émail ombré*, et qui consiste à placer, par immersion, un fond de couleur de moufle brillant et transparent, sur des plaques de biscuit de faïence fine qui a reçu, en creux, l'empreinte d'un relief, d'une médaille ou d'un bas-relief. Le plus ou moins d'épaisseur de la couleur, déterminée par la profondeur des cavités, forme les ombres; les parties les plus saillantes forment les lumières, et produisent par renvoi l'effet que la lithophanie produit par transmission.

Les pièces faites par ce procédé sont exposées sous le nom de M. Dutremblay; elles sont très-variées de couleurs, d'effet, et quelques-unes même sont faites à deux couleurs.

L'application de ce procédé doit être fait avec choix, il n'est pas propre à tout; le paysage, les sujets de figures ne semblent pas lui convenir, mais il paraît propre aux ornements riches et larges, et à faire des faïences de poêle et de cheminée, des placages d'appartement, etc.

Ce procédé n'est pas encore répandu dans le commerce. Les auteurs ont mis à l'exposition les premières pièces qu'ils ont faites, il faut attendre son exploitation en grand, la sanction que lui donnera le public consommateur, les divers emplois que ses prix permettront d'en faire, pour lui assigner une plus haute distinction que la mention honorable que le jury lui accorde pour ses premiers produits.

APPENDICE.

Chefs d'ateliers, contre-maîtres, ouvriers.

NON-EXPOSANT.

La commission des poteries et verreries n'a eu qu'une proposition à faire dans cette catégorie; elle concerne M. Régnier.

MÉDAILLE D'ARGENT.

M. Régnier, chef des ateliers des pâtes, façons et fours à la manufacture royale de porcelaine de Sèvres,

A donné de grands perfectionnements et une grande extension au procédé de fabrication, par coulage, de certaines pièces de porcelaine, procédé déjà mis en pratique, tant à Tournay, pour la porcelaine tendre, qu'à la manufacture de M. Loquerai, à Paris, il y a environ 30 ans, pour la porcelaine dure :

1° En fabriquant, par ce procédé, différents instruments de chimie, tels que des cornues, et surtout des tubes qui, par ce moyen, sont exempts de collages et de coutures, et acquièrent une légèreté et une égalité d'épaisseur très-favorables à leur emploi : leur prix a pu être, en outre, réduit d'environ 5/6 ;

2° En coulant des plaques de porcelaine d'un peu plus de 13 décimètres de côté, parfaitement égales d'épaisseur, parfaitement planes et lisses, et sur lesquelles on peut faire et on a fait, avec toute la perfection désirable, des tableaux ou copies de tableaux d'une très-grande dimension.

M. Régnier a nouvellement introduit à la manufacture de Sèvres, pour des pièces creuses qui peuvent s'emboîter, un procédé *d'encastage* qui permet d'en mettre presque le double dans le même espace, qui diminue la chance des grains tombant sur les pièces d'environ 25 pour 100, et qui donne, tout compensé et calculé au plus bas, au moins 36 pour 100 de bénéfice sur la cuisson des pièces.

Ce procédé a été publié par l'administration de la manufacture de Sèvres, décrit et figuré dans le n° 422, année 1839 du *Bulletin* de la Société d'encouragement, p. 308.

Le jury décerne à M. Régnier une médaille d'argent pour l'ensemble de ses travaux.

SECTION II.

M. Dumas, rapporteur.

VERRERIE.

Considérations générales.

Parmi les produits de l'industrie nationale, quelques-uns de ceux que nos verreries ont envoyés à l'exposition ont fixé l'attention publique d'une manière tout à fait particulière. C'est que l'art du verrier, déjà si perfectionné en France, s'est enrichi, depuis peu, de procédés nouveaux pour nous, qui se sont mis en évidence en exposant des produits dont l'éclat et l'élégance, sous le rapport de la couleur et sous celui de la forme, se sont concilié tous les suffrages.

Jusqu'ici la Bohême avait le privilége de fournir au commerce un verre d'une fusion difficile, propre à recevoir des décors colorés ou métalliques, et propre également aux travaux du chimiste. C'est elle qui produisait aussi ces objets de gobelèterie colorée dont les couleurs vives, éclatantes et riches autant que variées, faisaient l'admiration des amateurs. L'exposition vient de prouver que la Bohême n'avait plus rien à nous apprendre, et que nous étions en mesure de lutter avec elle sous ces deux rapports.

Il faut le reconnaître, ce double résultat est dû, en grande partie, aux efforts éclairés de la Société d'encouragement, qui, en proposant d'un seul coup plusieurs prix importants relatifs à l'art du verrier, a imprimé à cette belle industrie une commotion soudaine et durable.

Non-seulement c'est à la Société d'encouragement que la France doit la fabrication de la gobeléterie colorée ou décorée que chacun a pu admirer à l'exposition; mais c'est encore à ses efforts que sont dus les résultats obtenus dans la fabrication des vitres de couleurs, et en particulier des vitres pourpres. C'est par elle aussi que nous avons obtenu les verres peu fusibles qu'on livre aujourd'hui au commerce et dont les chimistes tirent si bon parti.

Ce ne sont pas les seuls services que cette association patriotique et éclairée ait rendus à l'art du verrier. Des prix importants qu'elle a proposés, et qui ne sont pas encore décernés, sont venus réveiller les efforts dirigés vers la découverte et le perfectionnement des verres destinés à l'optique.

On sait combien est difficile la préparation de ces verres, qui doivent être parfaitement purs, exempts de stries, de fils, de bulles; dont la densité doit être tout à fait uniforme; et qui, néanmoins, ont besoin d'être obtenus en masses volumineuses et épaisses.

D'heureux résultats sont venus prouver que le secret de la fabrication des verres destinés à l'optique, bien loin d'être perdu, comme on avait pu le craindre, s'était perpétué, au contraire, entre les mains de quelques personnes parmi lesquelles il s'en trouve de très-capables d'en tirer parti dans l'intérêt de la science et de l'industrie. L'exposition prouve que tous les besoins de l'optique peuvent être satisfaits sous le double rapport de la grandeur des pièces et du bas prix des verres de fabrication courante.

La fabrication des glaces a fait des progrès qui, pour être plus cachés, n'en sont pas moins réels. Sous le rapport de la pureté et de la finesse, le verre qu'elle emploie ne laissait rien à désirer, mais on pouvait demander à cette industrie quelques efforts pour remplacer, par des moyens mécaniques plus efficaces, ceux qu'elle a mis en usage dès son origine. Ces efforts ont été accomplis avec un entier succès.

Toutes les branches de l'art du verrier se sont, d'ailleurs, perfectionnées depuis cinq ans, soit en ce que le prix des objets livrés au consommateur s'est abaissé, soit en ce que leur nature elle-même a éprouvé des améliorations. C'est ainsi que les cristalleries, qui ne peuvent guère obtenir une perfection plus grande de la matière, se sont attachées à produire à meilleur marché. C'est ainsi que le verre à bouteille, tout en conservant ses prix et sa matière, a cherché dans ses moyens de fabrication la solution d'un problème important, l'art de faire des bouteilles propres à résister aux fortes pressions que leur font subir le vin de Champagne et l'eau de Seltz.

L'exposition a montré d'une manière incontestable que l'art de la peinture sur verre avait repris faveur, et que, dès à présent, il était pratiqué sur plusieurs points du royaume avec succès. C'est un résultat désormais parfaitement acquis à l'industrie; il prouve qu'il faut bien peu de temps pour que les questions industrielles les plus difficiles à traiter passent du domaine de la spéculation théorique dans celui de la pratique des ateliers commerciaux.

On se rappelle, en effet, qu'il y a quelques années à peine que la manufacture de Sèvres a fait ses premiers essais de peinture sur verre.

L'art du verrier marche donc dans toutes les directions vers le beau et le bon. Il améliore sa matière par une application judicieuse des règles de la chimie; il perfectionne ses moyens de travail par l'adoption de machines puissantes, ou par l'invention de procédés et de tours de main ingénieux. Enfin il abaisse tous les jours ses prix et étend ainsi le cercle de la consommation au delà de toute espérance.

Certes, s'il est un spectacle propre à montrer combien il y a de puissance dans l'époque actuelle en matière d'industrie, c'est bien celui que nous présente l'art du verrier, considéré dans ses diverses branches ; car cet art, vieux comme la civilisation elle-même et de qui l'on pouvait à peine exiger quelques détails nouveaux, a fait, en quelques années, des progrès importants, qui, à toute autre époque, eussent voulu des siècles pour se réaliser.

Une de ses branches laisse à résoudre toutefois un problème qui mérite d'être indiqué, c'est la fabrication du verre à vitre. On parviendra, sans nul doute, à réunir le brillant des vitres anglaises étendues en l'air par l'effet de la force centrifuge, à la grande dimension des vitres françaises étendues au rabot sur la sole d'un four. Il faudrait étendre les manchons de nos verreries à vitre sans toucher aux surfaces du verre et en respectant leur poli ; c'est-à-dire qu'il faudrait étendre les manchons en l'air, comme on le pratique pour les vitres à l'anglaise. Indiquer ici ce problème, c'est en assurer la solution pour la prochaine exposition.

RAPPELS DE MÉDAILLES D'OR.

M. Godard, à Baccarat (Meurthe).

La belle cristallerie de Baccarat a exposé, cette année, des cristaux blancs, des cristaux colorés dans la masse ou à deux couches, des cristaux décorés par la dorure.

Le cristal blanc de Baccarat mérite d'être regardé comme le type du beau cristal blanc. La taille, les moulures qu'il reçoit dans cette usine sont d'une perfection achevée.

Les cristaux de couleur constituent, à Baccarat, une fabrication nouvelle et décèlent cependant une main exercée ; les teintes en sont si pures, qu'elles peuvent rivaliser avec les produits les plus beaux de ce genre. La verrerie de Baccarat expose des pièces d'une couleur orange obtenue par l'or, couleur qui est nouvelle et que l'on doit regarder comme une acquisition heureuse.

La dorure des cristaux de Baccarat est parfaitement belle.

Il est évident, d'après ces détails, que l'usine de Baccarat, sous la haute surveillance de MM. Godard père et fils, a fait de grands efforts et obtenu d'heureux résultats en ce qui concerne la partie purement chimique de ses travaux.

Mais il ne l'est pas moins quand on examine ses magnifiques ateliers que l'usine de Baccarat est soumise à la direction d'un ingénieur habile, M. Toussaint, ancien élève de l'école polytechnique. C'est à lui qu'on doit, entre autres créations, celle d'un four à dessécher les billettes, d'une conception simple et savante et d'une exécution sanctionnée déjà par une longue expérience. M. Toussaint s'est placé d'ailleurs depuis longtemps au rang des plus habiles verriers de la France.

Le jury central déclare que la cristallerie de Baccarat se montre de plus en plus digne de la médaille d'or qui lui fut décernée en 1823 et confirmée en 1827 et 1834.

Compagnie des verreries Saint-Louis, canton de Bitche (Moselle).

Administrée par M. Seiler et dirigée par M. Lorin, cette belle et vaste verrerie continue à se placer au rang des plus habiles en ce qui concerne la fabrication du cristal.

Le cristal blanc et le cristal coloré, qu'elle a soumis à l'attention du jury, lui ont paru d'une rare perfection. Les cristaux taillés et les pièces moulées de cette manufacture importante ne laissent rien à désirer, et le jury a vu avec intérêt les essais de moulure à larges tailles qui figuraient dans l'exposition de Saint-Louis.

Il a remarqué en particulier une belle table en verre à deux couches, d'une dimension considérable et d'une pureté d'exécution parfaite.

Le jury déclare que la verrerie de Saint-Louis est toujours très-digne de la médaille d'or qui lui a été décernée en 1834.

NOUVELLES MÉDAILLES D'OR.

Manufactures de Saint-Quirin, Cirey et Monthermé.

La compagnie qui exploite ces trois grands établissements livre aujourd'hui au commerce des glaces coulées, des vitres et des glaces soufflées, façon de Nuremberg.

Déjà hautement distinguée par le jury de 1834 pour la fabrication des glaces coulées, cette compagnie obtint alors la médaille d'or.

Elle se présente aujourd'hui avec une amélioration remarquable. Lorsque les glaces sont coulées, on leur fait subir une première opération mécanique, qui a pour objet d'en dresser les deux surfaces et de les ramener à une épaisseur convenable; ensuite on les polit pour les livrer à la consommation. Pour dresser les deux surfaces de la glace avec régularité, précision et économie, il fallait une machine spéciale.

Dans la fabrication des glaces, les deux opérations les plus importantes sont la fusion et le travail par lequel on dégrossit les glaces brutes. Ce sont là les opérations coûteuses et essentielles : la fusion, par sa durée, le combustible qu'elle consomme et les qualités qu'elle donne ou qu'elle ôte au verre ; le dégrossi, par la quantité de travail qu'il exige et par les qualités ou les défauts que les glaces en reçoivent, selon que leurs deux surfaces en sortent plus ou moins exactement planes et parallèles.

La compagnie de Saint-Quirin et Cirey, non contente d'avoir obtenu un verre à glace très-blanc et bien affiné, a voulu porter dans le dégrossissage des glaces toute la perfection qu'on pouvait désirer.

Elle y est parvenue à force d'essais. Les pièces d'une machine spéciale ont été construites dans les ateliers de la compagnie et sur ses propres plans. Ces pièces assemblées et montées à Cirey ont fourni une machine puissante, capable de dégrossir toutes les glaces que cet établissement produit et bien davantage. Les dispositions de la machine avaient été si bien calculées, que dès le premier jour elle a fonctionné de la manière la plus satisfaisante. On remarquera que cette machine est à la fois d'invention et d'exécution françaises, tandis que jusqu'ici on ne possédait en ce genre que des machines d'invention et d'exécution anglaises. Elle dégrossit et doucit les glaces, et elle exécute ce travail avec une régularité si parfaite, qu'une glace de la plus grande dimension pourrait y être amenée à l'épaisseur d'une feuille de papier, sans que les deux surfaces eussent cessé d'être exactement planes et parallèles.

La compagnie de Saint-Quirin s'est acquis, sans doute, par là un instrument précieux et puissant ; mais elle a consacré à cette création neuf ans de travail et au moins 600,000 fr. de capital, sans autre garantie que des essais sur une petite dimension, qui pouvaient laisser des inquiétudes sur le succès de ce vaste appareil.

Parmi les nouveautés que la compagnie de Saint-Quirin présente à l'exposition, on a remarqué ses glaces-miroirs, façon de Nuremberg; industrie nouvelle en France, que cette compagnie avait offerte en 1834 et qu'elle a développée aujourd'hui, dans sa verrerie de Monthermé.

La France est aujourd'hui sans rivale en Europe, pour sa fabrication des grandes glaces, tant sous le rapport des dimensions que sous celui de la qualité, de la couleur et du bon marché.

Une seule branche de cette industrie n'existait pas en France, celle des miroirs dits de Nuremberg, à l'usage de la petite propriété, à celui de plusieurs industries secondaires, telles que le cartonnage, les nécessaires, les meubles de toilette, etc., etc.; jusqu'à ce jour, nous étions restés tributaires de l'Allemagne pour cette espèce de glaces.

La compagnie des verreries de Saint-Quirin, Cirey et Monthermé a voulu en affranchir la France et offrir en même temps aux amateurs des beaux vitrages, des glaces qui, par leur solidité, leur légèreté et leur brillant, remplaceront et surpasseront en beauté les anciens verres dits de Bohême, dont on a presque cessé de faire usage, et qui offriront, pour couvrir les estampes, des verres à bas prix et d'une perfection inconnue jusqu'à ce jour. En effet, les verres de Bohême ou les verres blancs présentent toujours, quelque bien dressés qu'ils soient, des ondulations à leurs surfaces; les glaces de Nuremberg, n'étant dégrossies et dépolies que d'un seul côté, ont le même inconvénient, tandis que les glaces que Monthermé verse dans le commerce, étant travaillées des deux côtés, réunissent, sous ce rapport, tous les avantages des glaces épaisses au bon marché des verres soufflés.

Les machines ingénieuses que la compagnie possède lui permettent de balancer le bas prix de la main-d'œuvre, du combustible et des matières premières de l'Allemagne; elle n'a donc pas hésité, après de nombreux essais faits dans ses établissements de Saint-Quirin, à créer à Monthermé, à l'aide des magnifiques cours d'eau qu'elle y possède et sur une vaste échelle, des ateliers à dresser, polir et étamer le verre : cet établissement est spécialement destiné à la fabrication de ces miroirs dits de Nuremberg.

Le jury central prenant en considération la beauté des glaces qui font la fabrication courante de Cirey et Saint-Quirin, le succès obtenu par cette compagnie dans la construction de sa puissante machine à doucir et enfin le service qu'elle a rendu au pays par l'introduction de la fabrication des glaces de Nuremberg, lui décerne une nouvelle médaille d'or.

M. Bontems, directeur de la verrerie de Choisy-le-Roi.

Rien de plus varié que la production de cette belle verrerie; rien de plus parfait que certains de ses produits.

En effet, la verrerie de Choisy fabrique des verres à vitre blancs et colorés, des verres bombés, du cristal, des verres pour l'optique; enfin des vitraux peints.

Tous ces produits s'y font sur une grande échelle, et entrent pour une forte part dans la consommation de Paris.

Pour les vitres, la verrerie de Choisy n'a pas à signaler de grands progrès depuis 1834, au moins en ce qui concerne les vitres blanches. Relativement aux vitres colorées dont il sera question plus loin, la verrerie de Choisy s'est placée hors de ligne par la variété de ses tons et leur parfaite exécution.

Pour les verres bombés, la verrerie de Choisy continue à se servir avec succès du procédé qu'elle a employé la première, et qui consiste à aider l'action de la bouche par celle d'un soufflet qui s'ajuste à volonté sur la canne, au moyen d'un tuyau flexible.

Comme cristaux, indépendamment des cristaux blancs d'une belle qualité que Choisy fabrique depuis longtemps, on a remarqué, dans les produits que cette verrerie a présentés au jury, des vases de forme antique, d'un galbe très-correct obtenu par le soufflage seul; des cristaux jaunes d'une nuance nouvelle obtenue à l'aide de l'urane; enfin des verres filigranés, façon de Venise, qui prouvent que cette fabrication sera reprise avec succès quand on voudra.

M. Bontems expose également des verres pour l'optique; il s'attache à produire les objectifs de consommation courante. Son flint est d'une haute densité, et son crown ne présente ni stries, ni points de dévitrification.

Peu de fabricants ont poussé au même degré que M. Bontems cet amour de leur art, qui les porte à l'envisager sous tous ses aspects et à s'occuper de toutes ses branches. Aussi ne trouverait-on, dans aucune de nos verreries, cette variété de produits, tous bien fabriqués, que l'on voit sortir des ateliers de Choisy-le-Roi.

Le jury décerne à M. Bontems une nouvelle médaille d'or.

MÉDAILLES D'OR.

M. le baron DE KLINGLIN, à Plain-de-Valch et Valerysthal, près Sarrebourg (Meurthe).

Il y a peu d'années, la verrerie de Plain-de-Valch

livrait au commerce de la gobelèterie commune et se classait parmi nos verreries les plus ordinaires. Grâces à l'activité et aux soins de M. le baron de Klinglin, et du directeur actuel de la verrerie, M. de Fontenay, ancien élève de l'école centrale des arts et manufactures, la verrerie de Plain-de-Valch a pris rang parmi nos établissements les plus importants. Il a fallu étendre sa production, et la verrerie de Valerysthal a été fondée.

Les produits de ces deux verreries consistent

1° En verre commun,
2° En cristal sans plomb,
3° En verre peu fusible,
4° En gobelèterie colorée et décorée.

La fabrication du verre commun à Plain-de-Valch est bonne; elle se ressent maintenant du mouvement général que l'usine a reçu, mais elle ne saurait motiver aucune récompense spéciale.

Il n'en est pas de même du cristal sans plomb; c'est un produit créé par cette verrerie et adopté par le commerce; c'est un verre sans plomb, en effet, dont la fabrication est très-soignée, auquel on donne les formes du cristal, soit par le soufflage, soit par le moulage et la taille, et qui entre dans la consommation à 20 p. 0/0 au-dessous des prix du cristal lui-même.

A la vérité, il n'en a jamais l'éclat, mais il est plus léger et plus solide.

Du reste, en considérant le cristal sans plomb comme une classe de verre à part, ce n'est pas moins une heureuse acquisition pour l'art du verrier en France; d'autant plus heureuse, qu'en voyant ce que l'on peut faire avec de l'attention et des soins, nos verreries en gobelèterie commune se laisseront aller peut-être à un sentiment d'émulation qui élèvera peu à peu leurs produits à un rang plus distingué.

En modifiant ses compositions, la verrerie de Plain-de-Valch est parvenue à livrer régulièrement au commerce un verre dur et peu fusible, parfaitement approprié aux besoins de la chimie et d'un grand secours pour les expériences délicates dont elle s'occupe. Les tubes de cette verrerie sont, en particulier, l'objet d'une consommation importante et sont, jusqu'ici, demeurés sans rivaux.

C'est à l'aide d'un verre analogue bien affiné que la verrerie de Plain-de-Valch est parvenue à fournir au commerce une gobelèterie capable de recevoir des couleurs de moufle; les secours que les ateliers de Sèvres lui ont prêtés l'ont mise en état de préparer les couleurs de moufle convenables, et, dès ses premiers essais, Plain-de-Valch a pu produire des gobelèteries décorées à la moufle et d'un fort bon effet. Aujourd'hui elle peut rivaliser, à cet égard, avec les verreries de la Bohême, qui ont l'avantage très-réel, pourtant, d'une plus longue expérience.

Enfin c'est encore à la verrerie de Plain-de-Valch que l'on doit les premiers essais et les premiers succès en ce qui concerne la fabrication de la gobelèterie colorée à deux couches: non-seulement elle a été la première à s'en occuper, la première à réussir, mais elle ne le cède à aucune des verreries qui l'ont suivie dans cette route pour la pureté des nuances et pour la légèreté des formes.

Il a fallu que la direction de la verrerie de Plain-de-Valch fût confiée à un homme éclairé et persévérant pour qu'en si peu d'années tous ces résultats aient été obtenus et consacrés par le commerce. M. le baron de Klinglin, propriétaire des verreries de Plain-de-Valch et de Valerysthal, a bien mérité du pays en suivant cette direction nouvelle, et tout le monde s'empressera de rendre justice à sa loyauté quand nous ajouterons qu'il désire que les honneurs auxquels son exposition lui donnerait des droits si incontestables soient entièrement attribués à M. Fontenay, directeur de ces deux verreries.

Voici comment s'exprime M. le baron de Klinglin dans un mémoire qu'il a adressé au jury central :

« Toutes ces améliorations sont particulièrement dues aux connaissances théoriques et pratiques de M. E. de Fontenay, ancien élève de l'école centrale des arts et manufactures, et directeur de la verrerie de Plain-de-Valch depuis 1833. Ce jeune industriel s'est appliqué, avec le plus grand zèle et la plus grande persévérance, à utiliser ses connaissances au profit de l'établissement et du progrès de l'art du verrier. C'est donc sur lui que je dois particulièrement appeler l'attention du jury ; car je regarde comme lui revenant de droit toutes récompenses qui pourraient être décernées à l'établissement dont je suis propriétaire. »

Le jury central décerne la médaille d'or à la verrerie de Plain-de-Valch.

M. Guinand, rue Mouffetard, n° 183. Paris.

Fils de l'artiste bien connu qui a livré au commerce du flint-glass en même temps que M. Utzschneider de Munich, M. Guinand s'est occupé sans relâche, depuis la mort de son père, à retrouver et à perfectionner les procédés de celui-ci ; il y est parvenu d'une manière complète et très-digne d'un encouragement élevé. Tous les opticiens de Paris se sont empressés de rendre justice aux efforts et au succès de M. Guinand.

L'Académie des sciences, sur la proposition de sa section d'astronomie, lui a décerné le prix d'astronomie de l'année dernière, en récompense des services que sa découverte peut rendre à cette science par la perfection qu'elle ajoute aux instruments.

M. Guinand fabrique, en effet, du flint-glass parfaitement doué des qualités que les opticiens recherchent. Sa recette de composition lui est propre. Il a hérité de son père la connaissance d'un moyen qui permet de débarrasser le flint-glass de stries, mais il en a perfectionné l'application. Il a découvert, en outre, un procédé simple et ingénieux pour chasser de la masse vitreuse toutes les bulles d'air, ce qu'on n'avait pas fait avant lui.

Les procédés de M. Guinand sont également applicables à la fabrication du flint-glass et à celle du crown-glass, ainsi qu'il l'a prouvé en livrant au commerce, depuis peu, quelques fontes de crown.

Quoique M. Guinand ne soit pas l'inventeur du procédé qui fait la base de cette fabrication intéressante, comme il peut revendiquer personnellement des perfectionnements très-réels pour le flint-glass et qu'il a déjà livré du crown au commerce, le jury central lui décerne une médaille d'or.

RAPPEL DE MÉDAILLE D'ARGENT.

Madame Ve Guinand, à Lac (Doubs).

Madame Guinand continue la fabrication du flint glass sur les mêmes bases que son mari; elle fabrique pour 20 ou 25,000 francs de produits qui se consomment soit en France, soit en Prusse et en Angleterre.

Le jury lui accorde le rappel de la médaille d'argent.

NOUVELLE MÉDAILLE D'ARGENT.

MM. Burgun-Walter, Berger et compagnie, à Gœtzembruck (Moselle).

Cette ancienne verrerie, fondée en 1721 pour la fabrication de la gobelèterie, commença, en 1761, à produire quelques verres de montre. Bientôt, en 1788, elle se livra exclusivement à ce genre de production, qu'elle n'a pas cessé de perfectionner jusqu'à présent.

Aujourd'hui elle occupe 360 ouvriers, et elle ne fabrique pas moins de 45,000 verres de montre par jour, quantité vraiment énorme, mais qui se comprend quand on sait que la verrerie de Gœtzembruck exporte de grandes quantités de produits.

En 1834, cette verrerie a été jugée digne de la médaille d'argent; aujourd'hui elle se présente avec deux améliorations remarquables : l'une consiste dans la substitution du cristal au verre ordinaire qu'elle employait jadis, et qui attirait l'humidité d'une manière fâcheuse, comme on sait.

La seconde consiste en une baisse de prix très-forte et d'autant plus remarquable, que le prix du verre a été augmenté par cette substitution du cristal au verre commun.

Le jury décerne une nouvelle médaille d'argent.

MÉDAILLES D'ARGENT.

MM. de Violaine, à Prémontré et Vauxrot (Aisne).

Les verreries de MM. de Violaine, par l'ensemble de leur production, se placent dans un rang très distingué parmi les établissements verriers de la France.

En effet, MM. de Violaine fabriquent, à Prémontré, des glaces coulées, ainsi que des verres à vitre blancs et colorés, et, à Vauxrot, ils produisent des bouteilles et des cloches à jardin en quantité considérable.

La fabrication des glaces de MM. de Violaine ne date que de quatre années. Ils produisent déjà environ 30,000 pieds de surface par année, et leurs glaces sont d'assez bonne qualité. Jusqu'ici ils ont obtenu peu de produits de grandes dimensions; ils n'ont fait que des glaces petites et moyennes.

D'abord un peu verte, la teinte des glaces de MM. de Violaine s'est beaucoup améliorée, et, sous ce rapport, elles sont aujourd'hui bien fabriquées.

Les machines à polir de la manufacture de MM. de Violaine diffèrent complétement de celles qui sont employées dans les autres fabriques. Il en sera de même de leur machine à doucir, qui se construit sur des principes nouveaux.

MM. de Violaine ont exposé des glaces de couleur d'une nuance bien égale et très-pure. C'est un produit de l'art du verrier qui pourra trouver place dans la fabrication des vitraux peints.

Parmi les produits des verreries de MM. de Violaine, il faut distinguer leurs verres à vitre blancs, qui, par leur force et leur régularité constante, ont acquis dans le commerce une juste réputation : ils en fabriquent, par an, 15,000,000 de pieds de surface.

A Vauxrot, près Soissons, ils fabriquent des bouteilles en grande quantité; ils en produisent deux million par an. Ils ont cherché à fournir au commerce des bouteilles solides, propres à la conservation du vin de Champagne et de l'eau de Seltz, et ils y ont réussi. Enfin ils produisent environ 60,000 cloches à jardin par an.

Il y a un vrai mérite dans tous les produits exposés par MM. de Violaine ; mais il ne faut pas se dissimuler que ceux qui frappent le plus l'attention, que les plus importants sont précisément les glaces, c'est-à-dire le produit d'une fabrication qui, relativement aux autres objets dont ils s'occupent, est une fabrication naissante. Si celle-ci eût été plus ancienne, plus développée, nul doute que le jury aurait placé MM. de Violaine au rang le plus élevé.

Dans l'état des choses, il leur décerne une médaille d'argent.

M. Hutter et Cie, à Rive-de-Gier.

La fabrique de M. Hutter et Cie, au Grand-Terrier, à Rive-de-Gier, livre au commerce des cylindres, des vitres, de la gobelèterie, des bouteilles ; elle crée tous ces objets sur la plus grande échelle.

L'importance de l'établissement, le bas prix de ses produits, la perfection de quelques-uns d'entre eux, et, en particulier, des cylindres toujours fabriqués avec du verre très-fin, très-blanc, avaient déjà fixé l'attention du jury en 1834. A cette époque, la verrerie de Rive-de-Gier avait été jugée digne d'une médaille de bronze.

Le succès croissant de la fabrication et le bas prix de ses produits mérite, cette année, la médaille d'argent que le jury central lui décerne.

MÉDAILLES DE BRONZE.

M. Pochet-Deroche, à Montmirail (Loir-et-Cher).

M. Pochet-Deroche a exposé des vases de chimie de tout genre, parmi lesquels se trouvaient des appareils de grande dimension et d'une fort bonne exécution ; il a exposé également des flacons de Woulf, munis d'un grand nombre de tubulures, et parfaitement propres à démontrer qu'il pourrait vaincre, en ce genre, toutes les difficultés.

Cet exposant a, d'ailleurs, soumis à l'attention du jury des étiquettes vitrifiées pour la pharmacie ou les laboratoires de chimie. Il s'occupe de cette utile application des couleurs vitrifiables avec zèle et succès. Il est parvenu à réduire beaucoup le prix de ce genre de produit.

Le jury central lui décerne la médaille de bronze.

M. de Poilly, à Folembray (Aisne).

L'usine de Folembray, exclusivement appliquée à la fabrication des bouteilles et des cloches à jardin, exploite ces produits sur une échelle très-considérable, car elle ne produit pas moins de 8,000,000 de bouteilles et de 100,000 cloches à jardin par an.

Elle occupe neuf cents ouvriers et possède quatre fours de fusion.

L'excellente qualité de ses produits a déterminé le jury à lui décerner une médaille de bronze.

M. Blum, à Épinac (Saône-et-Loire).

Les bouteilles d'Épinac sont fort estimées en Bourgogne, pour les vins mousseux qu'on y fabrique maintenant en assez grande quantité ; c'est dire qu'elles réunissent des qualités importantes. La verrerie d'Épinac est, du reste, bien placée et bien disposée.

Le jury lui décerne une médaille de bronze.

MENTIONS HONORABLES.

M. de Villepin, à Masnières (Nord).

La verrerie de Masnières fabrique des bouteilles et des vitres sur une grande échelle ; elle s'occupe à la fois des bouteilles propres à la consommation de Paris, de la Normandie, du Bordelais et à celle de la Champagne. Pour les vins mousseux elle fabrique des bouteilles très-résistantes.

Le jury lui accorde une mention honorable.

M. Rozan, à Marseille.

La manufacture de M. Rozan a envoyé du verre de qualité préférable à celui qui sort des usines analogues de la Lorraine, du nord et de l'ouest de la France ; elle consomme toute sa production dans le Midi.

On doit des encouragements à ce fabricant, et il faut qu'il persévère dans la bonne direction où il paraît s'être placé.

Le jury lui accorde une mention honorable.

MM. Marchal et Berger, à Bitche (Moselle).

Cette compagnie s'occupe avec succès de la fabrication des verres de montre; elle mérite, par les résultats qu'elle a déjà obtenus, les encouragements des consommateurs.

Le jury lui accorde une mention honorable.

M. de Colnet, à Quicangrogne, commune Wimy (Aisne).

La fabrique des bouteilles de Quicangrogne mérite d'être remarquée ; elle opère sur une échelle considérable, et ses produits sont bons.

Le jury lui accorde une mention honorable.

CITATION.

MM. Rouyer et Maës, au pont de Sèvres.

La cristallerie de MM. Rouyer et Maës, qui n'a guère que deux années d'existence, livre au commerce une assez grande quantité de cristal, qu'elle exporte en partie.

Elle se recommande par le bon marché de ses produits.

HUITIÈME COMMISSION.

ARTS DIVERS.

MM. Chevreul, président, Barbet, Bosquillon, Carez, Clément Desormes, Dumas, Laborde (Léon de), Legentil, Meynard, Payen, Petit, Renouard et Schlumberger.

PREMIÈRE PARTIE.

PRÉPARATION DES MATIÈRES TINCTORIALES.—BLANCHIMENT. —APPLICATION DES MATIÈRES COLORANTES SUR LES ÉTOFFES.—RÉPARATION DES TISSUS GATÉS PAR L'USAGE. — APPRÊT HYDROFUGE DES TISSUS.—PAPIERS PEINTS.

M. Chevreul, rapporteur.

La diversité des objets que ce titre rappelle est trop grande, le nombre de ceux qui peuvent rentrer dans une même dénomination est trop considérable pour qu'il ne soit pas utile de présenter sous la forme de tableau l'ordre d'après lequel sont classées les matières comprises dans le rapport qui nous a été confié.

Ire DIVISION. PRÉPARATION DES MATIÈRES TINCTORIALES.

Ire SOUS-DIVISION. PRÉPARATION PAR DES PROCÉDÉS MÉCANIQUES.

IIe SOUS-DIVISION. PRÉPARATION PAR DES PROCÉDÉS CHIMIQUES.

IIe DIVISION. BLANCHIMENT DES ÉTOFFES.

IIIe DIVISION. APPLICATION DES MATIÈRES COLORANTES SUR LES ÉTOFFES.

Ire SOUS-DIVISION. APPLICATION DES MATIÈRES COLORANTES SUR LES ÉTOFFES EXCLUSIVEMENT PAR IMMERSION.

IIe SOUS-DIVISION. APPLICATION DES MATIÈRES COLORANTES SUR UN TISSU PAR UN PROCÉDÉ QUELCONQUE QUI DONNE LIEU A UN DESSIN.

Ire section. Impressions ou dessins sur tissus de coton ou de lin.

IIe section. Impressions sur tissus de laine, soit pure, soit mélangée de coton ou de soie.

IIIe section. Impressions sur tissus de soie.

IVe section. Application des matières colorantes ou dessins, par impression en relief sur étoffe.

IVe DIVISION. RÉPARATION DES TISSUS GATÉS PAR L'USAGE.

Ve DIVISION. APPRÊT HYDROFUGE DES TISSUS.

VIe DIVISION. PAPIERS PEINTS.

Ire SOUS-DIVISION. PAPIERS PEINTS POUR TENTURE.

IIe SOUS-DIVISION. PAPIERS PEINTS POUR USAGES DIVERS.

Ire DIVISION. PRÉPARATION DES MATIÈRES TINCTORIALES.

Les matières colorantes qui font partie de l'exposition sont des produits d'opérations mécaniques ou des produits de l'action chimique; de là deux catégories de matières tinctoriales.

Ire SOUS-DIVISION. PRÉPARATION DE MATIÈRES TINCTORIALES PAR DES MOYENS MÉCANIQUES.

Plusieurs matières colorantes propres à la teinture étant déposées, par la végétation, sur les parties ligneuses, et ces parties insolubles dans l'eau pouvant avoir une ténacité très-forte, il en résulte que, si un bois de teinture n'est pas divisé suffisamment, l'eau dans laquelle on le mettra, afin de préparer un bain colorant, ne pourra agir que très-difficilement sur la matière qu'elle doit dissoudre pour la céder ensuite à l'étoffe qu'on veut teindre. Dès lors, si l'on veut enlever à la partie ligneuse toute sa matière tinctoriale, on se trouvera dans la nécessité de prolonger beaucoup l'action du liquide. On voit donc qu'une division mécanique qui a pour effet de donner à la matière soluble la plus grande surface possible est extrêmement favorable aux opérations de teinture par l'économie qu'elle apporte dans la durée de la main-d'œuvre et dans la dépense du combustible, car c'est presque toujours à chaud qu'on traite les bois de teinture.

RAPPEL DE MÉDAILLE D'ARGENT.

M. Charles Vallery, à Saint-Paul-sur-Risle (Eure).

M. Vallery expose des bois de campêche, de Lima, de santal, du bois jaune réduits, au moyen d'une machine de son invention, en feuillets si minces dans le sens perpendiculaire aux fibres ligneuses, que le moindre effort suffit ensuite pour qu'ils tombent en poudre. Les bois de teinture, amenés à cet état, sont donc dans la condition la plus favorable à être attaqués par l'eau, en même temps qu'il serait difficile de les falsifier, du moins d'une manière avantageuse pour le fraudeur. La consommation des bois ainsi divisés est très-grande, puisqu'elle s'élève, dit-on, annuellement à 3,000,000 de kilogrammes. Les certificats que nous avons sous les yeux témoignent que les teinturiers du département de la Seine-Inférieure en apprécient la bonne qualité; cependant, comme on pouvait craindre que la matière tinctoriale de ces poudres fût gâtée soit par la chaleur développée pendant l'opération, soit par le mélange du fer que le frottement aurait détaché de la machine, nous avons essayé de teindre comparativement avec ces poudres et des bois des mêmes espèces qu'elles, de la meilleure qualité et divisés en copeaux sous nos yeux. Les étoffes teintes avec les poudres étaient, au moins, aussi belles que celles qui l'avaient été avec les copeaux, et cependant il avait fallu un poids plus grand de ces derniers que des poudres pour porter les étoffes au même ton de couleur. Nous ferons remarquer que, si l'on ne devait se servir des poudres que longtemps après leur préparation, il faudrait les soustraire au contact de la lumière et de l'atmosphère, parce qu'elles s'altéreraient bien plus vite, à cause de leur division même, par l'action simultanée de ces agents, que les bois non divisés.

Tout en reconnaissant la bonne qualité des bois de teinture pulvérisés par M. Vallery, nous pensons que c'est surtout comme inventeur de la machine qu'il a employée pour parvenir à effectuer cette division qu'il doit être jugé; en conséquence, nous nous bornons à dire que le jury de 1834 lui décerna une médaille d'argent pour ses poudres. (Voir l'article de M. Vallery.)

CITATIONS.

M. Uruty, à Rouen (Seine-Inférieure). Bois de teinture triturés.

Ces bois sont triturés d'après un procédé de l'invention de M. Rowcliff.

M. Rémond Baudouin, à Rouen (Seine-Inférieure). Bois de teinture triturés.

Ces bois sont triturés au moyen d'une machine de l'invention de M. Rémond-Baudoin.

IIe sous-division. Préparation de matières tinctoriales par des procédés chimiques.

Les préparations de cette catégorie sont l'orseille, matière colorante, qu'on développe dans plusieurs lichens en transformant, sous l'influence de l'humidité de l'ammoniaque et de l'oxygène atmosphérique, un de leurs principes immédiats naturellement incolore; enfin des matières colorantes extraites des bois de teinture au moyen de l'eau.

Rappel de médaille d'argent.

M. Péter, à Lyon (Rhône).

M. Bourget s'est livré, depuis 1808, avec succès à la préparation des orseilles dites épurées et du cudbeard; il a préparé des quantités considérables de ces produits en employant les lichens indigènes et sans recourir à l'urine. Depuis six mois environ, M. Bourget a cédé sa maison à M. Péter, son élève; les produits exposés sous le nom de ce dernier donnent à penser que la réputation de l'établissement de M. Bourget sera dignement soutenu par son successeur; en conséquence, le jury rappelle la médaille d'argent que M. Bourget obtint en 1827.

MÉDAILLES DE BRONZE.

M. Panay, à Puteaux (Seine).

M. Panay a été un des premiers qui se soit livré avec succès à l'extraction de la matière colorante des bois de teinture, de façon à la réduire en extrait sec ou en solution plus ou moins concentrée. Les préparations de M. Panay sont employées surtout dans l'impression des étoffes de laine et de soie, et, quoique faites avec soin, cependant elles sont livrées à un prix peu élevé au consommateur; c'est ce que reconnaissent un grand nombre d'imprimeurs qui les emploient depuis plusieurs années.

Au reste, une preuve du soin et de l'habileté qu'apporte M. Panay à la préparation de ses produits, c'est la matière qu'il a exposée sous le nom d'*hématine cristallisée*, qu'il dit pouvoir livrer au commerce au prix de 6 fr. le kil.

D'après toutes ces considérations, le jury décerne une médaille de bronze à M. Panay.

M. Jannet, à Paris, rue des Trois-Bornes, 17.

Ce qui recommande le produit de M. Jannet, c'est que depuis 1834 il se sert des lichens d'Oran et d'Alger pour ses préparations, qui sont d'un bon usage, d'après notre propre expérience.

Le jury décerne à M. Jannet une médaille de bronze.

MENTION HONORABLE.

M. Michel, à Puteaux (Seine).

Les ateliers de M. Michel ont été montés par M. Panay; les préparations qui en sortent, sous la forme d'extraits ou de solutions aqueuses, sont d'un bon usage.

Le jury accorde à M. Michel une mention honorable.

CITATION FAVORABLE.

M. Besseyre, à Paris, rue des Acacias, 5.

M. Besseyre a exposé des extraits de campêche de Brésil, de Sainte-Marthe, de bois jaune, de fustet, de curcuma, de garance; mais il n'a point encore élevé de fabrique. Quoi qu'il en soit, les preuves qu'il a données publiquement de son instruction chimique sont un garant de ce qu'il est capable d'exécuter comme fabricant de préparations tinctoriales.

Le jury accorde à M. Besseyre une citation favorable.

IIe DIVISION. BLANCHIMENT DES ÉTOFFES.

Une seule personne a exposé des étoffes blanchies par un procédé particulier qu'elle n'a pas publié; cette personne est madame Mercier.

Blanchiment des toiles écrues.

Madame Mercier, à Paris, rue Sainte-Anne, 10.

Il ne faut pas confondre le blanchissage du linge avec le blanchiment des tissus écrus. La première opération peut être exécutée au moyen de l'eau de savon tiède ou chaude, des lessives alcalines portées à l'ébullition, soit directement, soit au moyen de la vapeur, ainsi que le fait madame Mercier dans un établissement qu'elle a fondé à Port-Marly. Elle ne se présente point à l'exposition comme exerçant cette industrie, mais bien comme inventrice d'un procédé au moyen duquel elle dit blanchir, en huit jours, les toiles de lin écrues, sans recourir ni au chlore, ni à l'exposition sur le pré. La toile qu'elle a mise sous nos yeux n'a qu'un *demi-blanc*, elle n'est donc pas complétement blanchie. Nous craignons qu'il n'y ait quelque illusion de la part de madame Mercier sur l'efficacité de son procédé.

IIIe DIVISION. APPLICATION DES MATIÈRES COLORANTES SUR LES ÉTOFFES.

Le grand nombre des produits concernant l'art de la teinture, la diversité des aspects sous lesquels ils se présentent, soit qu'on prenne en considération la nature diverse des étoffes et les procédés auxquels ces étoffes sont soumises pour recevoir les couleurs les plus variées, soit enfin que l'on considère l'ensemble d'industries très-différentes qui peuvent concourir à leur fabrication, nous obligent à les placer dans deux sous-divisions : l'une comprend les produits que nous devons examiner comme présentant l'application directe de la matière colorante dissoute dans un bain, sur une étoffe convenablement préparée qu'on y plonge et qui se colore sur toute sa surface, qu'elle soit en fil ou en tissu ; la seconde sous-division renferme les tissus sur lesquels la matière colorante est disposée de manière à offrir un dessin qui est du fait même de l'art de la teinture, par conséquent un damas formé de laine et de coton qui, à sa sortie d'un bain de teinture, offre à la vue un dessin résultant de ce que la laine s'est teinte à l'exclusion du coton, appartient à la première sous-division, tandis qu'un tissu sur lequel on a fait des dessins, soit au moyen d'une réserve, soit au moyen d'un rongeant, soit au moyen d'une matière colorée, se place dans la seconde sous-division.

Ire SOUS-DIVISION. APPLICATION DES MATIÈRES COLORANTES SUR LES ÉTOFFES EXCLUSIVEMENT PAR IMMERSION.

MÉDAILLE D'OR.

M. VIDALIN, à Lyon (Rhône).

M. Vidalin, qui obtint une médaille d'argent à l'exposition de 1834, principalement parce que le jury du Rhône l'avait signalé comme le teinturier auquel la fabrique de Lyon devait, à cette époque, le rang qu'elle avait pris dans la confection des étoffes mélangées de soies et de laines teintes uniment, ayant exposé, cette année, des étoffes dont la soie, teinte par lui, présente les couleurs les plus variées, les plus belles et les plus unies, le jury, prenant en considération toute l'influence qu'il a eue comme teinturier pour élever les étoffes de Lyon au degré où elles sont placées dans l'estime du commerce, lui décerne une médaille d'or.

MM. Merle, Malartic et Poncet, gérants de la Société du bleu de France à Saint-Denis (Seine).

L'application du bleu de Prusse sur le coton et la soie a présenté bien moins de difficulté que l'application qu'on en a faite à la laine; aujourd'hui même il n'est pas un teinturier médiocrement exercé qui ne sache teindre en bleu de Prusse les deux premières étoffes, tandis qu'il n'y en a qu'un petit nombre qui sachent bien teindre la laine avec cette matière colorante, et nous désignons particulièrement les étoffes de laine feutrées.

A une époque où la concurrence commence à s'établir réellement entre l'indigo et le bleu de Prusse, il ne sera pas inutile de faire quelques remarques générales relatives aux avantages et aux inconvénients de chacune de ces matières tinctoriales.

Toutes les fois qu'il s'agira d'étoffes de coton qui devront être souvent lavées au savon, comme cravates, mouchoirs et robes, l'indigo sera préférable au bleu de Prusse. Le contraire aura lieu pour des étoffes de soie, qui, n'étant point exposées à passer au savon, doivent conserver le brillant qui est propre à leur matière constituante, et, dans ce cas, non-seulement le bleu de Prusse est plus brillant que l'indigo, mais il est encore plus solide.

Le bleu de Prusse est encore préférable à l'indigo pour

les bleus légers et les bleus de ciel sur étoffe de laine destinée à l'ameublement et aux vêtements de femme, à cause de l'éclat et de la pureté de la couleur; pour vêtements d'homme en étoffes feutrées, la question qu'on peut élever, quant à la solidité des tons clairs ou peu foncés du bleu de Prusse, n'est pas résolue.

S'il s'agit d'étoffes feutrées bleu de roi, le bleu de Prusse, quoique n'étant pas solide à la manière de l'indigo, peut entrer en concurrence avec lui dans l'usage (car nous ne parlons point ici des prix respectifs des deux sortes de teinture); mais voici les qualités et les défauts des deux matières.

L'étoffe teinte en bleu de Prusse a un reflet incomparablement plus beau que l'étoffe teinte à l'indigo; mais, en les regardant autrement qu'au reflet, la première est plus *plombée* que la seconde.

Peut-être les étoffes teintes au bleu de Prusse blanchissent-elles moins sur les coutures que les étoffes teintes à l'indigo; mais les premières sont plus exposées à être tachées par l'usage que les secondes. Ainsi la sueur, les matières alcalines, une forte insolation, des acides qui n'ont aucune action sur les étoffes teintes à l'indigo, peuvent en avoir une, quoique faible, sur les étoffes teintes en bleu foncé avec le bleu de Prusse.

Ce fut à l'exposition de 1823 que parurent les premiers draps teints au bleu de Prusse. M. Raymond, fils de l'auteur du procédé généralement suivi aujourd'hui pour teindre la soie et le coton en bleu de Prusse, reçut du jury une médaille d'argent pour avoir teint plusieurs coupons de drap avec cette matière colorante; des essais du même genre valurent une médaille de bronze à M. Souchon. Il obtint une médaille d'argent en 1827, et le rappel de cette médaille en 1834 pour des draps teints en bleu de Prusse, et le jury dit qu'il mériterait la médaille d'or s'il parvenait à établir son procédé en grand. Enfin, à cette exposition de 1834, le jury, après avoir cité honorablement MM. Merle et Malartic qui avaient exposé des draps de cette espèce, ajouta qu'il attendrait des succès de fabrique obtenus sur une échelle étendue pour donner une haute récompense à leur procédé.

Le jury, en décernant en 1839 la médaille d'or à MM. Merle, Malartic et Poncet, agit donc conséquemment aux actes des jurys antérieurs, puisqu'il est bien constaté aujourd'hui que l'atelier de Saint-Denis fournit au commerce non-seulement des étoffes minces, telles que mousselines de laine, mérinos, lasting, mais encore des étoffes feutrées teintes en bleu de Prusse qui entrent en concurrence avec les draps teints à l'indigo, ce qui, sauf les remarques générales que nous avons faites, sont d'un bon usage.

MÉDAILLE D'ARGENT.

M. Leveillé, à Rouen (Seine-Inférieure).

M. Leveillé a exposé de nombreux échantillons de coton filé, de teinture grand teint pour toutes les nuances désirées, de la garance et de l'indigo. Son établissement est, dans son espèce, le plus considérable du département de la Seine-Inférieure. Ses produits ont bien soutenu les essais auxquels nous les avons soumis. Le jury accorde une médaille d'argent à M. Leveillé.

MÉDAILLE DE BRONZE.

Teinture et apprêt sur laine.

M. Jean BÉCHARD, à Passy (Seine).

Depuis la dernière exposition, M. Jean Béchard a transféré ses ateliers de Paris à Passy. Il occupe de 30 à 40 ouvriers. Il teint le mérinos, le satin-laine, les tissus de laine et de soie, et les tissus de laine et de coton ; il travaille à des prix très-bas et ses travaux sont dirigés avec intelligence.

Le jury lui accorde une médaille de bronze.

CITATION.

Draps en pièce teints en bleu de cuve.

M. VIGOUREL à Carcassonne (Aude).

Ces draps teints par un procédé secret, n'ayant paru qu'à la fin de l'exposition, le jury est dans l'impossibilité de les juger et de prononcer sur la valeur de ce procédé.

IIe SOUS-DIVISION. APPLICATION DES MATIÈRES COLORANTES SUR UN TISSU PAR UN PROCÉDÉ QUELCONQUE QUI DONNE LIEU A UN DESSIN.

Les produits de cette sous-division, bien plus nombreux que les précédents, peuvent présenter, dans une seule pièce, une grande diversité de couleurs, et si l'application d'une seule matière colorante est du ressort de l'art de la teinture, et rentre, sous ce rapport, dans les procédés fondés sur les actions chimiques, au moyen desquels on fixe les couleurs sur les produits de la première sous-division, la réussite dans la confection des produits que nous allons examiner ne dépend plus seulement de l'application des connaissances exclusivement chimiques, mais elle exige encore l'emploi de moyens mécaniques, parmi lesquels on doit signaler des machines à imprimer, telles que les rouleaux, la perrotine, l'application des arts du dessin et de la gravure, enfin les connaissances qui se rattachent à l'art d'assortir les couleurs pour en tirer le meilleur parti possible.

Les toiles de coton ont été les premiers tissus imprimés qui aient donné lieu, en Europe, à de grands établissements; les tissus de soie et de laine imprimés n'ont été l'objet d'une grande industrie que dans ces dernières années. Enfin, si l'invention des impressions en relief sur les étoffes de laine remonte à cinquante ans environ, il n'y a guère qu'une vingtaine d'années qu'elle a pris quelque développement, comme art.

Les tissus qu'on imprime aujourd'hui sont nombreux; non-seulement il faut distinguer les impressions sur tissus de coton, de lin, de laine, de soie, mais encore sur des tissus composés de coton et de soie, de coton et de laine, de soie et de laine. Quant aux tissus qui conviennent à l'impression en relief, il n'y a guère que ceux de laine feutrée et le velours qui y soient essentiellement propres.

Aujourd'hui le même établissement pouvant faire des impressions ou dessins sur différents tissus, nous prévenons que, dans la classification suivante des produits de la seconde sous-division, nous avons cherché, autant qu'il est possible de le faire en pareille matière, à distribuer, dans différentes sections, les établissements qui ont exposé, en mettant dans une même section tous ceux qui nous ont paru le plus remarquables sous un même rapport. Par exemple, lorsqu'un établissement où l'on imprime des tissus de coton, de soie, et même de laine, nous a particulièrement frappés par les impressions qu'il fait sur coton, nous l'avons rangé dans la section qui comprend les impressions ou dessins sur coton, sans méconnaître pour cela l'attention que peuvent mériter les autres produits qu'il élabore.

Ire section. Impressions ou dessins sur tissus de coton ou de lin.

L'impression sur tissus de coton est parvenue à un degré de perfection remarquable non-seulement à cause du concours de la mécanique, de la physique, de la chimie et des arts du dessin, mais encore parce que ce concours s'est rencontré dans un même établissement, et qu'une direction unique a présidé à l'exécution de procédés fort différents auxquels la même pièce de tissu est soumise depuis le blanchiment jusqu'au dernier apprêt qu'elle reçoit avant d'être livrée au commerce. Certes, si le blanchiment, l'impression, les apprêts eussent été exécutés dans des établissements différents, indépendants les uns des autres, l'impression sur toile de coton ne se serait point élevée, du moins aussi rapidement qu'elle l'a fait, au degré où elle est parvenue de nos jours.

Au premier aspect, l'exposition des tissus de coton imprimés n'a point paru, à plusieurs personnes, avoir le même éclat que celui qui les avait frappées dans des expositions précédentes; ce résultat tient à deux causes : l'une est inhérente à la fabrication elle-même, et l'autre est accidentelle. La première cause résulte du degré de perfection même où l'art est arrivé aujourd'hui; de sorte que la fabrication moyenne de tous les établissements qui élaborent les tissus de coton les plus chers, aussi bien que celle de tous les établissements qui élaborent les tissus de coton les moins chers, se sont élevées sans que les extrêmes soient très-éloignés. Et, malgré ce progrès de la fabrication moyenne, il y a eu un abaissement notable dans les prix des tissus communs, aussi bien que dans les prix des tissus fins. La seconde cause provient de la concurrence établie entre les impressions sur coton, d'une part, et, d'une autre part, les impressions sur soie, et sur laine principalement; concurrence qui a eu pour résultat que beaucoup de fabricants de toile de coton du premier ordre, ayant dirigé leurs efforts sur l'impression de la soie et de la laine, ont dû détourner leur attention de l'impression sur coton, du moins pendant un certain temps; enfin la richesse des tissus de laine et de soie imprimés, qui a frappé tous les yeux, parce qu'elle dépassait réellement ce qu'on avait vu jusque-là, a contribué encore à affaiblir l'effet des tissus de coton imprimés.

RAPPELS DE MÉDAILLES D'OR.

MM. Gros, Odier, Roman et cie, à Wesserling (Haut-Rhin).

Cette fabrique, l'une de celles qui, par l'importance et la perfection des produits, font le plus d'honneur à la France, est aussi l'une des plus anciennes du royaume; son origine remonte à 1760, et depuis 1783 elle est un bien de famille pour les propriétaires actuels.

C'est de 1803 que date l'époque des progrès dont ce grand établissement a donné l'exemple; on établit alors la première filature, les premiers métiers à tisser à la navette volante, on fit marcher la première machine à imprimer au rouleau. Il n'existait alors aucun établissement aussi complet dans le département du Haut Rhin.

Une seconde filature fut montée en 1826, et une troisième le fut, sur une plus grande échelle, en 1836.

Aujourd'hui vingt-cinq à vingt-six mille broches sont en activité, elles produisent par an 260,000 kil. de fil des nos 15 à 100; elles ne suffisent pas encore pour alimenter les cinq cent soixante-dix métiers mécaniques et les quatorze cent cinquante métiers à la main, qui fournissent quatre-vingt mille pièces de 32 à 35 aunes métriques, dont trente mille pour la vente en blanc et cinquante mille pour l'impression. Indépendamment de ces cinquante mille pièces de calicot, on imprime annuellement cinq à six mille pièces de mousselines organdis et jaconats, huit à dix mille coupes de mousseline de laine. Le blanchîment s'opère sur environ dix mille pièces de tissus de coton et dix mille coupes de mousseline-laine..

Il y a dans l'établissement huit roues hydrauliques équivalant ensemble à la force de cent quatre-vingts chevaux et cinq machines à vapeur de la force de cent chevaux.

Les produits de Wesserling sont renommés partout où l'on fait usage de l'indienne, par la qualité irréprochable des tissus, la richesse, la variété, la solidité des couleurs, par le soin scrupuleux qui préside à tous les détails de leur confection.

Le nombre des ouvriers employés dans les différentes branches de la fabrique est annuellement de quatre mille trois cents. Une direction toute paternelle préside à leurs travaux : aussi est-il rare de voir un ouvrier quitter Wesserling; où trouverait-il, ailleurs, des chefs plus soigneux de leur bien-être matériel et moral ?

La société a fait établir à ses frais

1° Une école pour les petits enfants des deux sexes ;

2° Une école pour les enfants d'un âge plus avancé, dans laquelle on enseigne l'allemand, le français, le calcul, le dessin, la géographie, l'histoire : cette école fournit d'excellents employés à la fabrique ;

3° Une caisse d'épargne qui, par l'esprit d'ordre et d'économie qu'elle développe dans les ouvriers, ne leur est pas moins utile qu'elle l'est à l'établissement même.

Enfin un médecin attaché à la fabrique donne des soins aux malades, et une pharmacie a été mise à sa disposition.

Cet établissement a obtenu la médaille d'or en 1819,

et un rappel en 1834; le jury le proclame aujourd'hui de plus en plus digne de cette haute distinction.

MM. Hartmann et fils, à Munster (Haut-Rhin).

Les produits de cette importante fabrique ont toujours été au premier rang dans l'estime des consommateurs, et ils le doivent à la qualité des tissus, au fini de la gravure, au goût des dessins, à la beauté des nuances, surtout des teintes fines, telles que celle du rose, dans laquelle la fabrique de Munster a toujours excellé. Un mérite particulier aux mousselines façonnées, jaconats et organdis imprimés ou écrus, exposés par cette maison, c'est leur exécution par des métiers mécaniques construits originairement pour calicots par M. André Kœchlin et compagnie de Mulhouse, et rendus propres, dans les ateliers de MM. Hartmann, à la confection de ces différents tissus fins qui, auparavant, n'avaient été produits que par des métiers à bras. Cette innovation a permis de fabriquer plus promptement et plus régulièrement les tissus en même temps qu'elle a amélioré le sort de l'ouvrier tisseur en rendant son travail moins pénible et en élevant son salaire d'un tiers en sus de celui qu'il gagnait par le tissage à la main.

Le tissage de cette fabrique se compose de huit cent cinquante métiers mécaniques, mus, ainsi que les machines préparatoires, par une roue hydraulique et une pompe à vapeur travaillant simultanément et représentant une force totale de soixante chevaux.

Les ateliers de tissage fournissent annuellement cinquante mille pièces de calicot, percale, jaconas et mousseline, qui sont imprimées à la main ou mécaniquement. On a commencé, depuis quelque temps, à tisser et à imprimer sur laine.

Le nombre des ouvriers employés est d'environ quinze cents.

Les produits se vendent principalement dans les deux dépôts de Paris et de Lyon, et, par exportation, en Belgique, en Hollande, en Allemagne, en Italie, en Espagne et aux États-Unis d'Amérique.

Cette maison a obtenu, en 1834, la médaille d'or ; le jury s'empresse de lui en voter le rappel.

MM. DOLLFUS, MIEG et Cie, à Mulhausen (Haut-Rhin).

Cet établissement est toujours au premier rang dans la fabrication des toiles peintes. Non-seulement son étendue, le nombre des ouvriers qu'il occupe, le font remarquer, mais encore le goût des dessins et des couleurs qui rehaussent l'excellente qualité de ses produits. Les pièces qui étaient à l'exposition ont témoigné de la possibilité de s'élever aux plus beaux effets, sans recourir à des dessins compliqués ou recherchés, ni à la multiplicité des couleurs. Aussi, depuis plusieurs années, les produits de MM. Dollfus, Mieg et compagnie ont-ils été adoptés par la mode, et la vogue qu'ils ont leur a-t-elle constamment procuré des débouchés considérables dans des moments où leurs rivaux luttaient péniblement contre la crise qui pesait sur l'industrie.

Le goût et la perfection d'exécution, que nous avons déjà signalés, se trouvent ici avec l'importance de la production ; ce double mérite dénote une habile direction et une administration bien organisée.

- Les divers établissements de cette maison se composent

1° D'une filature de 20,000 broches, mue par une pompe à vapeur de la force de 70 chevaux, produisant 325,000 kil. de coton filé ;

2° D'un tissage mécanique de 300 métiers et de 20 machines à parer, fournissant 2,600,000 aunes métriques de tissus ;

3° De 1,500 métiers de tissage à bras ;

4° D'une blanchisserie qui suffit au blanchiment de 150,000 pièces de toile par an ;

5° D'une manufacture de toiles peintes, de laquelle il sort, annuellement, 2 millions d'aunes de tissus imprimés.

Ces établissements occupent 4,200 ouvriers, et consomment 6 millions de kilog. de houille.

Les produits qu'ils confectionnent se sont vendus en France, en Allemagne, en Italie, en Belgique, en Hollande, en Angleterre, dans le Levant, aux États-Unis d'Amérique et au Mexique.

MM. Dollfus, Mieg et compagnie ont obtenu la médaille d'or en 1819, qui leur a été confirmée en 1834 ; le jury, s'empressant de les reconnaître de plus en plus dignes de cette haute récompense, leur en vote le rappel.

MM. Haussmann, Jordan, Hirn et c^ie^, au Logelbach (Haut-Rhin).

Cet établissement se compose d'une indiennerie proprement dite, datant de 1775, d'un tissage établi en 1820, enfin d'une filature de 32,000 broches fondée en 1825.

Les impressions à quatre rouleaux, faites à l'aide d'une machine construite par M. Haussmann, des impressions au double, au triple, au quadruple rouleau, faites simultanément, témoignent que les propriétaires de ce bel établissement sont toujours animés d'un zèle égal pour perfectionner leurs produits, et qu'ils sont dignes du rappel de la médaille d'or.

MM. Schlumberger, Koechlin, à Mulhausen (Haut-Rhin).

Le jury de 1834, en donnant à cette maison la médaille d'or, avait signalé la perfection avec laquelle elle exécutait les toiles imprimées pour meubles. Cette supériorité sur ses concurrents de l'Alsace, cette fabrique la conserve encore et personne ne la lui conteste.

Elle imprime avec un égal succès des tissus de laine pour meubles.

Ses impressions pour robes sur calicot et sur mousseline-laine ont également une grande réputation. Elle possède une filature fort estimée, qui entretient un tissage de calicots important et recommandable par la force et la régularité des toiles. Elle imprime une partie de ces tissus et vend l'autre pour le blanc.

Cette fabrique se soutient avec distinction au premier rang des grands établissements de l'Alsace, et le jury lui vote le rappel de la médaille d'or.

M. Grosjean fils, à Mulhausen (Haut-Rhin).

La perfection des produits sortis de cette maison valut, en 1834, à son chef, M. Grosjean, la médaille d'or, ainsi que la décoration de la Légion d'honneur. Aujourd'hui, sous la direction de M. Grosjean fils, elle se soutient honorablement, et le commerce a recherché les mousselines-laines qu'on y imprime depuis 1838.

Le jury accorde à cet établissement le rappel de la médaille d'or obtenue par le père de M. Grosjean.

MM. Adrien JAPUIS et Jean-Baptiste JAPUIS, à Claye (Seine-et-Marne).

Cet établissement, dont la fondation remonte à 1775, a été, jusqu'en 1836, le seul de son espèce dans le département de Seine-et-Marne : toujours dirigé avec une rare intelligence, il présente ce fait remarquable, que tous les travaux y sont exécutés par des femmes au nombre de 300 environ; et, pour apprécier l'influence qu'il a exercée sur le bien-être de plusieurs communes, il suffira de dire que, depuis dix-huit ans environ que l'établissement a pris une nouvelle extension, le prix de la journée agricole, qui était de 60 c., est aujourd'hui, pour ces mêmes femmes, de 1 fr. à 3 fr., suivant leur habileté.

Le caractère essentiel de cette fabrique est dans la perfection des étoffes pour meubles, et ailleurs on n'a jamais dépassé le degré où l'on y est parvenu pour la pureté et l'éclat des rouges de garance.

Une indienne destinée aux meubles, à dessins rouges et roses dégradés, sur fond vert, a fixé, cette année, les regards de tous les connaisseurs; et l'emploi qu'on a fait, pour la teindre, de la garance cultivée en Seine-et-Marne par M. Batereau-d'Anet est une preuve de l'excellent esprit qui dirige l'établissement de Claye.

Le jury rappelle à MM. Japuis la médaille d'or qu'ils ont obtenue en 1834.

MÉDAILLES D'OR.

MM. Kettinger et fils, à Lescure (Seine-Inférieure).

Cette fabrique, fondée il y a déjà 80 ans à Bolbec par le père et le grand-père de MM. Kettinger et fils, a été transportée depuis six ans à Lescure, près de Rouen; elle compte aujourd'hui 250 ouvriers fabriquant annuellement de 35,000 à 40,000 pièces.

On sait que la fabrication rouennaise des toiles peintes se distingue particulièrement par l'abondance des objets qu'elle confectionne et leur bon marché; eh bien, le cachet spécial de la fabrication de MM. Kettinger et fils est dans la nouveauté des produits; dès qu'ils sont imités, ils s'occupent d'en faire de nouveaux. Si la nouveauté les rend un peu plus chers que la plupart des objets analogues de l'industrie rouennaise, cependant le prix n'en est point élevé, si on a égard à la bonne qualité des tissus, à la belle fabrication des fonds et à la réussite des couleurs soit de leurs indiennes, soit de leurs cravates. Ils excellent surtout dans l'impression des fonds unis, et peuvent défier, sous ce rapport, la concurrence de l'Alsace.

Les nombreux articles faits par MM. Kettinger et fils depuis la dernière exposition, où ils avaient obtenu une médaille d'argent, a déterminé le jury à leur accorder aujourd'hui une médaille d'or.

MM. Girard et c^ie^, à Déville (Seine-Inférieure).

La fabrique de MM. Girard et compagnie est le type de

la fabrication rouennaise, lorsqu'on prend en considération les 84,000 pièces qu'elle livre annuellement au commerce et la modicité des prix : car le prix de l'impression varie de 20 cent. à 60 cent. les 12 décimètres, et cependant les produits sont de bonne qualité, et plusieurs couleurs se font remarquer par leur beauté, entre autres le violet fait à la garance. Enfin M. Girard se livre, avec un zèle digne d'éloge, à appliquer, sur la toile, les préparations de garance que M. Lagier fabrique en grand d'après les indications qu'il a puisées auprès de M. Robiquet, un des auteurs de la découverte de l'alizarine, principe colorant qui, tôt ou tard, nous paraît appelé à jouer un rôle important dans l'impression des tissus.

Le jury décerne une médaille d'or à MM. Girard et compagnie.

RAPPELS DE MÉDAILLES D'ARGENT.

MM. Schlumberger jeune et c[ie], à Thann (Haut-Rhin).

Les produits que MM. Schlumberger jeune et compagnie ont exposés soutiennent parfaitement la réputation que leur a faite l'exposition précédente.

Leur variété et leur bonne exécution attestent la connaissance approfondie de M. Schlumberger dans les diverses branches de sa profession; il fait avec un égal succès les impressions sur coton, de tous genres, pour robes et pour meubles.

Son établissement peut être cité comme un modèle de

bonne organisation ; toutes les opérations s'y exécutent avec une précision, une régularité et une économie de temps et de main-d'œuvre remarquables.

Les succès déjà obtenus par cette maison en présagent de plus marquants dans l'avenir.

Le jury, la trouvant de plus en plus digne de la médaille d'argent qu'elle reçut en 1834, lui en vote le rappel.

MM. Liebach-Hartmann et c^ie^, à Thann (Haut-Rhin).

La maison Liebach-Hartmann et compagnie jouit d'une réputation justement acquise par son habileté à imprimer sur calicots, jaconas, mousselines de coton, et sur les étoffes de soie et de laine. Ses impressions au rouleau sont fort estimées dans le commerce par le fini de la gravure et la beauté des nuances; ses roses surtout peuvent soutenir la comparaison avec tout ce qui se fait de mieux dans ce genre.

Elle avait obtenu la médaille d'argent en 1834; le jury lui en vote le rappel.

M. Daniel Schlumberger, à Mulhausen (Haut-Rhin).

Créé en 1807, cet établissement a continué jusqu'ici sous la même raison sociale, mais en prenant de l'extension.

Il imprime annuellement de quarante à quarante-cinq mille pièces de calicot et jaconas qu'il tire des départements du Haut et du Bas-Rhin. On y trouve une roue hydraulique de quinze chevaux et une machine à vapeur de même force; il occupe de sept cent à sept cent cinquante ouvriers.

Les indiennes de cette maison, soit à fond blanc, soit surtout de genres demi-fond et foncé, sont fort goûtées dans le commerce.

Elle a obtenu la médaille d'argent en 1819 et son rappel en 1834. Le jury reconnaît qu'elle mérite toujours cette honorable distinction et lui en vote le rappel.

M. Rondeau-Pouchet (Seine-Inférieure).

Cette fabrique réunit à un degré éminent les mérites qui distinguent l'industrie de la Seine-Inférieure : l'importance de la production, l'économie de temps et de main-d'œuvre dans l'exécution et, comme conséquence, le bon marché, aussi ses produits sont vendus aussitôt qu'achevés, sans courir les chances et les frais d'emmagasinage.

Le jury a remarqué, parmi les nombreuses pièces exposées, les mignonnettes, les rongés rouges, les algériennes et les fonds blancs. Toutes ces indiennes, d'une grande variété et d'une exécution très-satisfaisante, se vendent depuis 60 c. jusqu'à 1 fr. l'aune métrique. Avec des conditions aussi favorables, cette maison trouve un placement facile de ses produits, non-seulement dans l'intérieur de la France, mais encore dans les pays étrangers, où ils peuvent soutenir la concurrence de nos rivaux.

M. Rondeau avait obtenu, en 1834, la médaille d'argent, il se montre toujours digne de cette honorable distinction, et le jury lui en vote le rappel.

M. Pimont aîné, à Rouen (Seine-Inférieure).

Ce fabricant jouit, depuis longues années, de la meilleure

réputation pour l'impression sur toiles de coton, des cravates et des châles ; il réussit parfaitement dans les enluminures, et surtout dans les lapis.

Il a créé à Rouen les impressions pour meubles, et il s'est placé au premier rang par la richesse et l'élégance de ses dessins, par l'éclat et la vivacité de ses couleurs.

L'exposition de M. Pimont aîné, si riche et si variée, atteste les connaissances approfondies qu'il possède dans sa profession, et confirme l'opinion du commerce, qui le compte parmi les fabricants les plus distingués de la Seine-Inférieure.

Il avait obtenu, à ces divers titres, la médaille d'argent en 1834 ; le jury lui en vote le rappel.

M. Pimont (Jean), à Rouen (Seine-Inférieure).

Cet exposant imprime sur coton et sur laine des dessins pour cravates, châles, robes et meubles.

Il fabrique également des draps pour les rouleaux et pour les tables d'impression.

Des genres si variés prouvent l'habileté de cet industriel : ils lui avaient valu la médaille d'argent en 1834 ; le jury lui en vote le rappel.

NOUVELLE MÉDAILLE D'ARGENT.

M. Néron jeune, à Déville-lès-Rouen (Seine-Inférieure).

M. Néron imprime non-seulement des cravates et des

mouchoirs de coton, mais encore des foulards de l'Inde avec une habileté incontestable. Ses produits, d'un bon usage, se vendent à des prix peu élevés; il est auteur d'un procédé pour lequel il a pris un brevet, et qui est remarquable par la simplicité avec laquelle il exécute des dessins blancs sur des toiles de coton, et des dessins orangés sur des tissus de soie, qui préalablement ont été passés en cuve d'indigo.

M. Néron obtint une médaille d'argent en 1813; elle fut rappelée en 1827 ainsi qu'en 1834 pour ses impressions sur foulards de soie; le jury lui décerne une nouvelle médaille d'argent, particulièrement pour le procédé précité.

MÉDAILLES D'ARGENT.

MM. Blech-Fries, à Mulhausen (Haut-Rhin).

Cet établissement comprend une filature de douze mille sept cents broches, mise en mouvement par une machine à vapeur, dont le produit est de 150,000 kil. de coton filé par an; une partie de ces fils font des calicots à l'usage d'une manufacture d'indiennes qui produit annuellement vingt-six mille pièces de calicot imprimées et teintes, et six mille cinq cents pièces de mousseline-laine à l'aide d'une machine de trente chevaux.

Le nombre des ouvriers employés dans les deux usines est de huit cent quinze,

Les produits s'écoulent en France et à l'étranger.

Le jury, prenant en considération l'habileté de ces fabricants, la variété et l'importance de leur production, leur décerne une médaille d'argent.

M. Robert Roulet, à Thann (Haut-Rhin).

Cette fabrique imprime avec un égal succès sur calicots, mousselines, jaconas et sur mousselines-laine; elle doit surtout sa réputation à ses impressions au rouleau, que le commerce recherche comme des types de perfection d'un genre qui offre tant de produits à la consommation.

La vogue bien méritée des tissus imprimés de cette fabrique date déjà de plusieurs années.

Le jury lui décerne la médaille d'argent.

M. Japuis (Jean-Marie), à Claye (Seine-et-Marne).

M. Japuis, ancien associé de MM. Adrien Japuis et Jean-Baptiste Japuis, a puisé à cette excellente école les connaissances qu'il met en pratique dans l'établissement qu'il a formé seul. Ses impressions pour robes et pour meubles se recommandent par la richesse et la variété des nuances.

Le jury lui décerne la médaille d'argent.

M. Eugène Bazile, à Bapaume (Seine-Inférieure).

M. Eugène Bazile, qui, de 1832 à 1835, fut associé avec MM. Keltinger et fils, fonda en 1835, à Bapaume, un établissement où il se livra aux articles de nouveautés, comme le font MM. Keltinger; en 1838, il établit une blanchisserie à Maromme, où il traite les calicots pour impressions sur une grande échelle ; ces produits sont extrêmement recherchés à cause de la perfection du décreusage.

D'après ces considérations, le jury décerne une médaille d'argent à M. Eugène Bazile.

MM. Hazard frères, à Saint-Aubin-lès-Rouen.

Ces fabricants impriment sur tissus de coton et sur mousselines en laine pure ou à chaine de coton. Leurs produits se font remarquer par une excellente exécution dans leur ensemble, qui place les exposants parmi les industriels renommés de la Seine-Inférieure.

Le jury leur décerne la médaille d'argent.

MM. André Charvez et Fevez, à Lille (Nord).

Cette fabrique, connue depuis longtemps par ses impressions sur calicots et jaconas, a ajouté à son industrie l'impression sur mousselines-laine. Les succès qu'elle obtient dans ces divers genres ont d'autant plus de mérite pour elle que, loin des grands centres de la production des indiennes, elle est, sous le rapport de la main-d'œuvre, des bons modèles, des procédés et des moyens de fabrication, dans une position moins favorable que ses rivaux ; en soutenant honorablement leur concurrence, elle fait preuve d'une habileté manufacturière que le jury se plaît à récompenser en lui votant la médaille d'argent.

RAPPEL DE MÉDAILLE DE BRONZE.

MM. Landmann, à Sainte-Marie-aux-Mines (Haut-Rhin).

MM. Landmann ayant obtenu à l'exposition de 1834 une médaille de bronze pour des cotons teints en rouge turc et pour des impressions sur toile, le jury a pensé que les produits qu'ils ont exposés en 1839 sont dignes du rappel de cette médaille.

NOUVELLES MÉDAILLES DE BRONZE.

MM. Hofer frères, à Mulhausen (Haut-Rhin).

Cette fabrique, qui s'occupe exclusivement de l'impression sur tissus de coton, excelle par la richesse et la variété de ses nuances dans les tissus enluminés. Sa production est importante.

Le jury lui décerne la médaille de bronze.

M. Hofer (Josué), à Mulhausen (Haut-Rhin).

Ce fabricant se livre avec un égal succès à l'impression des tissus de coton et de laine; il verse annuellement dans le commerce de vingt à trente-cinq mille pièces imprimées, et il occupe de quatre cents à quatre cent cinquante ouvriers.

Il fait preuve de goût et d'habileté dans les différentes sortes d'impressions qu'il exécute. Le jury lui décerne la médaille de bronze.

M. J.-A. Koechlin, à Darnetal (Seine-Inférieure).

Cette maison est connue pour l'impression des indiennes à bon marché, qui cependant sont remarquables par une bonne exécution.

Son exposition offre des indiennes unies, à fond, à double rouleau, au prix de 50 centimes le mètre ; des indiennes avec rentrure et enluminage de 80 à 92 cent., qui ne laissent rien à désirer pour l[illegible] réussite, eu égard aux prix.

Le jury lui décern[illegible] [illegible]édaille de bronze.

M. Bataille, à Rouen (Seine-Inférieure).

Ce fabricant se livre exclusivement à l'impression des calicots, des châles et mouchoirs ; les cravates qu'il a exposées, à 7 fr. 50 c. et 8 fr. 50 c. la douzaine, sont remarquables à la fois par leur bonne exécution et leur bon marché. Il fait usage de tables mécaniques à impression, et avec assez d'avantage sur le prix de la main-d'œuvre, pour pouvoir livrer ses produits à un cours très-favorable, qui en facilite la vente à l'intérieur et à l'étranger.

Le jury lui décerne une médaille de bronze.

Mademoiselle Sophie Dupont et c^ie^, à Valence (Drôme).

Mademoiselle Sophie Dupont a exposé des mouchoirs de toile de lin imprimés en couleurs vives et bien assorties ; elle occupe une centaine d'ouvriers qui fabriquent annuellement plus de dix mille douzaines de mouchoirs imprimés que le commerce recherche extrêmement.

Le jury décerne une médaille de bronze à mademoiselle Sophie Dupont.

MENTIONS HONORABLES.

M. Stackler, à Rouen (Seine-Inférieure).

Le jury confirme de nouveau la mention honorable que M. Stackler a obtenue aux expositions de 1827 et de 1834; il l'encourage à continuer ses essais sur l'application de l'extrait de garance. Il doit surtout s'efforcer de faire disparaître la teinte lie de vin que présente la pièce qu'il a exposée.

M. Dorgebray, à Kingersheim, près Mulhausen (Haut-Rhin).

MM. Barbé et c^ie^, au Vieux-Thann (Haut-Rhin).

Ces deux fabricants, dont les établissements sont récents, se livrent exclusivement à l'impression sur calicots. Par la qualité des tissus et l'exécution de l'impression, leurs produits sont intermédiaires entre ceux des premières maisons de l'Alsace et les calicots imprimés, communs, de la Normandie.

M. Manoury-Lamy, à Bolbec (Seine-Inférieure).

Ce fabricant imprime sur coton pour meubles dans le

genre simple et à bon marché; il se sert de rouleaux et de perrotine : son exécution, très-satisfaisante, est en rapport avec les prix de 80 c. à 1 fr. 20 c. l'aune métrique.

M. Lemaignan, à Bolbec (Seine-Inférieure).

Les produits de cette maison se recommandent par le bon marché et la bonne exécution, qui font le mérite des produits de la fabrique de Bolbec.

IIe section. Impressions sur tissus de laine soit pure, soit mélangée de coton ou de soie.

Le degré de perfection auquel l'art de l'impression sur tissu de laine est parvenu, depuis la dernière exposition, doit arrêter notre attention ; car on ne peut plus douter de la possibilité de produire sur cette espèce de tissu les mêmes effets que sur ceux de coton, si l'on a regardé avec quelque attention l'ensemble des impressions sur laine, qui étaient un des ornements de l'exposition. L'essor aussi grand que rapide de cet art nouveau, considéré dans sa cause, forme un des beaux chapitres de l'histoire des applications des sciences, et, considéré dans ses effets, il fait pressentir l'immense influence que cette industrie exercera un jour sur le pays en restreignant beaucoup l'usage du coton dans toutes les contrées froides ou humides, ou bien encore de température variable. Enfin cette considération, liée intimement avec celle de l'influence que les toiles de lin doivent exercer par la grande consommation qu'on en fera certainement de plus en plus, à mesure que le prix s'en abaissera, donne à penser qu'un temps viendra où il se passera chez nous, pour le coton, quelque chose d'analogue à ce qui arrive de nos jours au sucre exotique.

Si, depuis quatre ans, l'impression sur laine a fait tant de progrès, ce serait une erreur de croire qu'il n'y a pas eu de difficultés vaincues : de très-grandes l'ont été ; mais, pour cela, il a fallu le concours des sciences physico-chimiques, en même temps que l'art de l'indienneur, qui, comme nous l'avons dit, s'est élevé, depuis plusieurs années, à un tel degré, qu'il sera difficile de le dépasser, s'il ne se présente pas quelque circonstance inattendue, et a prêté à la nouvelle industrie toutes les lumières de sa vieille expérience. Nous ne croyons point inutile d'entrer à ce sujet dans quelques détails propres à servir de base au jugement du jury, en même temps qu'ils pourront être de quelque utilité à ceux qui voudraient se livrer avec succès à l'impression des tissus de laine.

Parlons d'abord du principe qui sert de base à l'impression sur laine. Lorsqu'un tissu de cette nature a reçu par impression quelque matière colorée ou susceptible de le devenir, il faut que celle-ci reste invariablement à la place où elle a été mise, et qu'elle y soit ensuite fixée au moyen de la chaleur. Pour que cette double condition soit remplie, la matière imprimée doit être, pendant le fixage, humectée au point de pénétrer légèrement dans l'étoffe, sans s'étendre au delà des endroits où l'impression a été faite; enfin le degré de chaleur doit être convenable pour que la matière imprimée, abandonnant l'eau d'humectation, puisse s'unir à l'étoffe. On voit donc que le succès dépend d'un juste milieu assez difficile à saisir.

Une autre cause de difficulté provient du soufre, un

des éléments essentiels d'une matière qui est intimement associée à la laine. Ce soufre a le grave inconvénient d'être susceptible de s'unir à plusieurs matières métalliques qui peuvent se trouver en contact avec la laine, et de donner naissance à des sulfures qui colorent cette étoffe en noir, en brun ou en couleur de rouille ; eh bien, cette difficulté ne se rencontre jamais avec la soie et le coton, exempts qu'ils sont de soufre élémentaire.

Les sels et les oxydes de cuivre ne peuvent être frappés par la chaleur, lorsqu'ils sont en contact avec la laine plus ou moins humectée, sans produire avec elle une couleur de rouille qui ne se développe pas sur la soie et sur le coton, exempts qu'ils sont de matière sulfurée.

Enfin nous ferons remarquer que l'impression sur laine ayant été exécutée, dans l'origine, sur une très petite échelle et par des industriels qui se bornaient à l'impression et au fixage par la vapeur, il en est résulté des accidents de fabrication dont la cause a été longtemps cachée, par la raison surtout que les opérations nécessaires pour confectionner une étoffe imprimée étaient exercées successivement par des mains indépendantes les unes des autres ; il y a donc eu une condition plus favorable de succès à l'époque où ces opérations ont été subordonnées dans un même établissement à une direction unique, comme le sont les opérations auxquelles on soumet les étoffes de coton dans les grandes fabriques d'indiennes ou de toiles peintes.

RAPPEL DE MÉDAILLE D'OR.

M. Charles Depouilly, à Puteaux (Seine).

M. Charles Depouilly obtint, en 1819, une médaille d'or pour des étoffes de soie variées, et en 1823 le rappel de cette médaille pour des étoffes analogues. Depuis plusieurs années il a fondé, à Puteaux, un grand établissement où l'on exécute toutes les opérations auxquelles sont soumis les tissus de laine et de soie écrus destinés à l'impression. Les produits de cet établissement, de bonne qualité, se font remarquer surtout par l'uni de la teinte des fonds. Enfin la mode est généralement disposée à adopter les fruits de l'imagination active de M. Depouilly : le jury accorde un rappel de médaille d'or à cet industriel.

MÉDAILLES D'OR.

MM. Piot, Jourdan frères et c^{ie}, à Trois-Villes, près de Cambrai (Nord).

L'établissement de MM. Piot, Jourdan frères et compagnie, fondé à Trois-Villes, près de Cambrai, à une époque où les salaires des ouvriers occupés au tissage du coton étaient devenus insuffisants pour les faire vivre, eut l'avantage d'améliorer le sort d'une nombreuse population, en même temps qu'il témoigna de l'excellent esprit des fondateurs qui donnèrent à leur nouvelle industrie les développements nécessaires pour l'élever le plus rapidement possible au plus haut point de perfection. Ainsi on exécute dans leur établissement toutes les opérations auxquelles les tissus de laine sont soumis, comme le blanchiment, la teinture en fond quand elle est nécessaire, l'impression et les apprêts. D'un autre côté, si de simples ouvriers campagnards exécutent ces travaux loin de la capitale, les dessins qu'ils retracent par l'impression ont été créés à grands frais à Paris, centre du goût et de la mode, et l'on est étonné de la perfection avec laquelle sont reproduits, non-seulement les dessins que l'on fait couramment, mais ceux, encore, qui se composent de parties si nombreuses et de couleurs si variées, qu'en les voyant sur des tissus on pourrait méconnaître dans ces derniers la qualité commerciale.

Des renseignements authentiques prouvent que, du 10 juillet 1837 au 7 juillet 1838, MM. Piot, Jourdan frères et compagnie ont confectionné complétement vingt-deux mille neuf cent quatre-vingt-dix-sept pièces, et que, du 10 juillet 1838 au 7 mai 1839, ils en ont confectionné vingt-neuf mille trois cent trente-six.

Le jury décerne une médaille d'or à MM. Piot, Jourdan frères et compagnie.

M. Paul Godefroy, à Saint-Denis (Seine).

L'établissement de M. Paul Godefroy est borné à l'impression, et les produits qu'on y confectionne sont loin d'atteindre le chiffre de ceux qui sortent des deux maisons précédentes, puisque la fabrication annuelle de M. Paul Godefroy est limitée de trois mille à quatre mille pièces, de trois mille à quatre mille châles, de trois mille à quatre mille écharpes et de six mille à dix mille colliers et fichus; mais tous les produits de sa fabrication, d'une exécution soignée, présentent des couleurs brillantes généralement bien assorties et fondues quand le sujet le demande, et les formes qu'elles revêtent ont un relief remarquable. Ces qualités se retrouvent à un haut degré dans un dessin arabe sur fond bleu, ainsi que dans le dessin que M. Paul Godefroy a désigné par la dénomination de *forêt vierge*.

Les impressions sur soie sont tout aussi belles que les impressions sur laine.

Le jury décerne une médaille d'or à M. Paul Godefroy.

M. Caron-Langlois fils, à Beauvais (Oise).

M. Caron-Langlois se livre à plusieurs branches d'industrie. Sa fabrique de tapis de foyer, ses impressions sur drap et sur peluche pour tapis de table, lui valurent, aux expositions de 1827 et de 1834, deux médailles d'argent; et, à cette même exposition de 1834, il reçut encore une médaille d'argent pour ses toiles demi-Hollande et ses impressions à double face sur mouchoir de fil à l'imitation des foulards. M. Caron-Langlois s'est présenté à l'exposition de 1839 non-seulement avec des produits du genre de ceux que nous venons de nommer (excepté les toiles demi-Hollande), mais encore avec de nombreuses impressions sur laine et sur soie, pour robes, manteaux, châles, etc., genre d'industrie qu'il a fondé à Beauvais en 1834. Les succès obtenus par un seul homme dans plusieurs sortes de fabrications qu'il a lui-même établies hors du département de la Seine, l'heureuse influence qu'elles ont eue sur la classe ouvrière, ont déterminé le jury à accorder une médaille d'or à M. Caron-Langlois.

RAPPEL DE MÉDAILLE D'ARGENT.

M. Trotry-Latouche, à Paris, et Chatou (Seine-et-Oise).

M. Trotry-Latouche dirige toujours le grand établissement de bonneterie orientale, qui lui valut, en 1823, une médaille de bronze, en 1827 une médaille d'argent; enfin, en 1834, le rappel de cette dernière médaille.

Il a exposé, cette année, non-seulement des produits de cet établissement, mais encore des étoffes feutrées pour descentes d'escalier et pour grands tapis de pied, qui ont été complétement fabriquées dans un établissement qu'il a fondé à Chatou (Seine-et-Oise). Ce que ce genre d'industrie présente de spécial, c'est la pénétration profonde dans une étoffe feutrée assez épaisse, pour servir de tapis de pied, de matières colorantes par la voie de l'impression. Cette industrie ne faisant que de naître, on peut espérer que M. Trotry-Latouche lui fera faire les progrès dont elle paraît susceptible. Il évalue que le mètre de ses grands tapis de pied, suivant la force et la qualité de la laine, pourra être livré au consommateur de 5 à 10 francs.

Le jury rappelle, pour ensemble des travaux de M. Trotry-Latouche, la médaille d'argent qu'il obtint en 1834. (Voir ce qui a été dit à la *Bonneterie*.)

NOUVELLES MÉDAILLES D'ARGENT.

M. Thomann, à Puteaux (Seine).

Il imprime sur laine, soie et coton, et il teint en pièces. Depuis plusieurs années ses teintures unies sur coton, en bleu d'indigo de cuve, en couleur de rouille, en gris inaltérable préparé par un procédé qui lui est propre, sont renommées dans le commerce. On a distingué, parmi ses impressions, plusieurs petits dessins d'une netteté parfaite. Les prix de M. Thomann sont très-modérés, et une des causes de l'abaissement de ses prix pour l'impression est l'usage raisonné des perrotines qu'il a fait, un des premiers, dans le département de la Seine. Il occupe un grand nombre d'ouvriers.

Le jury lui décerne une médaille d'argent.

M. Léon Godefroy, à Surênes (Seine).

Impression sur étoffes de laine, de laine et soie, de laine et coton, de foulards de soie, de batiste tout fil.

M. Léon Godefroy s'est principalement appliqué, comme M. Thomann, à faire jouir le consommateur d'une réduction de prix assez considérable, par l'emploi des moyens mécaniques. La moyenne du prix de ses façons, depuis deux ans, est de 60 cent. par aune ; en 1834 et 1835, elle était de 1 franc 50 cent. Il fabrique de 16,000 à 20,000 pièces.

Le jury accorde à M. Léon Godefroy la médaille d'argent.

MENTION HONORABLE.

M. Gonin, à Paris, quai Bourbon, 45.

Impressions en or sur étoffes de soie de laine et de coton.

Cette impression consiste à fixer l'or en feuilles sur une matière que l'étoffe a reçue par impression, matière qui a été appliquée en couche excessivement mince et assez flexible et tenace pour que l'or, une fois fixé, ne se détache pas, ou que très-difficilement, du tissu.

Cette impression pourra être utile aux fabricants de rubans qui ne recherchent pas le relief dans un dessin.

En accordant à M. Gonin une mention honorable, le jury aime à rappeler qu'il est un de ceux qui ont le plus contribué, par de constants efforts, à porter la teinture au point où elle est actuellement. Dans sa longue carrière, il a imaginé ou amélioré plusieurs procédés : nous citerons, entre autres, ses roses de cochenille, et son procédé pour blanchir la soie.

CITATION.

MM. Lavril et Larsonnier, à Paris, rue du Gros-Chenet, 8.

Impression sur laine, sur soie et sur laine et soie.

Nous citerons favorablement la maison Lavril et Larsonnier pour l'ensemble des produits de leur exposition, et la part qu'ils ont eue dans les dessins de leurs étoffes imprimées.

IIIe section. Impressions sur tissus de soie.

MÉDAILLE D'OR.

M. Jean-Louis DURAND, à Saint-Just-sur-Loire (Loire).

M. Jean-Louis Durand a fondé, il y a une douzaine d'années, un établissement à Saint-Just-sur-Loire, qui occupe maintenant de 500 à 600 ouvriers, dont les sept huitièmes sont du pays et ont été formés par lui.

Les produits de l'établissement de M. Durand se distinguent par la variété, le nombre, la bonne qualité et le bon marché ; plusieurs sont le résultat de procédés qu'il a imaginés.

Il imprime sur châles de laine ; il imprime sur la chaîne de soie, d'après un procédé de son invention, afin de faire à bon marché des châles, des écharpes, des colliers, des rubans. Nous rappelons encore qu'il est auteur d'un moyen de teindre avec places réservées, qui consiste à comprimer, entre deux cadres de bois, les parties du tissu qui ne doivent pas prendre la couleur du bain de teinture. La fabrique de Saint-Étienne ne pouvant conserver à ses rubans, sur les marchés intérieurs et extérieurs, la vogue de la mode, sans varier souvent les couleurs et les dessins de ces produits, elle tire un grand avantage du concours d'un teinturier qui sait satisfaire à l'exigence du goût pour la variété, en allant souvent même au-devant : sous ce rapport, elle doit beaucoup à l'exposant.

M. Durand ayant obtenu une médaille d'argent en 1834, le jury lui décerne une médaille d'or pour l'extension éclairée qu'il a donnée à sa fabrique.

IVe section. Application des matières colorantes par impression en relief sur étoffe.

Afin qu'une étoffe se prête convenablement à l'impression en relief, elle doit avoir de l'épaisseur et une force suffisante pour conserver les impressions qu'elle recevra. Telle est la raison pour laquelle il n'y a que les étoffes feutrées et le velours qui soient réellement susceptibles de prendre des reliefs. Non-seulement cette condition est une limite à la production des étoffes imprimées en relief, mais l'usage même qu'on en fait la restreint encore; car elles sont soumises au caprice de la mode, et lorsque celle-ci les recherche, leur durée s'oppose à ce qu'elles soient fréquemment renouvelées par un même consommateur; enfin l'emploi raisonné qu'on en fait en limite encore la production en ceci qu'elles ne conviennent que dans les cas où elles ne seront point exposées à être foulées, ou, si elles le sont, ce ne sera que rarement, autrement elles pourraient perdre leur relief. Cette industrie est déjà ancienne, car elle remonte à l'année 1788; en 1815, elle fut transférée à Saint-Ouen, chez M. Ternaux, par le fils de l'inventeur Bonvallet, qui, à cette époque, reçut une médaille d'argent de la Société d'encouragement. Quoique plus ancienne que l'impression sur tissu mince fixée par la vapeur, elle est loin d'avoir pris la même extension, soit relativement au nombre des personnes qui l'exercent, soit relativement à la grandeur des établissements ; les considérations précédentes en expliquent suffisamment la raison.

Les étoffes imprimées en relief, qui ont été exposées cette année, laissaient, en général, à désirer sous le rapport du dessin, et surtout sous celui des couleurs. Il ne faut jamais oublier que des étoffes épaisses sont rarement d'un effet agréable, lorsque les dessins qu'elles présentent en relief n'ont pas une certaine proportion entre leurs parties, et que les couleurs y sont nombreuses et vivement contrastées. Les efforts que l'on a tentés pour se rapprocher des dessins variés et vivement colorés des étoffes à impressions fixées par la vapeur ne nous semblent point heureux, quelles que soient les difficultés vaincues. On a pu se convaincre en regardant deux tapis à dessins noirs en relief, sur fond bleu de Prusse, qui avaient été exposés par MM. Merle, Malartic et Poncet, qu'on atteint le but en ne recourant qu'à une seule couleur. On peut encore rester dans le beau en faisant des dessins d'une seule couleur degradée ou même nuancée; mais, nous le répétons, les contrastes de couleurs vives ne conviennent pas à ce genre d'impressions.

MÉDAILLE D'ARGENT.

M. Bonvallet et c^{ie}, à Batignolles-Monceaux.

M. Bonvallet, petit-fils de l'inventeur, a exposé plusieurs pièces remarquables, parmi lesquelles on distinguait des velours d'Utrecht et des velours de soie. Les premiers se recommandent par la solidité du tissu, l'éclat de la couleur et le prix modéré de la façon, tandis que le prix élevé des seconds les classe parmi les étoffes de luxe. Ces deux sortes de velours ont été imprimées pour la première fois dans les ateliers de M. Bonvallet.

Le jury lui accorde une médaille d'argent.

MÉDAILLES DE BRONZE.

M. Lhotel, à Paris, rue Sainte-Foix, 8.

Les étoffes de M. Lhotel sont bien exécutées, elles soutiennent la réputation qu'il s'est faite à la dernière exposition de 1834, où il obtint une médaille de bronze. Par un sentiment qui l'honore, il reconnaît la part qu'un graveur, M. Larant, a eue dans l'exécution de plusieurs ouvrages qui ont joui de la faveur de la mode. En effet, M. Larant, au moyen d'une gravure ciselée en cuivre, donne aux dessins en relief un modelé qu'ils n'auraient pas sans cela.

Le jury décerne une nouvelle médaille de bronze à M. Lhotel.

M. Carré, rue Simon-le-Franc, à Paris. Impression en relief modelé.

Il a le grand avantage d'être lui-même graveur sur métaux, de sorte qu'il est dans la condition la plus favorable pour bien exécuter le relief modelé que l'on a remarqué pour la première fois dans les tapis de M. Lhotel. M. Carré commence sa carrière d'imprimeur par exécuter des dessins très-remarquables ; nul doute que son établis sement ne prenne plus d'importance qu'il n'en a aujourd'hui.

Le jury accorde une médaille de bronze à M. Carré.

MM. Fanfernot et Dulac, à Belleville (Seine).

Impression en relief sur étoffes et fabrique de tapis.

La fabrique de MM. Fanfernot et Dulac est une des plus considérables de Paris. Ils succèdent à M. Lucian, qui, à l'exposition de 1834, obtint une médaille de bronze.

Le jury décerne une médaille de bronze à MM. Fanfernot et Dulac.

MENTION HONORABLE.

M. Rheins et c^ie^, à Paris, rue Saint-Martin, 223.

Impression en relief sur étoffe et fabrique de calottes grecques.

L'établissement de M. Rheins est assez considérable.

Le jury lui accorde une mention honorable.

CITATION FAVORABLE.

M. Morand, à Paris, rue Baillet, 3.

Impression en relief sur étoffes et articles divers de fantaisie, sacs, cabas, tapis, etc.

IVe DIVISION. RÉPARATION DES TISSUS GATÉS PAR L'USAGE.

MÉDAILLE D'ARGENT.

M. KLEIN, teinturier, à Paris, rue Saint-Honoré, 361. Remise à neuf des vieux châles.

M. Klein, teinturier-apprêteur, a trouvé une excellente réserve au moyen de laquelle il peut, en teignant le fond des vieux châles de cachemire, préserver les palmes et les bordures de l'action du bain colorant, une fois que ces parties du châle ont été couvertes de sa réserve, par la raison qu'elle est aussi inattaquable à la température d'un bain bouillant de la part des mordants, des acides, de l'eau de savon, d'une eau alcaline que l'étoffe elle-même, enfin qu'elle est facile à séparer du châle retiré du bain de teinture et refroidi.

La Société d'encouragement, après avoir fait constater par une commission les bons effets de la réserve de M. Klein, a décerné à son auteur une médaille d'argent en juillet 1837.

M. Klein a reteint une cinquantaine de châles de cachemire par son procédé; il prend de 120 à 150 fr.

Il occupe une trentaine d'ouvriers dans son atelier de teinture et d'apprêt; c'est un teinturier habile et soigneux.

Le jury lui décerne une médaille d'argent.

Nous donnons la recette du procédé, que M. Klein nous a remise généreusement pour la rendre publique.

« Délayer, dans une partie d'albumine, de la craie en

quantité suffisante pour que le tout forme une pâte ferme ; y ajouter une dissolution de gomme arabique qui aura dû être préparée d'avance dans la proportion de 5 hect. pour 1/2 litre d'eau. La quantité de dissolution de gomme à ajouter à cette pâte doit être environ de la moitié du volume de l'albumine. »

« Lorsque le tout sera délayé, y ajouter de l'eau jusqu'à ce que l'on ait donné à la réserve la consistance voulue (à peu près celle de la peinture à l'huile). »

« On applique cette réserve au pinceau; en peu d'instants elle est sèche : pour obtenir une réserve complète sur une partie brochée, il faut en mettre des deux côtés de l'étoffe. »

« L'enlevage de la réserve s'obtient en lavant l'étoffe à grande eau et en frottant légèrement entre les mains les parties réservées. »

MÉDAILLE DE BRONZE.

M. Dier, tailleur, à Paris, rue Saint-Honoré, 129. Remise à neuf des vieux habits.

M. Dier a une habileté vraiment remarquable pour remettre à neuf les vieux habits ; un grand nombre de personnes connues lui en ont fait faire plusieurs fois l'expérience, et leur étonnement a toujours été extrême en comparant le drap remis à neuf avec ce qu'il était auparavant. M. Dier conserve les couleurs, et il assure donner de la solidité au bleu d'indigo des draps qui blanchissent à l'usage; enfin il prétend que les vers ne se mettent plus dans les draps soumis à son procédé. Il prend de 20 à 25 fr. pour remettre à neuf un vieil habit.

Le jury décerne une médaille de bronze à M. Dier.

MENTION HONORABLE.

M. Frick, teinturier-dégraisseur, à Paris, rue de la Paix, 9, et rue Saint-Merry, 10.

M. Frick mérite bien une mention honorable par le soin qu'il met à nettoyer les tissus les plus précieux, tels que les vieilles tapisseries des Gobelins et de Beauvais, les étoffes de soie à bouquets sur fond blanc, etc., etc.

CITATIONS.

Madame Lepaige (née Clerc), à Paris, cour du Palais-de-Justice, 16.

Blanchissage des blondes et dentelles.

Madame Picot, à Paris, rue et carré Saint-Martin, 291.

Nettoyage des soieries, crêpes de Chine, cachemires, mousselines de laine et toute espèce d'étoffes.

Ve DIVISION. APPRÊT HYDROFUGE DES TISSUS.

MENTION HONORABLE.

Société de l'apprêt hydrofuge.

Les étoffes que la société hydrofuge a exposées consistent en une pièce de drap, des coupons de diverses couleurs et quelques habillements rendus imperméables par un procédé de l'invention de M. Jean-Pierre Becker.

Les étoffes préparées ne diffèrent guère par l'aspect de celles qui ne l'ont pas été; cependant elles sont sensiblement moins souples que ces dernières, et le drap écarlate a perdu quelque chose de son feu. Des rapports que nous avons sous les yeux du colonel du 16e régiment léger, du colonel du 53e, du colonel du 1er régiment de lanciers, s'accordent à dire que quelques soldats de leurs régiments respectifs, auxquels on a donné des vêtements rendus imperméables par M. Becker, se sont très-bien trouvés de leur usage; deux soldats les ont portés pendant huit mois, souvent ils ont été exposés à la pluie, et dans tous les cas ils ont préféré le drap apprêté au drap ordinaire. Le général d'Houdetot, après une expérience d'une année au moins faite par lui-même, témoigne du même fait dans une lettre qu'il a écrite à M. Becker.

D'après ces renseignements, le jury accorde à la société hydrofuge une mention honorable.

VIe DIVISION. PAPIERS PEINTS.

1re SOUS-DIVISION. PAPIERS PEINTS POUR TENTURE.

S'il serait difficile de prouver que, depuis la dernière exposition, la fabrication des papiers peints pour tenture a fait des progrès, par suite de l'invention de quelques procédés nouveaux de fabrication, ou du perfectionnement apporté soit à la préparation, soit à l'emploi des matières colorées qu'on applique sur le papier, il est incontestable que la moyenne de la fabrication s'est perfectionnée, et qu'une baisse notable dans les prix a eu lieu pour les papiers même les plus soignés.

RAPPEL DE MÉDAILLE D'OR.

MM. Zuber et Cie, à Mulhausen (Haut-Rhin).

M. J. Zuber, qui a eu tant d'influence sur les progrès de l'art de fabriquer les papiers pour tenture, a exposé un décor remarquable par l'excellent goût du dessin et de l'harmonie des couleurs; il a tous les droits possibles au rappel de la médaille d'or qui lui fut décernée à l'exposition de 1834.

RAPPEL DE MÉDAILLE D'ARGENT.

M. Jean-Pierre Cartulat-Simon, à Paris, rue de la Chaussée-d'Antin, 3.

Le jury, après avoir examiné les papiers de M. Cartulat, se borne à rappeler qu'en 1834 il obtint une médaille d'argent.

MÉDAILLES D'ARGENT.

Madame veuve Mader et fils aîné, à Paris, rue de Montreuil, 1, faubourg Saint-Antoine.

De trois décors exposés par cette maison, deux se sont fait remarquer par la pureté des dessins, le choix des couleurs et l'effet général de la composition; le troisième nous a paru moins heureux à cause de la crudité du rouge et du blanc. Madame veuve Mader a présenté encore une rosace pour plafond, d'une bonne exécution; elle fabrique toujours des papiers imitant les bois d'ébénisterie, qui ont été signalés par le jury de 1834.

Madame veuve Mader s'est montrée digne d'une nouvelle médaille d'argent.

M. Étienne Délicourt et c^ie^, à Paris, rue de Charenton, 125 *ter*.

L'exposition de M. E. Délicourt est très-variée: nous y

avons particulièrement distingué un décor composé de plusieurs panneaux, qui a été extrêmement recherché par le commerce; des papiers imitant fidèlement les étoffes les plus riches et les bois d'ébénisterie avec incrustations; deux devants de cheminée en grisaille à la manière anglaise. Nous avons été frappés du bel effet de l'un d'eux, la *dîme à l'Abbaye*, en même temps que nous avons été étonnés de la modicité de son prix (4 f. 50 c.). Cette maison, qui n'existe que depuis quelques années, se place, dès son début, assez haut pour mériter la médaille d'argent que le jury lui accorde.

MÉDAILLES DE BRONZE.

MM. Lapeyre et cie, à Paris, rue Beauveau, 10.

Cette maison a exposé quatre panneaux d'un décor, dit *style de la renaissance*, qui présente dans un fond cramoisi des ornements où la couleur de bois contraste avec le bleu; un plafond dans le genre des peintures d'Herculanum, des papiers imitant le cachemire, des devants de cheminée, etc.

Si les papiers peints de M. Lapeyre laissent quelque chose à désirer sous le rapport de l'harmonie des couleurs et des sujets même, leur bonne exécution détermine le jury à lui décerner une médaille de bronze.

M. François-Louis Bonnot, à Paris, rue Beautreillis, 4, et rue Neuve-Saint-Paul, 3.

Les papiers de toute dimension imitant les agates, les

marbres et les bois, que M. Bonnot fabrique, sont peints à la main ; l'exécution en est bonne et l'effet agréable. La toise superficielle coûte de 1 fr. à 3 fr.

Le jury accorde une médaille de bronze à M. Bonnot.

CITATIONS FAVORABLES.

M. Louis Fayen et cie (Isère).

M. Louis Fayen a fondé cette fabrique à Grenoble, dans les premiers jours de l'année 1838. Les papiers communs de 75 cent. à 1 fr. le rouleau sont préférables à ceux d'un prix élevé.

M. Dandrieu, à Paris, place Saint-Michel, 8.

Papiers marbrés peints à la main et pouvant se laver, à 5 fr. le rouleau.

Cette fabrication ne fait que de naître

IIe SOUS-DIVISION. PAPIERS PEINTS POUR USAGES DIVERS.

MÉDAILLE DE BRONZE.

M. Jean-Baptiste Prevost-Wenzel, à Paris, rue Saint-Denis, 244, et passage Bourg-l'Abbé.

Papiers en feuille et étoffes de couleur pour fleuristes et cartonniers.

Les produits de cette fabrique ayant toutes les qualités désirables dans leur espèce, le jury décerne une médaille de bronze à M. J.-B. Prevost-Wenzel.

MENTION HONORABLE.

M. Girault de Saint-Fargeaud, à Paris, rue Saint-Guillaume, 20.

M. Girault a exposé des papiers qui sont imprimés à la presse en taille-douce, de manière que d'un même coup on peut imprimer des gravures du plus grand fini avec des dessins de plusieurs couleurs; les couleurs imprimées sont à l'huile et pèchent un peu par l'éclat; le papier auquel on les incorpore éprouvant une forte pression, il en résulte, suivant M. Girault, qu'il acquiert, par là, la propriété d'être imperméable à l'eau; enfin M. Girault pense qu'en imprimant par son procédé les deux faces d'une feuille de papier il rendra celle-ci extrêmement propre à la fabrication des cartonnages solides et particulièrement à la reliure des livres.

L'établissement de M. Girault étant à sa naissance, nous ne pouvons que l'engager à continuer des essais qui sont dignes assurément d'une mention honorable.

CITATIONS FAVORABLES.

M. Gauss (J.-M.), à Colmar (Haut-Rhin).

Papiers marbrés pour la reliure des livres.

M. Clanceau, à Paris, faubourg Saint-Antoine, 123.

M. Clanceau a exposé des papiers peints collés sur étain et des impressions faites immédiatement sur des feuilles de ce métal. Le mètre carré du premier coûte 3 fr., et le mètre carré du second 7 fr. M. Clanceau pense que les feuilles d'étain une fois appliquées sur un mur humide empêcheront cette humidité de se répandre dans les intérieurs des maisons ; cela peut être vrai, mais cette fabrication est trop récente pour que le jury puisse apprécier la valeur de cette tenture métallique dans l'usage général.

NON-EXPOSANTS.

MÉDAILLE DE BRONZE.

M. Bailly, contre-maître teinturier chez M. Vidalin de Lyon.

Le jury du département du Rhône ayant recommandé au jury central M. Bailly, pour avoir coopéré aux travaux par lesquels M. Vidalin a perfectionné la teinture, particulièrement celle des étoffes de laine mélangées de soie, ainsi que l'art des apprêts, le jury central lui a décerné une médaille de bronze.

MENTION HONORABLE.

M. Krug, contre-maître teinturier chez M. Paul Godefroy.

Le jury accorde une mention honorable à M. Krug, qui est signalé par M. Paul Godefroy comme un homme très-intelligent et toujours disposé à communiquer à ceux qui le consultent les notions qu'une pratique éclairée de son art lui a fait acquérir.

DEUXIÈME PARTIE.

PAPETERIE, PEAUX ET CUIRS.

M. Dumas, rapporteur.

---

§ 1er. PAPETERIE.

Considérations générales.

La fabrication du papier a subi, depuis quelques années, une transformation presque complète. Le blanchiment du chiffon par le chlore s'est introduit successivement dans toutes les fabriques, et a remplacé partout les moyens de blanchiment plus lents et bien moins énergiques, auxquels on avait recours autrefois. Le collage de la pâte, au moyen d'un savon résino-alumineux et de la fécule, s'est substitué, pour la plupart des papiers, au collage à la gélatine qui s'opère sur les feuilles déjà faites, et qui entraîne une main-d'œuvre considérable. Enfin on sait que la fabrication lente du papier à la forme a fait place, en général, à l'emploi des belles machines qui produisent le papier continu.

Cependant cette invasion rapide des procédés chimiques et mécaniques, dans une industrie formée à d'autres méthodes par une pratique très ancienne, n'a pas pu répondre de suite à toutes les nécessités de la consommation. Le papier à la forme, battu sur presque tous les points, s'est réfugié dans quelques spécialités où, jusqu'ici, il conserve une incontestable supériorité.

On peut donc trouver dans le commerce deux sortes de papiers :

1° Le papier à la mécanique, collé à l'aide d'un savon résino-alumineux et de la fécule;

2° Le papier à la main, collé à l'aide de la gélatine et de l'alun.

Le premier se recommande par son homogénéité, son bas prix et la perfection de son collage.

Le second se fait remarquer par sa ténacité, sa résistance aux agents de destruction, et par l'expérience séculaire qui en garantit la durée.

Il est bon que ces deux systèmes de fabrication demeurent en présence quelque temps encore. Le papier mécanique, par son bas prix, oblige le papier à la forme à chercher des moyens de fabrication qui le rapprochent de son rival. Le papier à la forme, à son tour, offre aux papeteries mécaniques un type dont elles doivent toujours chercher à se rapprocher sous le rapport de la ténacité, de la résistance et de la durée.

Les méthodes de fabrication nouvelles atteignent rarement du premier coup toute leur perfection; leur énergie même devient une source d'erreurs ou d'abus. Il devait en être ainsi des procédés nouvellement appliqués à la fabrication du papier, et qui, par leur adoption presque universelle, exigent de notre part une sérieuse attention.

Ainsi, rien de plus commode, sans doute, que le blanchiment par le chlore; mais aussi rien de plus capable de détruire la ténacité du papier, quand l'application en est faite sans prudence. Beaucoup de nos fabriques sont encore loin d'être irréprochables à cet égard, et livrent au commerce des papiers qui exhalent l'odeur du chlore, c'est-à-dire des papiers qui portent en eux-mêmes un germe de destruction énergique qu'un lavage plus parfait aurait fait disparaître. L'essai par la teinture de tournesol, déjà familier aux imprimeurs-lithographes, restreindra cet abus, quand il sera plus répandu et quand tous les consommateurs de papier seront bien convaincus que des papiers retenant du chlore sont des papiers mal lavés, dont la cohérence se détruira d'elle-même au bout de peu de temps.

Mais, tout en lavant très-bien la pâte de ses papiers, une fabrique peut encore abuser du chlore, quand elle fait de cet agent énergique un usage mal raisonné. Ainsi, lorsque le blanchiment se fait au moyen du chlore gazeux, dans des caisses où le chiffon trituré est entassé en plaques humides, on peut affirmer que la partie supérieure des tas en blanchiment est complétement énervée, avant que les couches inférieures soient pénétrées de chlore à leur tour. Le fabricant de papier qui emploie le chlore gazeux doit chercher par tous les moyens possibles à modérer son action. En général, cette opération se fait trop vite, sur de trop grandes masses à la fois, avec du chlore trop pur, et on a tort de n'y point appliquer le principe de distribution méthodique qui doit présider à la disposition des appareils usités pour mettre en présence deux agents destinés à s'épuiser réciproquement.

Le problème à résoudre pour le blanchiment du papier, ne le perdons pas de vue, ne consiste pas uniquement à faire du papier très-blanc, mais à le faire blanc, en lui conservant toute sa ténacité.

Bien que le collage du papier paraisse une opération simple dans son but, elle demande aussi quelques réflexions de la part du fabricant. Le collage a pour objet d'empêcher l'encre de pénétrer dans le papier d'une manière trop facile; mais il ne doit pas être poussé au point d'empêcher tout à fait cette pénétration. Trop faible, le collage laisse l'encre s'étendre par capillarité autour du trait formé par la plume, et celui-ci se trouve dénaturé; trop fort, le collage arrête l'encre à la surface du papier, et un simple lavage à l'eau peut effacer les traits de l'écriture, ce qui rend les faux d'une extrême facilité.

Il faut que l'encre pénètre le papier, et qu'elle ne le pénètre pourtant pas trop aisément. Un bon collage constitue donc l'un des mérites les plus essentiels du papier, l'un des plus délicats à obtenir; et, quoique le nouveau procédé de collage en pâte soit généralement connu, rien n'est plus inégal que le résultat qu'il fournit entre les mains des divers fabricants qui l'emploient.

Une dernière observation se présente, quand on examine l'état actuel de la fabrication du papier : elle est grave. On a reconnu que le papier destiné au tirage des dessins recevait certains mérites de l'introduction d'une faible proportion de matières minérales. On est parti de là pour mettre, dans la pâte du papier, des substances minérales blanches, du plâtre en quantité considérable. Celles-ci rendent le papier moins tenace, plus perméable à l'air, plus accessible à l'humidité atmosphérique, en un mot plus propre à subir une destruction spontanée. C'est une pratique qui doit être proscrite, et il serait à désirer que, dans tous les marchés importants, on prît soin d'imposer au fabricant de papier des conditions formelles à cet égard, et qu'on lui prescrivît de fournir des papiers exempts de ces matières minérales blanches que la fraude y introduit.

Il serait à désirer que les administrations publiques, les ministères, l'imprimerie royale, etc., donnassent à cet égard un salutaire exemple. Les papiers présentés aux soumissions ouvertes par ces établissements devraient tous être jugés par des chimistes avant d'être admis; et on devrait prohiber sans pitié tout papier contenant du chlore libre, ce qui annonce une fabrication imparfaite, et tout papier renfermant du plâtre ou des matières analogues, ce qui est l'indice d'une véritable fraude.

Ces réflexions expliquent comment il se fait que les procédés nouveaux, en abaissant le prix du papier, en lui donnant une blancheur, un éclat qu'il n'offrait jamais autrefois, ont eu néanmoins l'immense inconvénient d'introduire, dans la consommation, des papiers si peu durables, qu'on ne peut s'empêcher de regretter que nos livres actuels s'impriment sur une matière aussi inférieure, sous ce rapport, aux papiers à la forme qu'elle a remplacés.

Faire un papier d'impression solide, à bon marché et d'un ton convenable, c'est un problème à résoudre et l'un des plus importants que l'industrie du papier puisse se proposer.

En résumé, si la fabrication du papier mécanique s'est emparée de la consommation presque entière par une production belle et à bon marché, il faut maintenant qu'elle s'applique à produire des papiers tenaces, nerveux et durables, tout en conservant les qualités qui lui sont propres.

Quant à la fabrication du papier à la main, elle doit plus que jamais s'attacher à conserver à ses produits les qualités solides qui leur assurent la préférence pour certains usages. Pour elle, le blanchiment au chlore doit être conduit avec la plus grande circonspection, le collage fait avec un soi[illegible]xtrême et la fabrication surveillée d'une manière très at[illegible]entive, car ses moindres défauts s'exagèrent par la comparaison avec le papier mécanique, toujours plus régulier.

Parmi les trente fabricants qui ont envoyé des papiers à l'exposition, il en est beaucoup qui font du papier mécanique; les papiers à la main sont peu nombreux.

Mais, en dehors de ces deux systèmes de fabrication, l'exposition est riche en produits qui intéressent l'industrie du papier, ce sont des essais faits dans le but de remplacer le chiffon par d'autres matières; ces essais révèlent la pénurie de chiffons toujours croissante pour les pays comme le nôtre, où la consommation du papier augmente tous les jours, par l'effet naturel de la liberté de la presse et par la rapidité avec laquelle l'instruction élémentaire se répand, grâces à nos nouvelles institutions, dans les parties de la population qui en étaient privées jusqu'ici.

Le jury a donc eu à examiner des papiers à la mécanique, des papiers à la forme et des matières propres à remplacer le chiffon. Les considérations qui précèdent feront comprendre que son rôle consistait à démêler, parmi les produits qui étaient soumis à son examen, ceux qui joignaient aux qualités extérieures les mérites plus cachés qu'un examen approfondi peut seul révéler et qui sont à la fois un gage de durée pour le papier et une conséquence de sa bonne fabrication.

RAPPELS DE MÉDAILLES D'OR.

Société anonyme des papeteries du Marais et de Sainte-Marie (Seine-et-Marne); dépôt à Paris, rue Christine, 5.

Cette vaste entreprise a augmenté ses moyens de production depuis la dernière Exposition : alors elle possédait trois machines, aujourd'hui elle en a cinq en activité; en outre, elle est pourvue de plusieurs cuves propres à fabriquer des papiers à la main pour des besoins spéciaux.

Les papiers que cette société livre au commerce, ceux qu'elle a exposés, la placent toujours aux premiers rangs et la rendent toujours digne de la médaille d'or qui lui fut décernée en 1834.

Société anonyme d'Echarcon près Mennecy (Seine-et-Oise); dépôt à Paris, rue du Mail, 29.

Cette belle usine, qui livre au commerce 500 à 600,000 kilog. de papier par an, a perfectionné ses moyens d'apprêt depuis 1834, et, tout en suivant la baisse des prix, a trouvé le moyen d'améliorer sa fabrication sur tous les points.

On lui doit d'heureux essais pour la fabrication du papier de Chine. Il est à regretter qu'elle n'ait pas livré au commerce les produits qu'elle a obtenus en ce genre à l'occasion du concours ouvert par la Société d'encouragement.

Elle fabrique un papier d'enveloppe imperméable et à bas prix. Elle fait du papier de varech, du papier de bois; elle a soumis à des essais réguliers toutes les matières animales à bas prix, la tourbe, le goudron, et elle est en mesure de fabriquer les papiers les plus variés par leur moyen.

La Société d'Echarcon, tout en maintenant son rang parmi les premières papeteries de la France pour la fabrication des papiers de consommation, se prépare, comme on voit, des ressources pour des cas imprévus par une étude savante et approfondie des moyens que l'art peut s'approprier.

Elle nous paraît plus que jamais digne de la médaille d'or qui lui fut décernée en 1834.

M. Montgolfier, à Annonay (Ardèche).

M. Montgolfier possède deux usines importantes à Annonay, celle de Saint-Marcel-lès-Annonay et celle de Grosberty-lès-Annonay. En outre, il est un des propriétaires de la fabrique de papier établie à Saint-Maur, près Paris, pour la fabrication des papiers communs.

Les papiers que M. Montgolfier a exposés sont ceux de ses fabriques d'Annonay, qui produisent 1,000,000 de kilogr., et où se trouvent réunis le travail des machines continues et celui des cuves à la main. Les papiers les plus variés se trouvent donc réunis dans les produits de ces deux fabriques, depuis les plus beaux papiers pour dessins jusqu'aux rouleaux de tenture les plus ordinaires.

Parmi les produits de M. Montgolfier, le jury a remarqué ses papiers à calquer, objet d'une exportation importante, et préférés en France à tous les papiers analogues; les papiers de couleur à la main, dans lesquels les artistes trouvent les tons chauds, variés et gradués qu'exige la composition d'un album ou l'encadrement d'une estampe; les papiers de couleur à la machine, qui embrassent une cinquantaine de teintes d'une fabrication très-distinguée; enfin les cartons superfins collés et sans colle, et les cartons de couleur, produit nouveau d'une fabrication difficile et déjà fort employé pour cartes d'adresse, billets, cartonnage, où ils remplacent un carton formé de feuilles superposées.

Dans la fabrication de ses papiers blancs à la main ou à

la machine, M. Montgolfier se montre digne de son nom et de sa réputation par la beauté de ses produits, leur bonne fabrication, et par l'importance de ses opérations.

Le jury, à tous ces titres, juge que M. Montgolfier mérite de plus en plus la médaille d'or qui lui fut décernée en 1801.

NOUVELLES MÉDAILLES D'OR.

MM. Blanchet frères, et Kléber de Rives (Isère).

La fabrique de Rives est depuis longtemps renommée pour ses papiers à la main; elle date du seizième siècle, et possède aujourd'hui encore cinq cuves à la main, d'où sortent des papiers d'une qualité tellement supérieure pour registres, que pendant longtemps MM. Blanchet frères sont demeurés sans rivaux, et qu'aujourd'hui encore ils occupent, sous ce rapport, le premier rang. MM. Blanchet n'ont pas voulu se borner néanmoins au genre de fabrication qu'ils exploitaient dès longtemps avec tant de succès, et ils ont ajouté à leurs cuves à la main deux machines à papier continu qui leur permettent d'offrir au commerce des papiers de tout genre.

Ils occupent 300 ouvriers, consomment 500,000 kilog. de chiffons, et produisent à peu près pour 800,000 francs de papier.

La fabrique de Rives a surtout fixé l'attention du jury par la production de ses papiers à la main, qui non-seulement se répandent dans toute la France, mais qui s'exportent, en outre, dans toutes les parties de l'Europe. Les registres du commerce sont presque tous faits avec du papier de Rives.

En 1823, cette fabrique obtint une médaille de bronze; en 1827, elle n'exposa pas; en 1834, elle fut jugée digne de la médaille d'argent.

Depuis cette époque, la fabrique de Rives a fait de constants efforts pour maintenir sa supériorité. Ses papiers à registres sont plus blancs, sans être moins solides. Il y a eu progrès pour la blancheur, mais ce progrès a été ce qu'il devait être, c'est-à-dire scrupuleux à l'excès, car la première condition à observer dans la fabrication de cette sorte de papier, c'est de lui conserver sa résistance entière.

Le collage des papiers de Rives peut servir de modèle comme collage à la gélatine. Quant à la fabrication, elle est exécutée avec une attention et des soins qui ne laissent rien à désirer.

MM. Blanchet frères se placent au premier rang dans leur spécialité; cette spécialité est importante, car il s'agit ici de papiers solides, durables, d'une nécessité absolue pour la conservation des transactions commerciales, et dont une expérience universelle et de chaque jour contrôle et vérifie les qualités.

MM. Blanchet frères ont su conserver leur industrie au milieu du mouvement de rénovation qui vient de bouleverser toute la fabrication du papier. S'ils ont modifié leurs procédés, c'est avec une telle réserve et un tel succès qu'ils sont demeurés en possession de fabriquer un papier digne d'être présenté comme le type du papier solide et durable, qu'il serait à désirer de voir produire à bon marché, au moyen des machines continues.

Le jury central décerne une médaille d'or à MM. Blanchet frères pour leur papier à la forme.

MM. LACROIX frères et GOEURY, à Angoulême (Charente); dépôt, rue Dauphine, 20.

En 1834, MM. Lacroix frères et Laroche avaient exposé des papiers à la forme bien glacés et avaient, à ce titre, obtenu une médaille de bronze. Aujourd'hui, MM. Lacroix frères et Gœury ont soumis à l'attention du jury des produits d'une industrie plus perfectionnée; ce sont des papiers à la mécanique et particulièrement des papiers-coquille de la plus belle fabrication.

Ces papiers sont très-nerveux, d'un collage excellent et d'une fabrication très-soignée. Leur teinte est égale, leur épaisseur bien uniforme; on n'y remarque ni gaudes ni clairs.

Leurs papiers blancs sont d'une blancheur parfaite et très-bien lavés, par conséquent exempts de chlore.

Leurs papiers de couleurs ont des tons francs, purs, et sont d'une nuance bien uniforme.

La fabrication de MM. Lacroix frères et Gœury emploie une machine et deux cuves; elle occupe cent ouvriers et produit environ 250,000 kil. de papier par an.

MM. Lacroix frères et Gœury se sont placés aux premiers rangs parmi les fabricants de papiers par la beauté constante de leurs produits, par leur excellente et consciencieuse fabrication. Ils ont suivi une route tracée, mais ils l'ont suivie avec une habileté très-remarquable.

Le jury leur décerne la médaille d'or.

MM. DURANDEAU-LACOMBE et Cie, à Angoulême (Charente); dépôt à Paris.

Les papiers de MM. Durandeau et Lacombe sont de la

plus belle fabrication. Leur usine possède une machine sortant des ateliers de M. Chapelle et huit cylindres. Elle emploie cent cinquante ouvriers et produit environ pour 400,000 fr. de papier.

De même que MM. Lacroix frères et Gœury, les fabricants dont il s'agit ont commencé, depuis peu d'années, le genre de fabrication auquel ils se livrent, et de même qu'eux ils l'ont porté tout d'un coup au plus haut degré de perfection.

Leurs papiers sont d'un très-beau blanc; ils sont forts et nerveux; la pâte en est pure et bien lavée, la fabrication en est irréprochable à tous égards.

Le collage de ces papiers est fait avec le plus grand soin et supporte toutes les épreuves. Leur azur est de la plus grande beauté.

Certes, il faut prendre en considération, dans l'appréciation du mérite d'une usine nouvelle, les secours qu'elle puise dans l'expérience de ses aînées et dans l'habileté des constructeurs de machines. Mais, quand ces circonstances sont les mêmes pour tous, il est impossible de méconnaître le talent dont fait preuve celui qui livre du premier coup au commerce des produits de la plus haute qualité sous tous les rapports.

Le jury central décerne une médaille d'or à MM. Durandeau-Lacombe et compagnie.

RAPPELS DE MÉDAILLES D'ARGENT.

MM. Callaud, Bélisle, Sazérac et Cie, à Veuze (Charente).

Ces habiles fabricants possèdent deux usines qui emploient trois machines à papier et deux cent dix ouvriers. Leurs produits se consomment non-seulement en France, mais aussi à l'étranger et même en Angleterre. Ils ont exposé des papiers-coquille très-beaux; des papiers pour lithographie de fort belle qualité.

Ils méritent toujours la médaille d'argent qui leur fut accordée en 1834.

MM. Latune et Cie, de Crest (Drôme).

MM. Latune et compagnie avaient obtenu, en 1834, une médaille d'argent pour la fabrication du papier à la forme; depuis lors, ils ont remplacé leurs cuves à la main par une machine.

Le jury trouve MM. Latune et compagnie toujours dignes de la médaille d'argent qui leur fut décernée en 1834.

MÉDAILLES D'ARGENT.

MM. Ménet et Cie, à Essonnes (Seine-et-Oise).

La papeterie d'Essonnes est le berceau de la papeterie mécanique. Transformée en filature, il y a quelques années, elle a repris son ancienne destination en 1835.

Elle possède aujourd'hui seize cylindres, deux machines à papier, occupe deux cent trente ouvriers, et produit au moins 500,000 kilogr. de papier.

M. Ménet a exposé des papiers d'un beau blanc, bien collés, et d'un apprêt remarquable obtenu sur la machine à papier elle-même par un procédé de satinage nouveau de son invention. La construction des cylindres qu'il exige offrait des difficultés graves que M. Ménet a surmontées par une combinaison fort ingénieuse. L'apprêt se donne au papier sans frais, sans manutention, pendant qu'il est encore chaud et humide.

M. Ménet a, d'ailleurs, introduit dans ses machines continues quelques dispositions de détail qui ont de l'importance.

Malgré son ancienneté, l'usine d'Essonnes est une usine nouvelle, eu égard à la forme qu'elle a prise au moment où M. Ménet en a refait une papeterie; elle a fait déjà de grands efforts, et peut s'élever encore, car elle possède une puissance mécanique qui dépasse ses besoins, et peut prodiguer l'eau dans toutes ses opérations.

Le jury central, exprimant le vif désir que M. Ménet mette toutes les parties de son usine au niveau de ses opérations mécaniques, lui décerne une médaille d'argent.

M. Griffon, à Wizernes, près Saint-Omer (Pas-de-Calais).

Le papier pour dessins, plans, lavis, constitue pour M. Griffon une spécialité. Il possède six cuves, et il emploie cent cinquante ouvriers. Ce papier se fabrique donc à la main.

M. Griffon, malgré tous ses soins, n'est pas encore parvenu à maîtriser la concurrence anglaise; il trouve sur nos marchés des papiers anglais destinés aux mêmes usages que les siens. Il faut espérer que, bientôt la qualité de ses produits s'améliorant, l'importation des papiers anglais cessera tout à fait. Quelques maisons importantes de Paris accordent déjà la préférence aux papiers de M. Griffon.

La fabrication de ces papiers est très-soignée; le collage en est excellent; il est parfaitement blanc.

En continuant avec les mêmes soins, en mettant à profit avec prudence les améliorations dont la fabrication du papier s'enrichit, il est certain que M. Griffon parviendra à produire des papiers dignes, à leur tour, de la préférence que les papiers anglais ont longtemps obtenue. Il fait aussi bien que nos rivaux en industrie; il faut faire mieux.

Le jury central décerne à M. Griffon la médaille d'argent.

MM. Laroche, Ducher le jeune, à Angoulême (Charente).

Ces fabricants se montrent très-dignes de figurer parmi les papetiers de la Charente. Tous leurs papiers sont d'une qualité excellente pour le blanchiment, le collage et la ténacité. Ils fabriquent à la machine.

Indépendamment des papiers de consommation courante qu'ils ont exposés et qui sont tous fort distingués, ces messieurs ont adressé au jury des cartons pour dessin et lithographie, qu'ils ont mis des premiers dans le commerce et qui sont d'une très-bonne fabrication.

Le jury décerne à MM. Laroche, Ducher le jeune, la médaille d'argent.

RAPPELS DE MÉDAILLES DE BRONZE.

MM. Muller, Drouard et compagnie, à Gueures (Seine-Inférieure).

La fabrique de Gueures a obtenu, en 1834, une médaille de bronze sous le nom de MM. Muller, Bouchard, Oudin et compagnie; elle se présente aujourd'hui avec de nouveaux produits imitant la toile cirée, et avec des papiers blancs d'une fabrication soignée et faits à la machine.

Le jury confirme à MM. Muller, Drouard et compagnie la médaille de bronze qui fut décernée à leur usine en 1834.

M. Béchetoile, à Bourg-Argental, près Saint-Étienne (Loire).

Par leur bas prix les produits de M. Béchetoile sont dignes d'intérêt ; l'impression et les affiches les consomment pour la majeure partie. Leur établissement occupe une centaine d'ouvriers.

Le jury confirme la médaille de bronze accordée à M. Béchetoile en 1834.

NOUVELLES MÉDAILLES DE BRONZE.

MM. Breton frères et compagnie, à Pont-de-Claix (Isère).

La fabrique de MM. Breton frères est mise en mouvement par des turbines de M. Fourneyron ; elle compte quatre cylindres, et possède une machine continue avec séchoir apprêteur.

Elle produit 100,000 kilog. de papier, provenant de 125 ou 130,000 kilog. de chiffons.

MM. Breton fabriquent à peu près tous les papiers, et leurs produits sont faits avec soin et succès.

Le jury central a remarqué les papiers de Chine sortant de leur fabrique, la seule qui ait jusqu'ici versé ce genre de produit dans le commerce ; il espère que cette fabrication se développera, et que bientôt nous pourrons nous passer du papier venu de la Chine pour le tirage des gravures ou lithographies.

Le jury central décerne à MM. Breton la médaille de bronze pour leur papier de Chine.

MM. Tavernier, Obry et compagnie, à Prouzel (Somme).

L'usine de Prouzel fabrique des papiers de tout genre, à l'aide d'une machine à papier continu; elle livre au commerce des papiers-coquillé, des papiers pour registre et pour lavis.

Mais c'est surtout par la fabrication de ses papiers noirs qu'elle se fait remarquer. Ces papiers, destinés au paquetage des linons, batistes et mousselines, ont l'avantage de ne pas déteindre et de faire ressortir, par leur belle couleur, la blancheur des étoffes qu'ils renferment.

L'usine de Prouzel fait ce papier en grande quantité pour la France; elle en exporte même, tant sa supériorité à cet égard est reconnue.

Le jury décerne à MM. Tavernier, Obry et compagnie une médaille de bronze pour leurs papiers noirs.

Madame veuve Bécoulet et Vaissier, à Arcier (Doubs).

L'usine d'Arcier possède une seule machine, mue par une roue hydraulique; elle occupe 45 à 50 ouvriers, et produit environ 200,000 à 240,000 kilog. de papier par an.

Les produits de cette usine ne se font remarquer ni par leur importance, ni par aucune destination spéciale; mais, en les examinant avec attention, le jury central leur a reconnu un genre de mérite auquel il attache un grand prix, c'est un collage d'une rare perfection.

Le jury central décerne à madame veuve Bécoulet et Vaissier une médaille de bronze pour leur collage.

M. Cardon, à Buget (Loiret).

La fabrique de Buget, fondée en 1790, s'est renouvelée en 1834; elle produit, à l'aide d'une machine continue et de soixante ouvriers, des papiers de tout genre.

Mais cette usine possède une spécialité : à l'aide des vieux cordages de marine, elle fabrique une grande quantité de papier goudronné, qui s'emploie au doublage des navires, aux emballages et, en particulier, à celui de la coutellerie et de la quincaillerie, qu'il préserve de la rouille.

En Angleterre, où il est plus connu qu'en France, on s'en sert pour envelopper les draps et les étoffes de laine, que son odeur préserve des attaques des insectes.

Le papier goudronné de M. Cardon est adopté par la plupart des papeteries pour leurs emballages. C'est un produit qui a de l'avenir.

Le jury décerne à M. Cardon une médaille de bronze pour son papier goudronné.

MENTIONS HONORABLES.

MM. Kiener frères, à Colmar (Haut-Rhin).

Leur établissement est mis en mouvement par une chute

d'eau de la force de quarante-cinq à cinquante-cinq chevaux; il occupe cent trente à cent quarante ouvriers.

M. Nivet aîné et c^ie, à Vraichamp (Vosges).

L'usine de Vraichamp possède tous les éléments d'une fabrication importante; établie depuis un an au plus, elle compte déjà deux machines en activité, à l'aide desquelles elle livre au commerce des produits de tout genre.

Ses papiers sont coupés à la machine; ils sont très-bien collés.

L'usine de Vraichamp occupera un rang important parmi nos papeteries quand ses procédés chimiques auront reçu la perfection qu'une plus longue expérience peut leur faire acquérir.

M. Court, à Renage (Isère).

L'usine de Renage, fondée en 1835, occupe quatre-vingts ouvriers; elle possède une machine continue : ses papiers pour impression, pour dessin sont bien fabriqués; ses papiers ordinaires sont faits avec soin.

Son carton est d'une qualité remarquable.

CITATIONS FAVORABLES.

M. May, à Paris, rue Sainte-Croix-d'Antin, n° 7.

L'industrie du papier voit avec intérêt tous les essais dirigés en vue de lui procurer des matières premières à bon marché et de bonne qualité. Les essais de M. May, faits, avec les filaments de bananier, à la papeterie du Marais, méritent son attention.

Ce papier peut s'obtenir très-blanc et très-tenace.

M. HÉRIGOYEN, à Oradour-sur-Gland (Haute-Vienne).

M. Hérigoyen a exposé du papier fait avec la paille de seigle dans sa couleur naturelle; il en fabrique à la main environ 500,000 kilogrammes par an pour l'emballage.

Cette fabrication peut s'améliorer.

---

§ 2. PEAUX ET CUIRS.

Considérations générales.

La préparation des peaux et celle des cuirs ont pour objet de rendre ces substances imputrescibles et de leur communiquer, en outre, un certain degré de cohésion, de ténacité qui leur assure une longue durée à l'emploi.

Deux méthodes principales ont été, dès les temps les plus reculés, mises à profit pour la préparation des peaux et des cuirs sous ce point de vue. La première, fondée sur l'emploi des sels alumineux, est mise en pratique dans l'art du mégissier; la seconde, et la plus importante par l'étendue de ses applications, embrasse toutes les opérations du tanneur, dans lesquelles la préservation des cuirs s'obtient par la combinaison de leur matière animale avec le tannin de l'écorce de chêne ou celui du sumac.

L'industrie du mégissier a des applications trop spéciales

et trop restreintes pour qu'elles puissent occuper ici une place bien importante.

Il n'en est pas de même de l'art du tanneur, proprement dit. Les sacrifices auxquels on se résigne pour amener une peau fraîche à l'état sous lequel un tanneur soigneux la livre au commerce donnent de suite la mesure de l'importance qu'on met à se procurer des cuirs bien préparés. Dans les procédés habituels, en effet, un cuir fort a subi des préparations successives dont la durée atteint presque deux années, avant de passer de l'abattoir dans l'atelier du cordonnier.

La lenteur de cette opération, la nécessité où elle met le tanneur d'enfouir de grands capitaux dans ses fosses, la perte d'intérêt qui en résulte, ont dès longtemps frappé l'attention des esprits actifs ; et, en bien des occasions, on a cherché à rendre cette opération sinon plus simple, du moins plus courte, en accélérant les réactions auxquelles le cuir se trouve soumis.

De nos jours, il s'est fait, à cet égard, une grande et fâcheuse expérience, qui a pesé longtemps d'une manière funeste sur le commerce des cuirs de Paris. Tout le monde sait que M. Séguin avait proposé des procédés nouveaux pour le tannage rapide des cuirs pendant le cours de la révolution ; mais ce qu'on sait moins, c'est que sa manière d'employer l'acide sulfurique pour gonfler les cuirs et les préparer à un tannage accéléré est restée en pratique dans nos tanneries de Paris, au grand détriment de leur production, jusque dans ces dernières années.

Grâce à quelques tanneurs éclairés et hardis, une révolution heureuse s'est accomplie, et le retour aux bonnes méthodes de fabrication est désormais assuré.

Tandis que les cuirs de Paris, chassés peu à peu de marché en marché, avaient fini par se trouver restreints à des consommations de pacotille, ceux que livrent aujourd'hui les bonnes maisons de Paris alimentent la consommation de cette ville, s'expédient avec succès dans tout l'intérieur de la France et trouvent même des débouchés à l'exportation.

Il faut donc consigner ici des éloges mérités pour les hommes loyaux et courageux qui n'ont pas craint de risquer de grands capitaux à une opération hasardeuse et morale, à celle qui avait pour objet de ramener la fabrication des cuirs aux méthodes que la probité avoue, et qui n'y laissent pas une surcharge d'eau nuisible de toutes les façons. Mais, tout en proclamant le bienfait qui leur est dû, il ne faut pas jeter le découragement dans l'esprit de ceux qui chercheraient, de leur côté, à doter l'industrie du tannage de procédés nouveaux.

Dans une fabrication aussi importante que celle des cuirs tannés, il est un point dont il ne faut jamais s'écarter et qui consiste à faire des produits de bonne qualité. Toute modification, pour être utile, doit respecter cette condition fondamentale.

Le jury a donc cherché, avec le plus grand soin, à classer les fabricants qui ont exposé des cuirs tannés dans l'ordre relatif à la qualité de leurs produits, sans attacher d'importance, pour le moment, à leur prix, persuadé qu'à Paris du moins le progrès le plus réel à obtenir consistait à replacer la fabrication sur un bon pied pour la qualité.

Mais cette base posée, le jury n'a pu voir, sans un vif intérêt, tous les efforts tentés en vue de placer le tannage dans des conditions meilleures sous le rapport de la durée, de ses opérations, et, sans s'exagérer ce qui est possible à cet égard, il conserve la confiance qu'une chimie éclairée pourra, sans altérer la qualité des produits, parvenir à opérer le tannage en un temps plus court que celui qu'il exige aujourd'hui.

En effet, les opérations du tannage comprennent 1° le débourrage, 2° les bassements, 3° le refaisage, 4° le tannage proprement dit.

Le débourrage s'obtient au moyen d'une légère altération qui détruit toute l'adhérence de la racine du poil, et qu'il est très-facile de produire au moyen des alcalis, au moyen de la chaleur, ou par l'action de liqueurs chargées d'acide.

Le procédé de l'échauffe, qui consiste à soumettre les peaux à l'action de la chaleur dans une étuve, jusqu'à ce que le poil puisse s'en détacher, est celui qu'on emploie de préférence pour les gros cuirs. Cependant on voit encore dans beaucoup de fabriques les gros cuirs eux-mêmes préparés par le lait de chaux, comme on le fait généralement d'ailleurs pour les peaux plus petites. L'emploi de la chaux est sujet à bien des inconvénients, et surtout tel qu'il est pratiqué; aussi a-t-on cherché à remplacer la chaux par un autre alcali doué d'une propriété plus convenable. Les résultats de cette modification sont remarquables; en effet, la chaux, formant des combinaisons peu solubles, reste dans le tissu de la peau sous forme de sel calcaire; elle n'en peut sortir qu'à l'aide d'opérations purement mécaniques très-répétées.

Dans ces derniers temps, des essais intéressants ont été faits par diverses personnes dans le but de remplacer la chaux par un alcali plus énergique et surtout plus soluble. Ces essais ont fixé très-vivement l'attention du jury.

Ils rendent le débourrage plus facile et le tannage plus prompt; mais la peau y gagne quelquefois un excédant de poids qui étonne et dont il faut examiner la cause avec le plus grand soin; car, s'il était dû à de l'humidité emprisonnée, ce serait un grave inconvénient.

Deux personnes ont soumis au jury des produits obtenus dans cette direction. Le jury n'a pas voulu se prononcer sur le mérite de leurs essais; il a pensé qu'en une matière aussi grave la prudence la plus grande lui était commandée. Dire que ces essais ne réussiront pas serait une témérité loin de sa pensée et peu conforme à ses propres vœux; leur assigner dès à présent une récompense, ce serait substituer à l'expérience qui nous manque une opinion théorique préconçue dans une matière qui ne peut pas se discuter par le raisonnement seul, et où l'expérience doit être le juge souverain.

L'une des personnes qui ont présenté des produits débourrés par ces nouveaux procédés, M. Boudet, chimiste d'un mérite hautement reconnu, nous a initiés à tous les détails de ses opérations. Elles s'exécutent en grand dans une tannerie considérable des environs de Paris. Nous les avons suivies avec un vif intérêt et nous avons pu nous convaincre que le tannage en était réellement accéléré au point qu'il était souvent réduit à la moitié du temps qu'il exige ordinairement.

D'un autre côté, des corroyeurs, des tanneurs, des fabricants de cuirs vernis que nous avons consultés nous ont donné une opinion favorable sur la qualité de ces produits.

Aussi, tout semble annoncer que ces nouveaux procédés ont de l'avenir; mais quelle que soit l'opinion personnelle du rapporteur, il sent que ce serait entraîner le jury hors de ses attributions que de lui demander sur des preuves encore incomplètes un jugement qui ne doit porter que sur des faits consacrés par une expérience commerciale plus étendue et qu'il faut lui laisser le soin de prononcer plus tard en toute connaissance de cause.

Après nous être expliqués sur le débourrage à la chaux, à la soude, il est indispensable d'ajouter que l'Exposition actuelle a mis en évidence les excellents effets d'un mode de débourrage employé depuis longtemps à Montbéliard et introduit à Paris par M. Delbut. Il est obtenu par une échauffe de vingt-quatre heures à la vapeur; la peau se débourre alors avec facilité, et, après avoir passé en rivière, entre dans les passements sans avoir reçu ni alcalis, ni acides, ce qui est certainement la meilleure condition de toutes à en juger par les résultats obtenus chez MM. Delbut et Sterlingue.

Après avoir subi les préparations précédentes, la peau entre vraiment en tannerie. Elle est mise en contact avec des liquides acides chargés de tannin. Ces liquides, faibles d'abord, vont en augmentant de densité. Leur graduation a été l'objet de recherches précieuses dont le jury a pu constater les heureux résultats dans nombre d'usines. C'est, de toutes les parties de leur travail, celle que les tanneurs ont, en général, le plus étudiée.

Vient ensuite le refaisage, où la peau est mise dans des cuves avec de l'eau et des écorçons de chêne.

Enfin la peau est mise en fosse avec du tan grossier et se combine lentement avec le tannin que celui-ci lui cède.

Le travail des fosses a été l'objet de quelques améliorations peu importantes.

Mais on ne saurait passer sous silence les efforts nombreux qui ont eu pour objet de faciliter le tannage par des procédés mécaniques.

Ici, on prend la peau débourrée à la chaux comme à l'ordinaire; mais, en la soumettant à des pressions qui en dégorgent le jus de tan et à des immersions dans ce jus, on parvient, par des méthodes assez simples, à rendre le tannage exclusivement rapide.

M. Imbs, de Marseille, a exposé une peau préparée de la sorte, qui ne laisserait rien à désirer. Mais comment juger une pareille fabrication sur une peau?

M. Vauquelin, à Paris, a exposé des peaux obtenues par des moyens analogues. Elles ont fixé l'attention du jury, qui, après mûr examen, a cru, cependant, devoir s'abstenir de prononcer un jugement sur un procédé qui est encore en essai, et qui, par conséquent, n'a pu jusqu'ici être apprécié par le commerce et par les consommateurs.

Enfin, M. d'Aiguebelle a soumis également au jury des essais faits assez en grand, et dans lesquels un tannage très-accéléré produirait, néanmoins, des résultats remarquables sous le rapport de la conservation des qualités du cuir. Mais M. d'Aiguebelle n'ayant pas versé ses cuirs dans le commerce, et le jury ne connaissant pas ses procédés, il lui serait impossible de formuler une opinion sur cet exposant.

Ce que le jury conclut de cette discussion, c'est qu'il faut bien se garder de compromettre de nouveau, par une précipitation téméraire, un commerce, une fabrication qui sont une des richesses de la France de Paris en particulier. Ce qu'il faut conserver avant toute chose, c'est la bonne réputation de nos peaux, de nos cuirs; c'est l'ensemble des qualités qui la justifie.

Sans doute, les procédés actuels de tannage sont longs, coûteux; sans doute, on peut espérer raisonnablement qu'on les abrégera par des recherches attentives et suivies. Mais il en est des expériences en tannerie comme des expériences en agriculture, il faut beaucoup de temps pour les accomplir ; il faut de grandes dépenses. Aussi les expériences en ce genre sont-elles bien méritoires, et ne faut-il pas oublier celles que des circonstances récentes ont conduit à exécuter.

Pour le moment, ce qu'il y a de clairement acquis à la situation de la tannerie, c'est le retour aux bonnes méthodes ; c'est l'amélioration de la place de Paris due aux soins, aux sacrifices, à la hardiesse de M. Sterlingue, et de ses principaux confrères de Paris. Dans ce concours d'efforts, M. Delbut, de Saint-Germain, prend sa part aussi et mérite d'être signalé d'une manière particulière à la reconnaissance publique.

Les questions dont il s'agit ici sont si grandes, qu'on lira avec intérêt les réflexions soumises au jury par un des plus habiles tanneurs de Paris, M. Sterlingue.

« Les guerres de l'Empire, en augmentant considérablement la consommation des cuirs tannés, ont naturellement amené à la capitale un grand nombre de fabriques, il fallait alors produire beaucoup et promptement pour suffire aux besoins ; il n'était pas possible de se montrer trop difficile sur la qualité des marchandises dont l'emploi était pressant et soutenu ; aussi fut on conduit, pour aider au développement des cuirs et à la promptitude du tannage, à employer de fortes doses d'acide sulfurique. Cet agent, en outre de son action dans la préparation, avait encore pour effet, lorsque les cuirs étaient fabriqués, de déguiser la quantité d'humidité qu'ils contenaient lorsqu'ils étaient livrés à la consommation ; les surfaces du cuir par la double action de l'air et de l'acide séchaient et durcissaient rapidement, tandis que le cœur conservait beaucoup d'eau.

« La Restauration vint ramener à l'état normal la consommation des cuirs, mais l'usage de l'acide était adopté et le fabricant qui trouvait à vendre avec bénéfice ne s'apercevait pas qu'il était engagé dans une fausse route.

« Les choses devaient se continuer ainsi jusqu'à ce que ce système vicieux de fabrication poussé à l'extrême eût amené la répulsion du produit et la ruine du fabricant, et cela s'explique, si l'on réfléchit combien sont difficiles et dangereuses les innovations en tannerie. Il faut dix-huit mois pour bien tanner un cuir et opérer sur une certaine échelle, pour juger du mérite d'une expérience; aussi la plupart de ceux qui ont voulu innover n'ont fait que hâter leur ruine.

« La fabrique de Paris a donc continué, pendant plus de vingt ans après la Restauration, à opérer sur des bases fausses; son bénéfice reposait uniquement sur une surcharge d'eau et de chair que nous pouvons hardiment évaluer à 15 livres par cuir; aussi de proche en proche les provinces et les bottiers de régiments les ont successivement repoussés, on ne pouvait expédier des cuirs à vingt lieues de distance sans éprouver des pertes de poids de 6 à 8 livres par cuir. Enfin, à mesure que la consommation s'est trouvée restreinte à Paris seul, les cuirs restant et s'échauffant en magasin ont été reconnus ce qu'ils étaient au fond, cassants, creux, et s'imprégnant facilement d'humidité; de là, cette opinion généralement adoptée, que Paris ne pouvait pas produire de bons cuirs.

« Cependant Paris est le centre naturel de l'industrie du tanneur; son énorme approvisionnement y amène, de toutes les parties de la France, les bœufs de la plus belle espèce, qui fournissent les meilleures peaux.

« Paris seul offre aux cuirs manufacturés un débouché immense.

« Les écorces nécessaires au tannage y arrivent des départements voisins en abondance et par eau.

« A tous ces avantages naturels, si l'on ajoute ceux qui doivent résulter des améliorations dont la tannerie a été l'objet, on peut espérer voir résoudre ce problème resté jusqu'alors insoluble, Paris fournira les meilleurs cuirs tannés et à meilleur marché que toute autre localité.

« Mais, pour cela, il faut produire des cuirs serrés et liants, d'une belle couleur, d'un emploi facile et d'un bon usage; les livrer au commerce parfaitement secs, bien écharnés, débarrassés de toutes les parties qui ne peuvent être employées : de telle sorte que nos cuirs puissent être transportés dans toute la France et à l'étranger sans rien perdre de leur poids; qu'ils puissent vieillir sans nullement s'altérer, s'il arrive que l'acheteur veuille en faire des approvisionnements et les conserver en magasin; de manière enfin que, dans nos cuirs, rien ne soit perdu pour le consommateur, n'y laissant nous-mêmes que ce qui peut servir. »

Cuirs.

MÉDAILLE D'OR.

M. Sterlingue et c^ie^, à Paris, rue Mouffetard, 321.

Les considérations qui précèdent font comprendre avec quel intérêt le jury central a cherché à se rendre compte des résultats obtenus par M. Sterlingue dans la fabrication des cuirs. Indépendamment de toute considération de détail, il y avait, dans la position de M. Sterlingue, deux faits saillants qui devaient fixer l'attention du jury. Le premier, c'est que M. Sterlingue fabrique vingt-cinq ou trente mille cuirs par an, c'est-à-dire près du triple de ce que font ceux de ses confrères qui possèdent les établissements les plus étendus, et qu'il vend toute cette masse de cuirs à un prix supérieur au prix des cuirs ordinaires de Paris. Le second, c'est que M. Sterlingue a obtenu une médaille d'or des corroyeurs de Paris, qui ont voulu par là rendre hautement témoignage aux améliorations que la tannerie de Paris devait à ses soins.

Ainsi, dire que M. Sterlingue fait plus que les autres, qu'il peut vendre plus cher qu'eux, et que la corroierie lui a décerné une marque éclatante de gratitude, c'est dire que sa fabrique se présentait au jury central sous les auspices les plus favorables.

Si un examen attentif était nécessaire, c'était surtout pour se mettre en garde contre les illusions que de pareils précédents auraient pu excuser. Cet examen a été favorable de tout point à M. Sterlingue.

La fabrique qu'il dirige est montée sur la plus grande échelle : tous les ateliers y sont distribués et disposés avec une convenance qui décèle à la fois l'ingénieur habile et le tanneur expérimenté.

A leur arrivée dans l'établissement, les peaux sont entassées et légèrement salées ; elles séjournent deux ou trois jours en tas et passent ensuite dans l'échauffe : celle-ci reçoit la vapeur perdue de la machine à vapeur ; de sorte que, sans aucuns frais, les peaux reçoivent la température convenable et éprouvent l'action de l'humidité, qui les gonfle et en altère l'épiderme de façon à rendre le poil facile à enlever.

En sortant de l'échauffe, les peaux sont débourrées, passées en rivière, écharnées, puis portées dans la basserie, où elles éprouvent des bassements bien gradués; on leur fait subir ensuite un refaisage et enfin elles sont mises en fosse.

Le travail de M. Sterlingue ressemble donc beaucoup au travail des anciens tanneurs ; il faut pourtant y remarquer trois points.

Premièrement, l'emploi de l'échauffe à la vapeur.

L'emploi du procédé de l'échauffe, pour préparer les peaux au débourrage, semble préférable à celui des méthodes qui sont fondées sur l'action des acides ou sur celle des alcalis; car les acides, en se combinant avec la peau, la rendent plus altérable, et les alcalis, en réagissant sur le tannin, modifient ses propriétés d'une manière fâcheuse. Mais le procédé de l'échauffe, quand il est conduit avec irrégularité, peut causer des altérations dans les peaux, et, de tous les moyens de le rendre exact et régulier, le chauffage à la vapeur était certainement le plus efficace. Aussi, chez M. Sterlingue, comme chez M. Delbut, ce procédé rend-il de véritables services.

Quand le tannage des cuirs forts est terminé, on est dans l'usage de le battre au marteau, de manière à régulariser son épaisseur, à augmenter sa densité et à lisser sa surface. Cette opération, sans avoir une grande importance, est assez coûteuse quand on l'exécute à la main, comme on l'a fait jusqu'ici. M. Sterlingue a établi chez lui deux marteaux en bronze mus par la vapeur, qui font une économie de près de 20,000 fr. par an, tout en produisant des cuirs si bien battus, qu'aujourd'hui le commerce refuse ceux qui ont été battus à la main et que toutes les maisons importantes de Paris sont obligées de recourir à des procédés analogues.

Une troisième et très-importante amélioration est due aux soins de M. Sterlingue. Elle peut avoir les conséquences les plus sérieuses pour le commerce des cuirs et pour l'exploitation des forêts. Elle consiste dans l'invention d'un appareil à vapeur mobile, qui peut se transporter aisément dans les forêts et aller de place en place, pour y découper les écorces, de manière à diminuer leur volume et à permettre de les mettre en sac, pour les transporter ensuite par des bateaux pontés. Ce moyen met les écorces à l'abri des pluies, et les amène à la tannerie dans le meilleur état de conservation.

La machine à vapeur qui effectue ce travail est disposée sur une charrette traînée par un seul cheval; le fourneau est d'une installation simple et commode. Le hachoir, que la machine met en mouvement, coupe par heure cent bottes d'écorce de trente livres. La chaudière est chauffée par des bourrées, qu'on trouve à bas prix sur place.

M. Sterlingue s'occupe activement d'un système de dessiccation artificielle de ses tannées, qui aura pour résultat de livrer à la consommation un combustible à bon marché, tout en permettant au tanneur d'emmagasiner ses tannées et de les mettre en réserve quand il n'en trouvera pas le placement.

Enfin, il a mis en activité un foulon au moyen duquel il assouplit rapidement les Buenos-Ayres et les prépare ainsi aux opérations du tannage, qui s'exécute ensuite avec la même facilité que sur les peaux fraîches.

Indépendamment des 25,000 cuirs forts qui sortent de l'usine de M. Sterlingue, cet habile industriel livre au commerce 16,000 cuirs hongroyés.

L'importance de cette belle fabrique, la beauté des produits qu'elle livre au commerce, la nouveauté de quelques-uns des procédés qu'elle emploie, justifient de la manière la plus éclatante la médaille d'or que le jury lui décerne.

RAPPEL DE MÉDAILLE D'ARGENT.

M. Brizou fils aîné, à Rennes.

M. Brizou fils a exposé des cuirs forts tannés à la jusée. Ils sont de belle qualité.

Il a exposé également des peaux de veau tannées par les moyens ordinaires, et d'une bonne fabrication.

Cette usine, qui existe depuis quarante ans, et qui a conservé les anciennes méthodes, mérite, par le soin qu'elle porte à ses travaux, le rappel de la médaille d'argent qui lui fut décernée en 1834.

MÉDAILLES D'ARGENT.

M. Delbut, à Saint-Germain-en-Laye.

Déjà distingué par le jury central en 1834, M. Delbut fut honoré d'une médaille de bronze à l'occasion des cuirs de Buenos-Ayres, qu'il livraît depuis peu au commerce en concurrence avec Pont-Audemer.

Depuis cette époque, cet habile manufacturier a considérablement agrandi le cercle de ses opérations; il opère maintenant sur 4,000 cuirs de la boucherie de Paris et sur 1,500 de Buénos-Ayres, en tout 5,500 peaux.

M. Delbut appartient à ce petit nombre de tanneurs qui ont accepté courageusement la mission de relever le commerce du cuir de Paris de sa dégradation. Un bon système de travail a été installé chez lui, et il ne livre au commerce que des cuirs d'une très-bonne qualité.

Il est incontestable que c'est M. Delbut qui, le premier, a fait usage, dans le rayon de Paris, d'une échauffe à la vapeur. Cette amélioration importante date de 1836.

Le jury central lui décerne une médaille d'argent.

MM. Gillard frères, à Surck (Moselle).

Les connaisseurs ont remarqué, à l'exposition, une demi-peau de cuir fort sous le numéro 2021; elle était, en effet, très-digne d'attention par sa belle couleur et sa bonne préparation : à la fin de l'exposition, elle était aussi droite et pas plus gondolée qu'au commencement.

C'était donc là un beau et bon produit. MM. Gillard frères sont parvenus à travailler avec cette perfection en modifiant la disposition des passements; ils les ont établis par étages, de manière que, les peaux entrant par la cuve inférieure et remontant de l'une à l'autre, les jus descendent, au contraire, et se perdent quand ils sont épuisés.

MM. Gillard frères occupent douze ou treize ouvriers, et produisent environ 3,000 cuirs de Buenos-Ayres, qu'ils livrent au commerce en croûte.

Le jury central leur décerne une médaille d'argent.

RAPPELS DE MENTIONS HONORABLES.

M. Rouet, à Saint-Aignan (Loir-et-Cher).

Les cuirs exposés par ce fabricant continuent de mériter la mention honorable qu'il a reçue en 1834 et que le jury lui confirme.

M. Larguèze aîné, à Montpellier (Hérault).

Ce fabricant a exposé des cuirs Buenos-Ayres dont les qualités sont toujours dignes de la mention honorable qu'il a obtenue en 1834 et que le jury lui rappelle.

MENTIONS HONORABLES.

M. Louette-Lefebvre, à Saint-Saëns (Seine-Inférieure).

Il a exposé des cuirs Buenos-Ayres; le jury les regarde comme de bonne qualité et encourage ce fabricant à développer son industrie.

M. Michel Lebreton, à Quimper.

Il a soumis à l'attention du jury des cuirs divers : jutés, lissés en croûte, cirés et corroyés, qui sont d'une très-bonne fabrication. Cette fabrique, assez considérable, exporte une grande partie de ses produits.

MM. Hardy fils et Bienvenu, à Château-Renault (Indre-et-Loire).

Ils ont exposé des cuirs de bœuf et de vache bien préparés. Leur tannerie est assez importante, car elle opère sur 4,000 peaux environ, dont 3,000 viennent de Paris, et qui consistent en 2,400 peaux de bœuf, 1,100 peaux de vache et 500 cuirs de Buenos-Ayres.

Leurs cuirs sont de bonne qualité et le prix en est très-modéré.

M. Renou, à Paris, rue Mouffetard, 29.

M. Renou s'est fait remarquer, à l'exposition, par ses cuirs sans couture, par ses peaux tannées à l'aide de nouveaux procédés qui évitent l'emploi de la chaux.

M. Renou, qui a été jugé digne d'une mention honorable en 1834, aurait mérité, cette année, une récompense plus élevée, si on avait vu son industrie prendre un développement qui lui manque encore.

M. Malespine, de Saint-Étienne.

Déjà examiné par le jury pour ses enclumes, M. Malespine mérite d'être cité pour les cuirs forts qu'il a exposés.

Peaux.

MÉDAILLE D'OR.

M. Durand-Chancerel, à Paris, rue de Lourcine, 9.

La famille Durand jouit, dans la tannerie, d'une célébrité méritée ; les produits qu'elle a exposés sont nombreux et importants.

Par l'étendue de leur fabrication en cuirs forts, les tanneries de M. Durand-Chancerel se placent immédiatement après celles de M. Sterlingue : elles produisent 10 à 12,000 peaux, occupent 120 ouvriers, et livrent au commerce pour 7 à 800,000 francs de ce genre de produits. On trouve chez M. Durand-Chancerel une fabrication soignée et probe, qui assure à ses produits un rang élevé dans le commerce. Mais ses procédés n'ont rien de particulier, si ce n'est l'emploi d'un moyen de remplacer le battage des cuirs par l'action d'un lissoir cylindrique, qui va être mis incessamment en activité, et dont on peut apprécier déjà les effets jusqu'à un certain point.

M. Durand-Chancerel produit, indépendamment de ses cuirs forts, une quantité considérable de veaux de tannerie, qu'il livre au commerce au nombre de 20 ou 25.000 par an, au moins. Cette branche de sa fabrication a plus particulièrement fixé l'attention du jury.

Cet atelier, placé sous la direction d'un tanneur très-habile, M. Paul, produit des veaux fins et ras d'une souplesse parfaite, qui ont paru réunir toutes les qualités d'une fabrication très-distinguée.

Il faudrait, à propos de M. Durand-Chancerel, répéter quelques-unes des observations qui ont été produites à l'occasion de M. Sterlingue. En effet, MM. Sterlingue et Durand étaient associés à l'époque où leurs plans d'amélioration ont commencé à recevoir leur exécution. Depuis qu'ils se sont séparés, ils ont suivi la même marche.

En outre, comme on vient de le dire, M. Durand-Chancerel possède une réputation spéciale et méritée pour ses veaux, qu'il produit sur une très-grande échelle et dont les belles qualités ont déterminé le jury à lui décerner une médaille d'or.

MÉDAILLE D'ARGENT.

MM. Reulos et Budin, à Paris, rue Censier, 11.

Ces habiles tanneurs se sont attachés à une spécialité qui trouve un aliment assuré dans les abattoirs de Paris, c'est le tannage et le corroyage des peaux de chevaux : leur fabrication, qui date à peine de deux années, s'est si rapidement agrandie, qu'elle absorbe maintenant plus de la moitié des peaux que la ville de Paris fournit.

MM. Reulos et Budin portent à leur fabrication ces soins minutieux et de chaque instant qui assurent le succès d'un établissement et la beauté de ses produits. C'est dans le parfait enchaînement des opérations, dans leur à-propos, dans le soin avec lequel elles sont exécutées, que réside le secret des bonnes qualités que possèdent leurs produits. On remarque chez eux une bonne disposition de la basserie et un excellent système de corroyage.

Le jury central décerne à MM. Reulos et Budin une médaille d'argent.

MÉDAILLES DE BRONZE.

M. L'Hoste, à Corbeil.

M. L'hoste exploite, à Corbeil, une tannerie importante qui se livre spécialement, ou à peu près, au tannage des veaux; elle renferme quatre-vingts fosses et soixante passements; elle profite, d'ailleurs, de la Seine pour le transport des écorces et des marchandises, et de la rivière de l'Essonne pour la fabrication elle-même.

Les menues peaux qui sortent de cette tannerie sont distinguées. Les procédés suivis dans la fabrication expliquent leur bonne qualité; car, sans avoir rien de nouveau, ils reposent sur les données d'une pratique éclairée.

Le jury central décerne à M. L'hoste une médaille de bronze.

M. Durand Pierre, tanneur à Bully, département du Calvados.

Il a exposé une peau de veau tannée en croûte. Sa fabrique est considérable et très-ancienne; elle occupe beaucoup d'ouvriers, et confectionne 40 ou 50 mille veaux par an. Ses produits sont connus sous le nom de *veaux de Vassy*, et sont employés pour la reliure, la sellerie, la carde et le vernis. La maison Nys et compagnie, qui en est le principal acheteur, a depuis longtemps reconnu leur supériorité sur toutes les autres espèces de veaux tannés. Aussi sont-ils toujours retenus d'avance par les corroyeurs, les peaussiers et les vernisseurs, et vendus 25 pour 0/0 plus cher que les produits des autres fabriques.

La qualité et la beauté des produits de cette fabrique contribuent puissamment à l'exportation de nos articles de chaussure, sellerie et vernis.

Il faut attribuer une partie du mérite des veaux de Vassy à la localité. M. Durand travaille bien; mais, comme il peut faire mieux, le jury central, en exprimant le désir qu'il mette à profit tous ses avantages, lui décerne une médaille de bronze.

M. MELLIER, à Paris, rue Saint-Nicolas, faubourg Saint-Martin.

Son usine, fondée en 1814, opère sur une assez grande échelle. Il a exposé du cuir pour la fabrication des cardes d'une belle qualité.

Le jury central lui décerne une médaille de bronze.

M. DEBEYME, à Paris, rue Saint-Sauveur, 33.

Sa corroierie prépare des veaux imperméables, au moyen d'un apprêt particulier; mais c'est surtout pour les revers de bottes que M. Debeyme a fixé l'attention du jury. Ces revers sont obtenus avec une rare perfection.

Le jury central lui décerne une médaille de bronze.

Corroierie.

MÉDAILLE D'OR.

M. OGEREAU, à Paris, rue de Buffon, 5.

La maison de M. Ogereau date de plus de vingt années, mais elle n'a pris l'extension qu'elle présente aujourd'hui qu'en 1830, époque où elle s'est installée rue de Buffon, dans un local vaste et bien approprié à son genre d'opérations. La distribution des ateliers, le bon enchaînement des opérations variées et compliquées qui s'y effectuent, en font un établissement très-remarquable.

Pour donner une idée de leur importance, il suffit de

dire qu'il y a en ce moment, chez M. Ogereau, en peaux brutes, en peaux en cours de fabrication ou en peaux terminées, près de 90,000 pièces de tout genre.

La variété de ses produits est, d'ailleurs, extrême, car M. Ogereau livre, par année, au commerce 5,000 cuirs forts de l'abat de Paris, 3,000 cuirs forts de Buenos-Ayres, 3,000 vaches de Hambourg et Hollande, 40,000 veaux et 1,500 chevaux.

Il fabrique des veaux à revers, des veaux à carde. La maroquinerie se fait dans son établissement sur une assez grande échelle, car il opère chaque année sur 80,000 peaux environ.

Sa corroierie prépare toutes les peaux qui sortent de sa tannerie, et, en outre, 40 à 50,000 peaux tannées qu'il tire de la province et de la Bretagne en particulier.

C'est sur elle que le jury a spécialement fixé son attention. Il a vu qu'à cet égard M. Ogereau s'était mis hors ligne, et il a voulu marquer tout l'intérêt qu'il porte à la fabrication des cuirs, en étendant ses récompenses à toutes les opérations qui en dépendent.

M. Ogereau possède un appareil pour remplacer l'action du marteau sur les cuirs forts, par l'action d'un cylindre en bronze qui les comprime avec énergie.

C'est un de ces tanneurs que le commerce de Paris compte parmi ceux qui ont contribué à relever la tannerie de son abaissement; car M. Ogereau, sans avoir porté des améliorations qui lui soient propres dans les procédés, s'est appliqué, avec le plus grand zèle, à se rendre maître des méthodes de fabrication reconnues comme étant les meilleures. Sa tannerie de gros cuirs travaille d'après les méthodes de Pont-Audemer; pour les veaux, il suit les procédés de Milhau, etc. Si l'ensemble de la fabrication de M. Ogereau présente une importance très-grande, on voit que les détails y ont été l'objet d'une étude approfondie.

Le jury central décerne à M. Ogereau une médaille d'or spécialement motivée sur la perfection de son corroyage.

MÉDAILLE DE BRONZE.

MM. Prins et cie, à Nantes.

MM. Prins et compagnie s'occupent de corroierie. Les produits qu'ils ont envoyés à l'exposition consistent en veaux corroyés et cirés, dont la belle préparation et la bonne qualité ont réuni tous les suffrages. Une fabrique capable de produire des peaux aussi belles, même pour échantillon, serait déjà une fabrique bien gouvernée; mais, de plus, le jury a pu s'assurer que les livraisons faites au commerce par MM. Prins et compagnie ne s'éloignent pas des produits qu'ils ont exposés.

Cette corroierie n'emploie aucun procédé nouveau, mais elle met le plus grand soin à se procurer des peaux d'une qualité spéciale pour chaque lieu d'exportation, soit en faisant venir ces peaux elles-mêmes des pays qui les produisent, soit en leur donnant, par le travail, la forme sous laquelle le consommateur est accoutumé à les recevoir.

C'est ainsi qu'en quelques années M. Prins a pu s'ouvrir d'importants débouchés avec le Portugal, l'Espagne, l'Italie, le Brésil, la Havane, Maurice et Bourbon, les mers du Sud, etc. Cette maison livre à la consommation 36,000 peaux par an, dont la majeure partie pour le commerce extérieur. Cependant quelques-uns de ses produits viennent se consommer à Paris.

Nantes est si bien placée comme centre de production des matières et comme ville maritime pour l'exportation des produits, que tout porte à penser que le commerce des cuirs et peaux s'y développera.

Ces considérations ont déterminé le jury central à récompenser les efforts et les succès obtenus par MM. Prins et compagnie en leur décernant une médaille de bronze.

MENTIONS HONORABLES.

M. Lai-Lamotte, à Saint-Malo.

Il a exposé divers produits d'une application spéciale; des cuirs pour la marine, apprêtés au goudron et capables de résister fortement à l'humidité; des seaux à incendie, etc.

Ces divers cuirs sont apprêtés avec soin et intelligence; ils remplissent bien leur but.

M. Cole-John, à Guingamp.

Le jury central a vu avec intérêt les produits de M. Cole-John, qui consistaient en cheval et génisse corroyés. Leur travail est très-beau et peut soutenir la comparaison avec les meilleurs produits de ce genre.

M. Merlant jeune, à Nantes.

Ils ont exposé des échantillons de cuirs corroyés de belle qualité et très-dignes de l'attention du jury.

M. Michel Georges, à Aniane (Hérault).

Les cuirs corroyés qu'ils ont exposés ont été jugés dignes d'une mention honorable.

M. Chevillotte Alexandre, à Brest.

Cuirs de veaux cirés, blancs, tiges noires, cirées, qui sont d'une bonne fabrication.

M. Roullin, à Pontivy,

A exposé un cuir de bœuf bien préparé. Il exerce son industrie sur des cuirs du pays; ses produits sont estimés.

M. Étienne Giraud, à Aniane (Hérault).

Il a adressé à l'exposition une peau de veau. Sa fabrique est à son début; elle peut se développer.

M. Roques, à Montpellier (Hérault).

Peaux de mouton et de brebis tannées au chêne vert et de bonne qualité.

Maroquins.

RAPPEL DE MÉDAILLE D'OR.

MM. Dalican, successeur de Mattler fils, rue Censier, 13.

La fabrique de maroquins exploitée aujourd'hui par M. Dalican est une des premières qui aient été établies à Paris.

C'est celle de M. Mattler père, qui, en 1793, commença à s'occuper de ce genre de fabrication à peu près à l'époque où M. Fauler a établi ses propres ateliers. Elle occupe aujourd'hui cinquante à soixante ouvriers, et opère, par an, sur quatre à cinq mille douzaines de peaux de chèvres en croûte, et trois à quatre mille douzaines de peaux de moutons aussi en croûtes; ces peaux viennent presque toutes de Marseille et des environs. Elles arrivent toutes tannées au sumac, ce qui est d'une bonne économie, car il faudrait tirer du Midi les peaux et le sumac nécessaire à leur tannage. Elle fabrique également trois ou quatre cents douzaines de peaux de veau fraiches.

Tous ces produits sont employés pour la chaussure, la carrosserie, la sellerie; mais c'est surtout pour la reliure que M. Dalican travaille. Paris consomme une grande partie de ses produits; le reste s'exporte en Hollande, en Belgique, en Italie et dans les deux Amériques. C'est à M. Mattler père qu'on doit le procédé pour mettre les peaux en rouge à l'aide du tonneau; ce procédé procure non-seulement une économie d'un tiers dans l'emploi de la cochenille, mais il offre encore l'avantage de teindre cent peaux à la fois, en une heure, et de les obtenir toutes de la même nuance; aussi a-t-il été adopté par tous les fabricants.

C'est aussi M. Mattler père qui est l'inventeur de la mécanique servant à lustrer les peaux.

Le jury de l'exposition de 1819 appréciant les avantages de ces deux procédés, a décerné à M. Mattler père la médaille d'or; cette récompense a été confirmée à toutes les expositions suivantes.

C'est en 1835 que M. Dalican a succédé à M. Mattler

fils; à cette époque, la fabrique n'occupait que quinze à vingt ouvriers, ce nombre s'est triplé en trois années.

M. Dalican s'occupe essentiellement de la fabrication des peaux maroquinées de luxe, comme celles qu'emploie la reliure, la fabrication des portefeuilles, les peaux chagrinées, etc.

Il a imaginé une machine nouvelle et qui ouvre un système de fabrication particulier pour le maroquin. C'est une machine à faire le maroquin chagriné, qui produit par jour cent cinquante peaux très-bien chagrinées, au moyen de deux ouvriers.

Pour le noir, M. Dalican obtient une préférence très-marquée. Elle est due non à la beauté de son noir, qui, à cet égard, n'a rien de supérieur aux autres, mais à sa solidité qu'une longue expérience a consacrée.

Le jury central déclare que M. Dalican mérite toujours la médaille d'or décernée à son prédécesseur, M. Mattler.

MÉDAILLE D'OR.

MM. Fauler frères, de Choisy-le-Roi.

La fabrique de maroquins établie à Choisy-le-Roi en 1796, sous la raison sociale Fauler, Kemph et compagnie, est la première qui ait exploité en France cette industrie, qui, jusqu'alors, y était à peu près inconnue, et pour laquelle nous étions tributaires de l'étranger; ses produits furent admis à l'exposition de 1801 et lui valurent une des douze médailles d'or décernées, à cette époque, à l'industrie, et cette récompense leur a été confirmée à toutes les expositions suivantes.

Depuis 1828, cet établissement est exploité par MM. Fauler frères, fils de l'un des fondateurs, qui, à force de recherches et de soins, sont enfin parvenus à obtenir, sur la peau, des nuances aussi variées que sur la soie et sur toutes les étoffes. Cette application présentait de graves difficultés, surtout dans les gris, pour obtenir des nuances unies, à cause des différences que la peau présente dans sa texture, qui, resserrée sur le dos et les pattes, est ordinairement ouverte et spongieuse sur le ventre et dans les parties faibles.

Quelques innovations ont encore été tentées avec succès par MM. Fauler : les maroquins du Levant, recherchés par les amateurs, manquaient à la consommation; la reliure, en particulier, réclamait, pour les volumes d'un grand format, une peau qui, par la qualité, la solidité du grain, fût en rapport avec la dimension des livres, et qui, surtout, pût résister aux ravages du temps; les grains du Levant sortis de leurs ateliers et destinés à couvrir les immenses volumes de l'ouvrage sur l'Égypte, offert à la chancellerie d'Angleterre par la chambre des pairs, attestent qu'ils sont parvenus, en peu de temps, à donner à leurs maroquins les qualités qui font rechercher ceux du Levant, et à les surpasser par la beauté du grain, la vivacité et la fixité de la couleur.

Leurs maroquins chagrinés, employés pour la reliure, la gainerie et le portefeuille, ne laissent rien à désirer pour leur qualité et pour la régularité du grain.

Ces innovations, et les perfectionnements apportés dans toute la fabrication, ont singulièrement contribué à accroitre la consommation du maroquin; la fabrique de Choisy-le-Roi, qui occupait autrefois vingt-cinq à trente ouvriers, en emploie aujourd'hui jusqu'à cent trente, et livre annuellement au commerce pour près d'un million de produits; elle fabrique, à elle seule, plus de deux cent mille peaux par année.

La fabrication du maroquin, presque nulle il y a quarante ans, est arrivée aujourd'hui à un tel degré de perfection, que la France, qui était autrefois tributaire des étrangers, les force maintenant à employer ses produits, qu'elle est aussi parvenue à fabriquer à meilleur compte que toutes les autres nations.

Depuis longtemps nous alimentons les marchés de New-York, le Mexique, le Brésil, Buenos-Ayres et toutes les colonies de l'Amérique; nous expédions jusque dans l'Inde; nous avons enlevé tous ces placements à l'Angleterre, qui, elle-même, malgré son esprit de nationalité, n'a pu s'empêcher de reconnaître notre supériorité en consentant à employer nos maroquins malgré les droits énormes de 25 ou 30 pour 100 dont ils sont frappés à leur entrée. MM. Fauler sont pour beaucoup dans ces résultats si dignes d'intérêt.

Quand on étudie avec attention les ateliers de MM. Fauler frères, on reconnait bien vite la cause de la supériorité incontestée de leurs produits, dans les soins extrêmes qu'ils mettent à donner à chacune de leurs opérations toute la perfection dont elle est susceptible.

C'est ainsi que MM. Fauler n'ont pas hésité, il y a quelques années, à remplacer les cylindres en buis employés à lisser leurs peaux par des cylindres en cristal de roche, qui coûtent trente fois plus cher, mais dont la dureté est telle que le frottement des cuirs ne les use pas, et qu'ils produisent un effet plus complet et plus constant.

La substitution des cylindres de quartz aux cylindres de buis, dans cette industrie, est une heureuse acquisition; elle a été adoptée dans tous les ateliers de ce genre.

Il ne suffit plus de déclarer que MM. Fauler frères sont dignes d'hériter de la médaille d'or qui a été décernée à leur père en 1801. Depuis cette époque, leur fabrique occupe toujours le premier rang ; depuis dix ans, elle a pris un développement considérable. Comme on l'a vu, c'est elle qui a créé toutes ces nuances de fantaisie qui ont ouvert au maroquin des débouchés sans limites, et que l'art de la teinture en peau ne possédait pas. Leurs opérations mécaniques se sont enrichies de procédés de lissage nouveaux, de moyens particuliers pour imiter les grains des peaux du levant.

A tous ces titres, le jury central décerne à MM. Fauler frères une médaille d'or.

RAPPEL DE MÉDAILLE D'ARGENT.

MM. Emmerich et Goerger fils, à Strasbourg.

Déjà honorée, en 1823, d'une médaille d'argent, cette fabrique en a mérité le rappel dans les expositions de 1827 et 1834. Aujourd'hui elle n'emploie pas moins de quatre-vingts ouvriers qui produisent environ soixante-dix mille peaux. Elle tire les trois quarts des peaux qu'elle façonne de l'Allemagne ; le reste est fourni par la France.

Le jury central déclare que MM. Emmerich et Goerger se montrent toujours dignes de la médaille d'argent qu'ils ont obtenue en 1823.

MÉDAILLE D'ARGENT.

M. L. Lanzenberg et c^ie^, de Strasbourg.

Leur établissement fut créé en 1811. A cette époque, les maroquins ne s'employaient pas encore en grandes quantités, aussi la fabrique de M. Lanzenberg était-elle peu importante; mais, à mesure qu'elle s'est enrichie de produits nouveaux, elle a pris de l'extension. En y comprenant les ouvriers de sa parcheminerie, M. Lanzenberg emploie de quatre-vingts à cent ouvriers; il travaille environ soixante mille peaux de chèvres en poils, par année, qui lui viennent en grande partie de l'Allemagne. Avec le même nombre d'ouvriers, il pourrait faire un tiers de plus en achetant des peaux, déjà tannées, qui viennent de Marseille.

Ses produits se placent en grande partie dans le pays, M. Lanzenberg ne pouvant concourir, pour le prix, avec les fabricants de l'Allemagne, qui non-seulement n'ont aucun droit à payer, mais qui ont encore la main-d'œuvre et les drogues tinctoriales à des prix plus bas. Cependant une partie de ses produits est achetée par l'étranger; nos maroquins sont préférés, et peuvent être vendus, à cause de leur belle qualité, à des prix bien plus élevés que ceux de fabrication allemande.

Le noir de M. Lanzenberg est beau, solide, vif, trèssouple, et gagne en intensité en restant quelque temps en magasin.

Son rouge est nourri en couleur et bien vif.

M. Lanzenberg est sans rival pour les peaux bronzées et vert doré ou cantharides; rien n'égale l'éclat et la solidité de ses peaux. Le vert-doré est une nuance de son invention qu'il est encore le seul à exploiter.

Ces couleurs à reflet métallique ont déjà la sanction d'une assez longue expérience pour qu'on puisse affirmer que l'usage s'en conservera.

Les produits connus sous le nom de *peaux d'âne* forment une sorte de complément à la fabrication du maroquin.

Cet article se fait avec des peaux de chèvre et de mouton de qualité inférieure.

Les fabricants de maroquin n'ont ordinairement pas d'emploi avantageux pour cette sorte de peaux, qu'ils vendent à très-bas prix; M. Lanzenberg les utilise dans cette fabrication.

L'ensemble de la fabrication de M. Lanzenberg est très-digne d'intérêt: ses peaux à reflets métalliques sont certainement supérieures à tout ce qui se fait en ce genre.

Le jury central décerne à M. Lanzenberg une médaille d'argent.

RAPPEL DE MÉDAILLE DE BRONZE

MM. Cruel-Thempé et Bernheim, à la Villette (près-Paris),

Ont exposé des chevreaux en mégie mis en couleur, en noir, en bronze doré pour la chaussure. C'est un article dont ils font une exportation considérable.

Le jury central déclare qu'ils méritent toujours la médaille de bronze qui leur fut décernée en 1834, sous le nom de Trempé aîné.

MÉDAILLES DE BRONZE.

M. Gauthier, à Belleville (près-Paris.

Il a exposé des veaux vernis de couleur bien fabriqués, des vaches grenées et surtout des maroquins vernis.

Ce dernier article, qui est nouveau, a fixé l'attention du jury, qui a reconnu dans sa fabrication des soins recommandables et dans ses qualités les éléments d'une fabrication de nature à se développer.

Le maroquin verni est, en effet, bien moins cher que le veau verni : à la vérité, il n'a pas les qualités du veau verni, tout comme il ne conserve pas les qualités propres au maroquin; mais le jury central y a vu un produit nouveau de nature à recevoir diverses applications.

Il décerne à M. Gauthier une médaille de bronze.

M. Deglesne, à Paris, rue du Petit-Carreau, 13.

Les peaux de chevreau dorées et noir lissé, que ce fabricant a exposées, montrent qu'il possède les moyens de fabrication convenables à ces sortes d'objets.

Ce que le jury central a remarqué dans son exposition, ce sont les produits qu'il a obtenus en mettant à profit les dépeaux de chevreau que la ganterie rejette, à cause des défauts que présente la fleur. En faisant, à leur aide, des chevreaux vernis pour chaussure, M. Deglesne en a tiré parti.

Le jury central lui décerne une médaille de bronze.

Buffleterie.

NOUVELLE MÉDAILLE D'ARGENT.

M. Guillaume-Durand, à Paris, rue Marie Stuart, 8,

Expose des buffles pour l'équipement militaire.

Ses fabriques sont situées :

Une à Saint-Germain-lès-Couilly, département de Seine-et-Marne, et l'autre à Beausséré près Gisors.

Il fabrique annuellement en buffles, qui sont employés pour baudriers, porte-giberne et bretelles de havre-sacs, douze à quinze mille cuirs Buenos-Ayres, Batavia et indigènes, qui ont une valeur d'environ 30 fr. pièce.

Ses fabriques sont montées sur une grande échelle, de manière à pouvoir satisfaire à tous les besoins de l'armée et de la garde nationale de France.

Depuis quelques années, il a perfectionné cette fabrication de manière à ne laisser rien à désirer. La frise de son buffle est fine et belle, son cuir conserve une bonne fermeté sans être dur; il est dégraissé à fond, de manière à ne jamais repousser le blanc ; il est tel, du reste, qu'il se vend en grande partie pour l'étranger, et notamment pour la Belgique, la Suisse, la Sardaigne et l'Amérique.

Cette industrie est importante ; elle est difficile. Les progrès qu'elle a faits méritent un nouvel encouragement.

Le jury central décerne une nouvelle médaille d'argent à M. G. Durand.

Mégisserie.

La fabrication en mégie des peaux de chevreaux de lait, pour la ganterie fine, acquiert chaque jour, à Annonay, une nouvelle importance ; il s'expédie, chaque année, de cette ville, environ quatre millions de peaux de chevreaux mégissées en blanc, représentant une valeur de sept à huit millions de francs.

Les peaux brutes y viennent de tous les pays du monde, mais principalement du midi de la France et des versants des Alpes suisses et sardes ; l'Italie et l'Espagne fournissent également une grande quantité de peaux, mais la chaleur du climat, en précipitant l'accroissement de l'animal, nuit singulièrement à la qualité du cuir.

L'industrie de la mégisserie fait vivre, à Annonay, plusieurs milliers de personnes, dont douze cents ouvriers environ travaillent directement et uniquement à mégisser la peau dans quatre-vingt-quatre fabriques. Plus de cent maisons de commerce s'occupent de cette fabrication, ou de l'importation des peaux brutes et de la réexportation, en Angleterre, à Paris, à Grenoble, des peaux mégissées d'Annonay, qui font la majeure partie de l'approvisionnement de la ganterie dans ces villes.

MÉDAILLE D'ARGENT.

M. Gannal, à Paris, rue des Grands-Augustins, 23.

M. Gannal est l'inventeur d'un procédé de conservation des cadavres et généralement des matières animales, auquel l'académie des sciences a décerné un des grands prix Montyon. Le procédé de M. Gannal, fondé sur l'emploi d'une injection de sulfate simple d'alumine, permet de conserver un cadavre, sans décomposition, pendant un ou deux mois à l'air. Avec une liqueur de sulfate simple, marquant 6°, où on plonge deux fois par semaine le cadavre injecté, la conservation serait sans limites; les travaux de l'anatomiste en reçoivent un degré de facilité et de sécurité remarquable et éprouvé.

M. Gannal a appliqué son procédé à la conservation des objets d'histoire naturelle : il simplifie singulièrement l'art de conserver les animaux; mais, sous ce rapport, son invention demande une plus longue expérience pour qu'on puisse en porter un jugement définitif.

M. Gannal a appliqué son procédé à l'embaumement; il a pris un brevet d'invention à cet égard, et il est de notoriété qu'il a déjà embaumé un grand nombre de cadavres.

Par la nature de la matière préservatrice qu'il emploie, le procédé de M. Gannal se rattache à l'art du mégissier.

En considération des services rendus par M. Gannal à l'étude de l'anatomie, le jury central lui décerne une médaille d'argent.

MÉDAILLE DE BRONZE.

M. Lioud et c^ie, à Annonay (Ardèche).

Les ateliers de ces fabricants occupent vingt-six hommes et préparent annuellement de cent dix à cent vingt mille peaux de chevreaux de toute nature et de toutes provenances.

L'époque fixée par le jury départemental (1er février), pour la livraison des objets à exposer, a nécessité l'exposition des produits fabriqués en hiver et, par conséquent, dont le blanc est moins beau que celui des fabrications de printemps; mais la souplesse et la beauté de la fleur ont paru au jury central ne rien laisser à désirer.

En conséquence, il décerne une médaille de bronze à M. Lioud et compagnie.

Cuirs vernis.

Quand il s'agit d'une industrie qui existait à peine à l'avant-dernière exposition, qui, aujourd'hui, malgré son importance commerciale, excite peu l'attention publique, il semble extraordinaire, au premier abord, que le jury central l'ait élevée jusqu'à ses plus hautes récompenses.

Mais c'est que l'industrie des cuirs vernis s'est fait sa place elle-même par la beauté de ses produits, leurs bonnes qualités, l'importance de sa consommation et le succès toujours croissant de ses opérations.

Depuis la dernière exposition, le nombre des fabriques est au moins triplé. Au lieu de quatre exposants, nous en comptons dix.

Le cuir verni a donc un succès assuré, durable, et dont

il n'est pas difficile de se rendre compte en considérant ses diverses, nombreuses et fort importantes applications.

S'agit-il de la chaussure des femmes et de celle des hommes eux-mêmes, qui ne comprend tout l'avantage d'une chaussure que le vernis rend imperméable, qui demeure toujours propre et brillante, et qui, loin d'être usée plus vite, reçoit de son vernis des garanties et des conditions de durée?

S'agit-il de sellerie, de la carrosserie, les cuirs vernis s'y appliquent sous toutes les formes, et rien ne saurait les remplacer. Les cuirs souples, les cuirs roides trouvent également leur emploi dans cette industrie, qui réclame du fabricant de cuirs vernis des objets assez divers pour rendre nécessaires de sa part des efforts continuels et une intelligence très-active.

Enfin, vient-on à considérer ses applications dans la fabrication des coiffures militaires ou autres, on voit encore le cuir verni jouer, dans ces occasions, un rôle qu'une autre substance s'approprierait difficilement.

Le cuir verni possède des qualités qui justifient un tel succès. Il est brillant, toujours propre, car un simple lavage suffit pour le nettoyer. Il est imperméable à l'eau. Quand il est bien préparé, on peut le froisser, le plier, sans que le vernis se détache ou s'écaille. Le cuir verni dure plus longtemps, et conserve bien mieux sa fraîcheur que le cuir ordinaire.

Mais tous ces résultats ne sont vrais qu'autant qu'il est question d'un cuir verni d'excellente qualité. Si le vernis en est mal préparé, s'il est mal appliqué, le cuir verni devient alors une production très-médiocre. Il s'écaille aisément, se gerce, se déchire, et bientôt les objets qui en sont fabriqués sont hors de service.

L'industrie des cuirs vernis, exécutée comme elle l'est en France, mérite les plus grands encouragements. Longtemps inférieurs aux cuirs étrangers, nos cuirs vernis s'exportent aujourd'hui en grande quantité, et dans des circonstances fort dignes d'intérêt, comme on va le voir.

Mais, avant de faire connaître les résultats obtenus par les divers exposants en objets vernis, il est nécessaire de bien faire comprendre que ces divers exposants sont rarement comparables entre eux, car la seule chose qui leur soit commune, c'est l'emploi d'un vernis, tandis que la nature du vernis, la manière de l'appliquer, la nature du corps sur lequel on l'applique, et l'usage auquel il est destiné, tout cela diffère d'une fabrique à l'autre.

Aussi, dans l'appréciation des services rendus par les divers fabricants d'objets vernis, a-t-il fallu dégager soigneusement l'objet principal de chaque fabrication, celui qui en fait la spécialité, des objets accessoires que chacun produit comme assortiment obligé. Nous spécifierons donc avec soin la nature précise de produit que le jury a voulu récompenser.

MÉDAILLES D'OR.

M. Nys, et c^ie^, à Paris, rue de l'Orillon, 27.

En 1828, M. Nys et compagnie achetaient la fabrique de cuirs vernis déjà estimée de M. Longagne. Cette usine leur fut vendue 30,000 francs, matériel et clientèle, tout compris. Elle occupait neuf à dix ouvriers; elle fabriquait quatre cents douzaines de petits veaux, deux cents douzaines de grands veaux et trois cents vaches, représentant ensemble une valeur de 80,000 francs.

En 1830, par suite de diverses améliorations intérieures, cette fabrique employait trente ouvriers, et produisait pour 200,000 francs de cuirs vernis. Jusque-là, leur consommation se bornait à la France.

En 1834, la fabrication s'élevait à 470,000 francs, et un quart des produits se plaçait en Angleterre.

M. Nys, demeuré seul en 1835, redoubla de zèle et d'intelligence dans la direction de sa vaste entreprise, et il est parvenu, l'année dernière, à produire pour 840,000 francs de cuirs vernis, dont les trois quarts sont consommés par l'Angleterre; la France et l'Italie se partagent l'autre quart.

Si, d'un côté, on aime à voir notre industrie des cuirs vernis, longtemps inférieure à celle de l'Angleterre, lui faire aujourd'hui, sur son propre terrain, une aussi sérieuse concurrence, d'autre part on ne peut s'empêcher de regretter que la consommation des cuirs vernis soit comparativement si faible en France, car elle indique ces habitudes d'un luxe solide et éclairé, qu'il serait si nécessaire de développer parmi nous.

Du reste, si l'on veut juger ce qu'est devenue, entre les mains de M. Nys, cette usine qu'il payait 30,000 francs il y a douze ans, il faut ajouter que, par suite de diverses acquisitions, elle s'est agrandie au point qu'elle représente aujourd'hui une valeur de 400,000 francs, qu'elle occupe près de deux cents ouvriers, et que sa production est calculée maintenant sur le taux de trois millions par an. Que pourrait-on ajouter à de pareils résultats!

M. Nys ne tanne pas lui-même ses peaux; il achète des peaux déjà tannées, qu'il soumet néanmoins de nouveau à une opération de tannage, et auxquelles, après leur avoir fait subir un corroyage très-soigné, il applique son vernis.

La majeure partie de ses produits consiste en vernis noir: cependant il fabrique aussi, au besoin, des cuirs vernis de couleur; mais ce dernier produit n'est, jusqu'ici, qu'une industrie fort bornée. Il y a, dans les cuirs vernis de couleur, un ton lourd qui contraste d'une manière désagréable avec la transparence et les brillants reflets du cuir verni noir.

La haute position industrielle de M. Nys, la supériorité incontestée de ses produits le signalaient d'avance au jury central comme très-digne de la médaille d'or qu'il s'empresse de lui décerner.

M. Plummer, à Pont-Audemer (Eure).

Le succès obtenu par M. Nys dans la fabrication du cuir verni pour la chaussure, M. Plummer l'obtient de son côté pour la fabrication du cuir verni pour la sellerie et la carrosserie.

Son usine, établie à Pont-Audemer, n'emploie pas moins de cent ouvriers, qui sont occupés à tanner, corroyer et vernir les peaux; car M. Plummer prend les peaux dès leur mise en fabrication, et leur fait subir lui-même toutes les opérations qu'elles exigent.

Il fabrique pour 500,000 francs de produits pour Paris seulement;

Et, en outre, il en livre à la province ou à l'étranger pour 900,000 francs environ.

M. Plummer possède une de ces machines ingénieuses au moyen desquelles on scie les cuirs de façon à les dédoubler et à utiliser chacune des moitiés de la peau divisée de la sorte.

Cette opération s'exécute sur des peaux de 5 à 6 pieds de long sur 5 à 6 de large.

M. Plummer père avait déjà obtenu la médaille d'argent à l'exposition de 1806. La même distinction fut accordée à son fils en 1834. C'est donc une belle et bonne fabrication constatée pendant une période de près de quarante ans.

D'ailleurs, il est constant que M. Plummer a, depuis cinq ans, agrandi le cercle de ses opérations et amélioré ses produits.

Le jury central lui décerne une médaille d'or.

MÉDAILLE D'ARGENT.

MM. Baudouin frères, rue de la Tombe-Issoire, n° 23.

L'établissement de MM. Baudouin frères, créé en 1835, s'est développé rapidement ; il produit des cuirs vernis, des toiles cirées, des toiles imperméables, des toiles vernies, et enfin des peaux mégies en poils pour sacs militaires.

Dans la fabrication des toiles cirées, MM. Baudouin se montrent fabricants habiles et au niveau de leurs confrères. Il en est de même de leurs peaux mégies, de leurs toiles vernies ou imperméables, de leurs couvre-shako, etc.

Dans leurs cuirs vernis, on remarque la beauté du noir. MM. Baudouin donnent un soin particulier à la fabrication des veaux vernis pour colliers.

La fabrique dont il s'agit fait pour 800,000 francs de produits et occupe environ 200 ouvriers.

Le jury lui décerne une médaille d'argent.

RAPPEL DE MÉDAILLE DE BRONZE.

M. Lauzin fils, à Belleville.

Cet exposant produit des moutons vernis pour la sellerie, pour garde-crotte; il fait aussi des cuirs pour la chaussure. Sa fabrication s'est améliorée depuis la dernière exposition.

Il est donc toujours digne de la médaille de bronze qui lui fut décernée en 1823.

MÉDAILLES DE BRONZE.

M. Javal, à Paris, rue du Faubourg-Saint-Martin, 82.

La fabrique de M. Javal ne compte que trois années d'existence. L'industrie des cuirs vernis doit être regardée, à son égard, comme une industrie secondaire, qui promet d'heureux résultats pour l'avenir, mais qui n'a pas encore atteint un chiffre de production important. M. Javal fabrique environ 3,000 peaux de veaux ou vaches par année.

Mais il produit, au contraire, avec succès et en grande quantité, la toile vernie nécessaire pour les coiffes à shakos, pour les couvre-giberne de l'armée française, etc. A en juger par l'importance des demandes qui dépassent 100,000 pièces, et par la satisfaction exprimée par les conseils d'administration des régiments, les fournitures de M. Javal présentent les bonnes qualités qui recommandent les échantillons qu'il a exposés, savoir une belle couleur noire, une grande souplesse et une ténacité bien conservée.

Le jury décerne à M. Javal la médaille de bronze, en l'encourageant à développer les applications de ces toiles vernies, qui sont encore en essai chez lui.

M. Heulte, à Paris, rue Pastourelle, 5.

M. Heulte fabrique des cuirs et des peaux vernis, mais c'est surtout dans la production des feutres vernis que M. Heulte se présente avec une supériorité réelle; ces feutres sont employés pour coiffures militaires, chapeaux de roulier, casquettes de chasse, et, à en juger par leur belle fabrication et leur bas prix, l'usage déjà considérable doit encore s'en étendre : en effet, M. Heulte livre un chapeau en feutre verni à moins de 2 francs, et il en produit déjà au moins 20,000 par an.

M. Heulte s'est attaché à produire des feutres revêtus d'un vernis beau, souple et solide, et à donner à ses coiffures des formes élégantes et de bon goût, tout en baissant de plus en plus ses prix de vente.

M. Heulte a exposé aussi des toitures en feutre imperméable.

Le jury central lui décerne une médaille de bronze.

CITATIONS FAVORABLES.

M. Deplaye, à Belleville, barrière de la Chopinette,

A exposé des cuirs vernis qui sont bien fabriqués. Il a

présenté des essais en cuirs vernis avec fonds métalliques. Les peaux ainsi préparées sont d'une fabrication soignée; mais les cuirs vernis de fantaisie sont une affaire de mode, qu'il n'appartient qu'à la consommation de juger en dernier ressort.

M. MICAUD, à Paris, rue Saint-Martin, 271.

Déjà cité favorablement, en 1834, pour ses chaufferettes en cuir imperméable résistant à l'eau bouillante, cet exposant présente nombre d'objets de la même fabrication, tels que scaphandres, bouteilles, outres, etc.

M. GUILLOIS fils, à Beau-Grenelle (près Paris).

Sa fabrique, établie depuis six mois, parait être fondée sur de bons procédés, à en juger par les produits exposés, qui consistent en cuirs vernis et tiges imperméables au caoutchouc.

M. SOYER, à Paris, rue Richer, 17.

La fabrique de cet exposant est dans le même cas que celle de M. Guillois.

TISSUS IMPERMÉABLES.

Tout le monde connait les résultats intéressants, à tant de titres, qu'une industrie nouvelle, fondée sur les propriétés du caoutchouc, a offerts au public depuis quelques années, soit en Angleterre, soit en France, par les soins de MM. Guibal et Ratier, et de leurs nombreux imitateurs.

Le caoutchouc est, en effet, une substance merveilleusement douée, qu'aucun des liquides habituellement en rapport avec nous n'attaque, ne dissout; qui ploie, s'allonge, s'étend et revient sur elle-même avec toute l'obéissance d'une enveloppe qui ferait partie du corps même sur lequel on l'applique.

On est parvenu à le couper en lames minces, à le refendre en fils, à remettre en masse les débris ou les parties impures; on sait lui ôter son élasticité et la lui rendre à volonté; enfin on le coupe, on le soude en cent façons et avec une facilité qui se prête à tous les caprices de la fabrication.

Cette partie de l'industrie du caoutchouc ne mérite que des éloges.

Mais il en est une autre qui est moins avancée, quoiqu'elle soit aussi pratiquée depuis longtemps et qu'elle le soit sur une grande échelle. On veut parler de la fabrication des tissus imperméables doubles ou simples, à l'aide du caoutchouc dissous par les huiles essentielles. Dans ce procédé, la substance est toujours un peu modifiée; elle retient une certaine quantité d'huile, qui lui donne de l'odeur et qui la ramollit.

Le problème à résoudre pour rendre le caoutchouc liquide n'est pas de le dissoudre par des essences dont on ne peut jamais le débarrasser entièrement, mais de le rendre liquide en l'amenant à l'état d'émulsion, c'est-à-dire à l'état où il découle des arbres qui le fournissent.

Cette industrie a néanmoins fait en France des progrès notables; les étoffes doubles ou simples en caoutchouc ayant bien moins d'odeur qu'elles n'en répandaient il y a quelques années.

RAPPEL DE MÉDAILLE D'OR.

MM. Guibal et Ratier, à Paris, rue des Fossés-Montmartre, 4.

Ces habiles fabricants ont encore trouvé moyen de faire de grands progrès dans l'industrie qu'ils ont créée en France. En 1834, le jury central leur a décerné la médaille d'or, en se fondant essentiellement sur leur fabrication de tissus élastiques, qui s'effectue au moyen de fils de caoutchouc, à qui on ôte leur élasticité par une tension prolongée, qu'on recouvre d'un tissu à l'aide du métier à lacet, et à qui on rend enfin l'élasticité par l'action d'un fer chaud. Cette fabrication a pris une très-grande importance, non-seulement entre leurs mains, mais aussi dans celles de leurs nombreux imitateurs ou contrefacteurs. Mais, à l'extension près, cette industrie est, en général, au point où elle était en 1834.

Chez MM. Guibal et Ratier, au contraire, une disposition nouvelle a permis de tirer du métier Jacquard, pour fabriquer ces fils des tissus élastiques, un parti bien plus avantageux que par le passé. La quantité de travail qu'un ouvrier peut produire est plus que doublée, en certains cas, par cette disposition.

Mais, au moment même où cette industrie prenait des développements inespérés, elle a été frappée dans sa source, les arrivages de caoutchouc n'ayant pas répondu aux idées qu'on s'en était faites, et une fraude active s'étant glissée dans la préparation des poires que les Indiens en fabriquent.

Les trois quarts, au moins, des poires que nous apporte le commerce sont si mal fabriquées, et d'une texture si feuilletée, si peu homogène, qu'on ne saurait en faire usage directement pour les découper en lames. MM. Guibal et Ratier ont monté, dans leur usine, un système d'appareils propres à remettre le caoutchouc en masse ; ils le découpent ensuite en lames, en bandes, en fils, et le font ainsi rentrer dans la fabrication des tissus élastiques, d'où il semblait exclu.

MM. Guibal et Ratier ont beaucoup amélioré leur dissolution ; elle a bien moins d'odeur, bien qu'elle en ait encore, et ils méritent des éloges, quoiqu'à cet égard on puisse espérer de nouveaux et d'importants progrès.

Dans la fabrication de MM. Guibal et Ratier, on remarque un nouvel article : c'est un tissu simple rendu imperméable par une couche extérieure de caoutchouc. Son bas prix le rend accessible à toutes les fortunes, et cependant sa bonne qualité est garantie par une expérience déjà fort étendue. Le seul inconvénient de ces tissus réside dans leur ressemblance avec les toiles vernies, qui les déprécie pour l'emploi que nous appellerons bourgeois ; mais les manteaux militaires, ceux de voyage, de chasse, etc., s'en accommodent parfaitement bien.

On a pu remarquer, à l'exposition, des essais qui ont de l'intérêt, et qui auraient pour résultat de faire, à l'aide d'une seule opération, un très-grand nombre de tapis du dessin le plus compliqué. Ce problème est résolu à l'aide du caoutchouc, et, quoique cette industrie singulière n'existe encore qu'en germe, on ne saurait douter qu'un jour ou l'autre elle ne prenne une forme pratique.

Parmi les améliorations qu'il faut remarquer chez les habiles fabricants dont nous nous occupons, la baisse importante que leurs prix ont subie n'est pas la moindre. Elle est d'autant plus digne d'attention, qu'elle coïncide avec une augmentation considérable du prix du caoutchouc.

L'industrie du caoutchouc s'exerce aujourd'hui sur 400,000 francs de caoutchouc brut qu'elle convertit en une masse de produits divers dont le prix s'élève à une somme dont on appréciera l'importance quand on saura que l'Amérique reçoit de nous pour quatre millions de produits en caoutchouc en échange des 400,000 francs de matière brute qu'elle nous envoie.

L'extension donnée par MM. Guibal et Ratier à leur industrie, le développement qu'elle a pris entre les mains de toutes les personnes qui mettent à profit leurs procédés, la perfection de leurs moyens de recomposition de la gomme divisée ou impure, et surtout les perfectionnements qu'ils ont fait subir au métier Jacquard, motivent le rappel le plus honorable de la médaille d'or que le jury s'empresse de voter à ces habiles fabricants.

MÉDAILLES DE BRONZE.

M. Champion, à Paris, rue du Mail, 18.

Connu depuis longtemps pour la fabrication de ses mesures linéaires en rubans imperméables, qui lui ont valu, en 1819, une médaille de bronze, cet ingénieux fabricant livrait au commerce beaucoup d'objets produits par les mêmes procédés, et applicables à des destinations hygiéniques ou à la conservation des métaux.

On a remarqué, à l'exposition actuelle, des vêtements imperméables très-légers, très-souples, peu volumineux et fort convenables pour les militaires, les voyageurs ou les personnes qui habitent la campagne. Mais l'aspect luisant ou gras des étoffes vernies les exclut de tout emploi dans les villes, ce qui en limite singulièrement l'application.

Néanmoins, le jury, considérant les divers progrès faits par M. Champion dans sa fabrication, lui décerne une nouvelle médaille de bronze.

M. Meynadier, à Montrouge (Seine).

Cet ingénieux fabricant prépare les tissus de manière à les rendre imperméables. Il opère sur tous les genres d'étoffe avec le même succès, et il peut fournir des tissus simples, imperméables en taffetas ou percalines, et, à plus forte raison, des tissus plus épais.

Ce que M. Meynadier a surtout cherché, et avec raison, c'est de rendre son étoffe imperméable sans lui donner un aspect gras ou verni, c'est de lui conserver toute sa souplesse. Il a presque réussi sous ces deux rapports. Du reste, ses étoffes n'ont pas d'odeur bien sensible.

Elles ont dès longtemps trouvé leur application dans la fabrication des cols noirs, dans celle des manteaux de voyage.

Il est à désirer que cette industrie se développe.

Le jury décerne une médaille de bronze à M. Meynadier.

M. Gagin, à Clignancourt (Seine).

M. Gagin a exposé diverses applications de ses toiles

imperméables, qu'il applique essentiellement aux besoins du soldat. Des outres, une tente, un manteau-bivouac, des blouses, des bâches pour voiture, etc., ont été mis sous les yeux du jury, et soumis à un examen attentif.

M. Gagin prépare aussi des chaussures imperméables, qui ont été l'objet d'expériences longues et bien faites en Afrique; le résultat en a été très-favorable, comme on le voit par un rapport du colonel Marey.

Les toiles pour tentes et abri-bivouac ont été essayées, au camp de Compiègne, par M. de Courtigis avec un succès complet.

Le jury central décerne à M. Gagin une médaille de bronze.

MENTIONS HONORABLES.

M. Ledoux, à Neuilly (Seine).

M. Ledoux fabrique des tissus doubles imperméables par les procédés connus; mais ces tissus ont peu d'odeur.

Il fait une grande quantité de buscs recouverts d'un tissu imperméable qui les préserve de la rouille : cette application du caoutchouc est devenue déjà d'un usage assez commun.

M. Cocu, à Paris, rue Ménilmontant, 86.

Produit des tissus de caoutchouc avec beaucoup de succès. Ses tissus épinglés sont remarquables par leur belle et bonne fabrication.

MM. Galibert et Sarraut, rue J.-J. Rousseau, 1,

Livrent au commerce des tuyaux en caoutchouc naturel fort bien faits et susceptibles d'applications intéressantes.

M. Bouillant, à Paris, rue du Faubourg-Saint-Antoine, 325,

S'occupe avec succès de la fabrication des tissus en caoutchouc.

M. Marouzi de Aguire, rue d'Antin, 3.

Il a fabriqué dive[illegible] objets en chanvre comprimé, rendu imperméable et vern[illegible] produits pourront recevoir d'utiles applications.

M. Beker, à Paris, rue de Grenelle-Saint-Honoré, 39.

Il rend imperméables, par des procédés chimiques, toutes les étoffes, sans altérer leur souplesse ni leur couleur, et sans leur ôter leur perméabilité pour l'air.

Il est à désirer que les procédés de M. Beker ou des procédés analogues deviennent d'une application générale.

---

§ 3. TOILES CIRÉES.

La fabrication des toiles cirées a fait de grands progrès depuis peu de temps. Des procédés mécaniques sont venus à son aide, et, remplaçant la pose des fonds à la main, ainsi que le ponçage, ont réduit de 80 pour 100, terme moyen, le prix de ce travail, qui entre pour beaucoup dans le prix définitif des toiles cirées.

Les méthodes d'impression se sont perfectionnées. On imprime aujourd'hui à volonté avec ou sans relief. Nous ne parlons pas de l'art de produire des effets sur les fonds de ces toiles, art bizarre qui sera toujours plus riche en moyens d'exécution que ne l'exigerait le goût du consommateur le plus exigeant.

MÉDAILLE D'OR.

MM. Couteaux, à Joinville-le-Pont (Seine).

Déjà récompensés en 1834 par une médaille d'argent, MM. Couteaux père et fils ont augmenté depuis lors leur fabrication, et l'ont enrichie de procédés nouveaux et remarquables.

Ils fabriquent des cuirs vernis pour sellerie et chapellerie, au moyen des procédés anglais. C'est à cette fabrication qu'ils ont dû la médaille d'argent en 1834. Ils se présentent aujourd'hui avec les mêmes procédés, mais ils ont ajouté à leur travail une machine spéciale pour scier les cuirs, machine d'invention anglaise et fort digne d'attention par ses résultats. En effet, elle enlève, en une feuille entière et très-propre à tous les usages où l'épiderme n'est pas nécessaire, cette portion intérieure de la peau que le drayage ordinaire fait tomber en copeaux inutiles.

Comme ils fabriquent beaucoup de visières, chacune des parties de la peau y a trouvé son application particulière. Ainsi les visières bombées, vernies d'un seul côté, sont fabriquées avec la partie de la peau qui porte l'épiderme.

Les visières plates, vernies des deux côtés, sont, au contraire, obtenues au moyen de la partie intérieure de la peau détachée par le sciage et conséquemment dépourvue d'épiderme. Ces cuirs vernis peuvent subir tous les efforts et se plier de toutes les manières sans que leur vernis s'éraille, ce qui n'arrive pas aux visières munies de l'épiderme.

Les cuirs vernis pour chaussure sont obtenus par MM. Couteaux, à l'aide de procédés qui leur sont particuliers.

Ils s'occupent activement de la fabrication des toiles cirées, en partie par les procédés anciens, en partie par des moyens nouveaux et remarquables.

En effet, dans leurs ateliers se trouve une machine qui donne à la toile une couche de peinture de chaque côté simultanément. En quelques minutes, une pièce de 34 aunes reçoit ses deux couches et se rend d'elle-même dans une étuve disposée pour recevoir cinquante-deux pièces semblables.

Trois hommes font, à l'aide de cet appareil et du suivant, le travail de soixante ou quatre-vingts ouvriers.

En effet, chez MM. Couteaux, non-seulement la pose du fond se fait à la machine, mais le ponçage lui-même s'exécute par un procédé mécanique de la plus grande simplicité.

L'économie de main-d'œuvre, produite par ces deux appareils, est immense. Ils fonctionnent d'ailleurs l'un et l'autre avec une parfaite régularité.

Enfin MM. Couteaux se livrent à la fabrication de tous les objets en caoutchouc, qui ne sont pas exclusivement réservés à d'autres fabriques par des brevets. Dans leurs ateliers, on recompose les masses de caoutchouc, on les découpe en lames, et on emploie celles-ci pour faire des tissus doubles imperméables. On s'occupe également de la dissolution du caoutchouc et même de la préparation des huiles que cette dissolution exige. La dissolution est employée pour produire des tissus doubles imperméables, comme les lames elles-mêmes.

Ainsi, dans l'usine de MM. Couteaux père et fils, on peut voir en activité, 1° le corroyage des cuirs, leur sciage, leur vernissage pour diverses destinations et la fabrication des visières; 2° leurs ateliers de toile cirée par l'ancien et par le nouveau procédé; 3° la purification des huiles pour dissoudre le caoutchouc, la dissolution de celui-ci et l'application du caoutchouc dissous à la confection des tissus imperméables; 4° et enfin le remaniement des débris de caoutchouc pour en refaire des masses; le sciage de celles-ci en lames et l'emploi de ces lames pour des coussins à air et autres objets analogues.

MM. Couteaux emploient plus de cent ouvriers; ils disposent d'une machine à vapeur puissante. Ils font pour 5 à 600,000 fr. de produit par an.

L'ensemble de leur fabrication, son importance et les procédés nouveaux qu'ils ont appliqués à la fabrication de la toile cirée, rendent MM. Couteaux père et fils très-dignes de la médaille d'or que le jury central leur décerne.

MÉDAILLE D'ARGENT.

M. Seib, à Strasbourg.

La fabrication des toiles et percales cirées à la saxonne est due aux soins de M. Seib, qui continue à s'occuper de la fabrication de tous les objets en toiles et taffetas cirés avec un grand succès.

La fabrique de M. Seib est montée sur une grande échelle. Les produits qu'elle fournit jouissent, dans le commerce, d'une grande estime due à leurs qualités éprouvées.

L'art du fabricant de toile cirée est redevable à M. Seib de plusieurs perfectionnements importants dans les moyens mécaniques par lesquels on imite la marbrure. C'est lui qui le premier a tiré parti de la lithographie dans la décoration de ces toiles.

Le jury lui décerne une médaille d'argent.

MÉDAILLES DE BRONZE.

M. Bonjour, rue des Fossés-du-Temple, n° 77.

M. Bonjour expose pour la première fois. Sa fabrique, située à Bercy, emploie 40 ouvriers et peut s'accroître. Il produit des toiles cirées par l'ancien procédé pour meubles, tapis, etc. Il a inventé un nouveau procédé; depuis dix-huit mois il en a fait usage, et il a déjà produit, à son aide, de 6 à 8,000 pièces, qui ont été versées dans le commerce.

Dans ce nouveau procédé, le dessin est sans relief; il

est fondu et nuancé de manière à imiter les laques de Chine.

M. Bonjour fait un emploi des métaux qui est dirigé avec goût et intelligence.

Par ce procédé, le prix des toiles est un peu plus élevé; mais comme il y a brevet, et qu'un tapis de 10 francs n'en coûte que 11 au plus, on peut dire que, par la suite, l'équilibre se rétablira.

Ce procédé a été appliqué aux toiles destinées à la tenture des bateaux à vapeur, etc.

Le jury central décerne à M. Bonjour une médaille de bronze.

M. Dutertre, à la Chapelle-Saint-Denis, près Paris.

La fabrique de M. Dutertre a exposé des produits en toiles cirées imprimées qui décèlent une entente parfaite de la fabrication, et dont les dessins sont composés avec une habileté extrême pour mettre à profit toutes les qualités de la toile cirée et pour dissimuler tous ses défauts.

M. Dutertre a également exposé des taffetas cirés très-remarquables par leur parfaite exécution.

Le jury central décerne à M. Dutertre une médaille de bronze.

TROISIÈME PARTIE.

INDUSTRIES DIVERSES.

M. Schlumberger (Charles), rapporteur.

---

§ 1er. CHAPELLERIE.

Chapeaux de feutre, de soie. Chapeaux de paille.

C'est en 1820 que la chapellerie de Paris l'emporta définitivement sur celle de Lyon, qui avait jusqu'alors conservé le monopole de cette fabrication. Tous les chapeaux se faisaient alors en feutre, ceux en soie n'avaient fait que paraître et avaient alors été repoussés de la consommation. Par un nouvel apprêt, inventé par MM. Malard et Chambry, en 1827, on a pu donner plus de légèreté aux chapeaux, et une perfection a été apportée à la fabrication par l'emploi de cet apprêt dans les chapeaux feutrés.

Depuis plusieurs années, les perfectionnements obtenus dans la fabrication des tissus en peluches de soie, dans celle des apprêts et des carcasses, ont de nouveau fait arriver les chapeaux de soie, et cette fois ils ont pris la part la plus large dans la consommation.

Sans avoir des chiffres précis sur le nombre des fabriques et sur leurs produits, nous savons qu'elles donnent à peu près les résultats suivants :

Il existe à Paris cent ou cent vingt fabriques.

La confection des chapeaux occupe de quatorze à quinze cents ouvriers.

Ils produisent à peu près douze à treize cent mille chapeaux, dont :

Quatre-vingt à cent mille en feutre, d'une valeur de 15 fr. à 30 fr. pièce.

Le reste en chapeaux de soie ou soie et coton, valeur de 6 fr. à 16 fr. pièce.

Sur le nombre des chapeaux,

Sept cent mille sont livrés au détail de Paris,

Quatre cent mille dans la province,

Et le surplus pour l'exportation.

Les chapeaux de Paris sont aujourd'hui très-perfectionnés ; leur élégance, leur légèreté et leur bon marché les font rehercher par tous les consommateurs.

La fabrication des chapeaux de paille ou de tresses a également fait des progrès remarquables, tant sous le rapport des matières employées que sous celui de la bonne confection des tissus.

RAPPEL DE MÉDAILLE D'ARGENT.

M. Jay, à Paris, rue des Fossés-Montmartre.

En 1834, cet habile fabricant obtint une médaille d'argent pour les produits remarquables qu'il avait exposés. Ceux de cette année ne laissent rien à désirer pour le fini du travail et pour la modicité des prix; le jury confirme à M. Jay la médaille qu'il avait obtenue.

MÉDAILLE D'ARGENT.

M. Poinsot, à Paris, rue Sainte-Avoie, 57.

Ce fabricant, frappé de l'importance des importations faites en France de chapeaux de paille ou en tresses diverses, a eu l'heureuse idée de chercher à faire arriver en France les feuilles de palmier comme *matières premières* pour faire gagner la main-d'œuvre à nos ouvriers. Après bien des essais dispendieux et malgré l'abaissement des droits d'entrée sur les produits fabriqués en Amérique, il a réussi dans cette entreprise. Les matières premières sont tirées de Cuba, où elles sont très-abondantes; elles arrivent en France et sont ensuite dirigées sur Limoges et Riom, où M. Poinsot a formé deux vastes ateliers dans les maisons centrales de détention de ces deux villes où plus de six cents ouvriers trouvent de l'occupation à ce travail dont les opérations sont toutes manuelles.

Les chapeaux viennent ensuite à Paris pour recevoir la dernière main et l'apprêt dans les ateliers du fabricant. Le produit annuel est d'environ cent vingt mille chapeaux ou cabas, dont la douzaine, en qualité ordinaire, est du prix de 20 fr., tandis qu'en qualité supérieure les prix peuvent monter jusqu'à 60 et 200 fr. la pièce.

On estime, dans les articles communs, la feuille pour un huitième du prix de revient, dans les articles demi-fins pour un vingtième, et dans les articles fins pour moins d'un centième.

Loin de craindre la concurrence, M. Poinsot espère qu'elle viendra lui aider à nous affranchir du tribut que nous payons encore à l'étranger pour une grande partie de produits analogues. Le jury décerne à M. Poinsot une médaille d'argent pour ses produits et pour le service qu'il a rendu à notre industrie.

RAPPELS DE MÉDAILLES DE BRONZE.

M. Huault (Benoît), à Paris, rue des Ménétriers, 6.

Les produits de ce fabricant avaient été distingués par le jury en 1834; ceux qu'il expose, cette année, prouvent qu'il conserve toujours la même supériorité; le jury lui confirme la médaille de bronze qu'il obtint en 1834.

MM. Chenard frères, à Paris, rue Sainte-Avoie, 41,

Exposent des chapeaux de toute espèce d'une très-bonne confection; leurs produits sont toujours estimés dans le commerce; le jury leur confirme la médaille de bronze obtenue en 1834.

MM. Ray frères, à Paris, rue du Plâtre-Sainte-Avoie.

Ils exposent des chapeaux de feutre, lièvre, soie, et peluches pures; tous ces produits justifient la médaille de bronze qu'ils ont obtenue en 1834 et que le jury leur confirme.

MENTIONS HONORABLES.

M. Gibus, à Paris, rue Vivienne, 20.

Déjà, en 1834, ce fabricant avait exposé le modèle d'un mécanisme appliqué aux chapeaux pour pouvoir les réduire à un petit volume ; depuis lors, il a perfectionné sa première invention d'une manière remarquable. En effet, tel qu'il est exécuté aujourd'hui, ce mécanisme léger et solide peut être varié si bien dans ses formes, qu'il s'applique à toutes les coiffures. Les modèles exposés par M. Gibus ne laissaient rien à désirer par leur excellente confection.

Les prix un peu élevés de ces chapeaux en ont seuls empêché jusqu'à présent un usage plus général, mais l'inventeur a pris les mesures nécessaires pour pouvoir les confectionner à meilleur marché.

M. Gibus fabrique également toutes les autres sortes de chapeaux : il a contribué au perfectionnement des tissus en poils de lièvre mélangés à la bourre de soie, qui ont donné une grande économie dans la fabrication des chapeaux feutrés.

La Société d'encouragement, ayant examiné plusieurs fois les produits de M. Gibus, en a toujours fait des éloges dans ses rapports.

Le jury mentionne honorablement les produits de M. Gibus.

M. Hamel, à Brest (Finistère),

Expose des chapeaux en peluches de soie, des chapeaux vernis, d'un prix modéré et qui ne gercent pas ; le jury lui accorde une mention honorable, comme il l'avait reçue déjà en 1834.

M. BENINI (Roch), à Paris, galerie Colbert, 18.

Ce fabricant a exposé des chapeaux en paille qui sont très-bien fabriqués; les efforts qu'il fait pour perfectionner en France cette industrie lui méritent une mention honorable.

M. ALAN-MIGOUT, à Paris, avenue des Champs-Élysées, 64.

Déjà cité en 1834 pour ses chapeaux, ce fabricant a depuis lors beaucoup perfectionné ses produits; ceux qu'il a exposés en noir et en gris, au prix de 15 fr., sont d'une solidité parfaite et très-bien feutrés : le problème du beau à bon marché a été résolu par M. Alan-Migout.

M. LEGRAS, à Gouville (Manche),

Expose un chapeau de paille pour femme fait avec une grande perfection ; il est à désirer qu'il puisse donner de l'extension à cette fabrication.

CITATIONS FAVORABLES.

M. PAISANT, à Paris, grande galerie des Panoramas, 22,

A exposé des chapeaux en feutre et en soie qui sont parfaitement soignés et à des prix modérés.

M. CARRIER, à Paris, passage Pecquet, 11,

A exposé des chapeaux légers et bien faits qui sont

rendus imperméables au moyen d'un apprêt dont il est l'inventeur; c'est un perfectionnement dont l'utilité a été appréciée par le commerce.

M. Monier, à Paris, rue Montesquieu, 8,

Expose des chapeaux feutrés, en peluches et déchets de soie : l'expérience a besoin de confirmer le bon emploi des chapeaux de cet inventeur.

---

§ 2. CHAUSSURE.

Botterie, cordonnerie, sabots, socques.

La confection des chaussures ne s'exécute pas dans de grands établissements; les maîtres et les ateliers sont disséminés, mais cette industrie emploie un nombre considérable d'ouvriers qu'il ne serait possible d'évaluer que très-approximativement.

Pour former avec avantage de grands ateliers, il faut pouvoir y fabriquer en quantité des produits toujours les mêmes, et cette première condition n'existe pour la chaussure que dans certains genres tout à fait spéciaux. Le goût et la mode, avec ses caprices, changent à chaque instant les formes qui ont besoin d'être déjà si diverses par la grande variété des pieds et des accidents qui peuvent leur arriver.

En général, de grands perfectionnements ont été apportés dans la confection des chaussures; l'élégance des coupes, les coutures, la légèreté sont autant d'améliorations qui font aujourd'hui distinguer l'habileté de nos ouvriers.

On peut compter, pour les bottes, le prix de 16 francs comme prix moyen, car on fait aujourd'hui beaucoup de bottes à 12 et à 14 fr. la paire.

Le prix de façon se paye à l'ouvrier de 4 à 8 fr. la paire; il peut, pour certaines parties, se faire aider par sa femme, et par cette raison il préfère faire une paire de bottes plutôt qu'une paire de souliers.

Le prix moyen des souliers doit être entre 4 et 7 fr. la paire, sur lesquels l'ouvrier reçoit 2 fr. de façon.

Quelques essais que l'expérience a besoin de consacrer ont été faits par plusieurs fabricants pour rendre les chaussures imperméables; ce serait une véritable perfection, si on arrivait à la solution de ces essais d'une manière complète et économique.

RAPPEL DE MÉDAILLE DE BRONZE.

M. Michels-Maire, à Metz (Moselle),

Avait déjà été distingué à la dernière exposition pour la bonne confection de ses chaussures et leur bon marché. Il a exposé une collection de bottes et de souliers qui sont parfaitement confectionnés et dont les prix sont extrêmement modérés comparativement à ceux de Paris. Il est toujours digne de la médaille de bronze qu'il a reçue en 1834, et que le jury lui confirme.

MÉDAILLE DE BRONZE.

MM. Jacquet et cie, à Paris, rue Saint-Denis, 42, et rue de Charonne, 88,

Ont établi une véritable fabrique de chaussures; c'est un perfectionnement remarquable, et qui a donné à ses auteurs bien des difficultés à surmonter.

Une partie des travaux se font mécaniquement, tels que la coupe des cuirs, leur battage et leur perçage.

Cet établissement pourrait confectionner jusqu'à trente mille paires de souliers par mois au prix de 4 fr. à 4 fr. 50: l'armée et la marine en ont déjà employé près de quarante mille paires, qui ont été reconnues de bonne qualité; mais malheureusement l'organisation actuelle du service militaire empêche d'y apporter des changements qui donneraient dans cette partie de notables économies.

MM. Jacquet et compagnie font également avec perfection une grande quantité de chaussures pour les usages ordinaires; ils s'occupent de nouveaux perfectionnements: le jury leur décerne une médaille de bronze.

MENTIONS HONORABLES.

M. Modor, à Paris, passage Choiseul, 33

Depuis quelques années, ce fabricant s'est appliqué à la confection des souliers et chaussons en gomme élastique naturelle ou préparée. Ces chaussures, par la variété qu'il a su leur donner, peuvent être employées à tous les usages ordinaires, principalement pour la campagne, où elles peuvent remplacer en partie les sabots : les prix n'en sont pas trop élevés.

M. Bridard, à Paris, rue Neuve-Saint-Marc, 7.

Il a confectionné des bottines et souliers-guêtres pour la chasse, de manière à empêcher le sable ou la terre d'entrer dans l'intérieur des chaussures, la guêtre faisant corps avec le soulier. Par l'application d'une dissolution de caoutchouc de son invention, il assure qu'il peut rendre ses chaussures tout à fait imperméables. Ce dernier perfectionnement s'applique également aux bottes ordinaires, que M. Bridard confectionne très-bien.

MM. Jurisch et c^ie^, à Paris, rue de Surênes, 23.

Ce fabricant confectionne d'une manière très-soignée des semelles ordinaires simples ou chevillées ; elles se rapportent au moyen de quelques vis sous les semelles des bottes et souliers, et, lorsqu'elles sont usées, il suffit de les dévisser pour les remplacer par une autre semelle. Nous croyons que cette innovation continuera d'avoir le succès qu'elle a eu jusqu'à présent.

M. Roux, à Paris, rue du Roule, 4.

Il fabrique très-bien toute espèce de chaussures, et il a exposé un genre perfectionné par lui ; ce sont des bottes pour homme et bottines pour dame, en chevreau chamoisé et cambrées d'une seule pièce, évitant, par conséquent, les coutures : ces objets nous ont paru parfaitement exécutés et d'une grande solidité.

M. Devaux, à Paris, galerie des Variétés, 15.

C'est à M. Devaux qu'on doit la plus grande partie des perfectionnements qui ont été successivement apportés dans la confection des socques. Ceux qu'il fabrique aujourd'hui sont d'une exécution parfaite et à des prix modérés; ils jouissent, à juste titre, d'une grande vogue parmi les consommateurs. Déjà mentionné par le jury de 1834, nous ne pouvons que confirmer la distinction qu'il a obtenue.

M. Suser, à Nantes,

Expose des peaux préparées par des procédés particuliers qui leur donnent une grande souplesse et une bonne qualité; les souliers confectionnés avec ces peaux sont très-bien faits et les prix très-modérés en raison de la bonne qualité des produits. Le jury fait une mention honorable de M. Suser pour l'ensemble de ses produits.

CITATIONS FAVORABLES.

M. Signy, à Paris, rue Neuve-des-Petits-Champs, 15.

Par une disposition d'élastiques placés des deux côtés de ses bottes ou bottines, il évite la nécessité de les lacer et donne aussi plus de souplesse à la chaussure.

M. Evrat, à Paris, rue Saint-Jacques-la-Boucherie, 15,

Fabrique des souliers bien confectionnés; il a, pour la

chasse, des souliers-guêtres très-solides et à des prix modérés.

M. Bochet, à Paris, rue Quincampoix, 11.

Il confectionne des bottes pour la pêche, la chasse et le service des égouts : c'est une fabrication toute spéciale, à laquelle il donne tous ses soins.

M. Hébert, à Paris, rue Saint-Louis, 9 (au Marais),

S'occupant spécialement de la confection des chaussures pour soulager les infirmités, il a perfectionné d'une manière assez remarquable cette partie.

M. Barié, à Paris, rue Saint-Germain-l'Auxerrois, 44.

Il a perfectionné le travail des chaussures corioclaves au moyen de chevilles en buis ; il s'est appliqué aussi à la confection et à l'amélioration des bottes pour la cavalerie, la chasse et la pêche, ainsi que des bottes dites paracrottes. Tous ces produits sont très-bien exécutés.

M. Etiévant, à Paris, rue de Richelieu, 100.

Il confectionne très-bien toute espèce de chaussures ; il est parvenu à rendre imperméables même les plus délicates. Celles qu'il a exposées nous ont paru mériter l'attention des amateurs de belle chaussure.

M. Rigolet, à Paris, rue Hautefeuille, 5,

Est inventeur d'un compas rapporteur servant à prendre les mesures pour la chaussure. L'expérience consacrera, sans doute, l'emploi de cet instrument, qui nous a paru remplir parfaitement son but.

M. Dufort aîné, à Paris, rue de Grenelle-Saint-Honoré, 19.

Pour éviter l'inconvénient d'employer des cuirs trop minces pour la chaussure ou la ganterie, sans cependant nuire à la flexibilité des peaux, ce fabricant a eu l'idée de rayer celles-ci avec un outil spécial et qui forme alors une espèce d'ondulation souple et flexible.

Il expose également des bottes à tiges mobiles; ses produits sont d'une bonne exécution.

MM. Auvray frères, à la Forêt-de-Gavray (Manche),

Fabriquent une quantité considérable de sabots, surtout pour la campagne; les prix de 60 fr. à 30 fr. les cent paires de sabots ordinaires sont un véritable prodige de bon marché.

M. Aubert, à Paris, faubourg Saint-Antoine, 145,

A exposé des sabots élégants et de formes variées; ces perfectionnements n'ont pas influé sur les prix, qui sont très-modérés.

M. Morisseau, à Paris, rue des Fontaines, 17.

Les sabots de ce fabricant sont parfaitement exécutés; leur prix paraît peut-être un peu élevé, mais leur bonne qualité fait disparaître cet inconvénient.

§ 3. BRETELLES ET JARRETIÈRES.

MÉDAILLES DE BRONZE.

M. Flamet, à Paris, rue des Arcis, 25.

M. Flamet est auteur de plusieurs perfectionnements importants apportés à la fabrication des bretelles et jarretières; ses produits sont depuis longtemps connus dans le commerce, et il fabrique avec la même perfection ceux à bon marché que ceux des prix les plus élevés. Ses tissus en gomme élastique naturelle ont une grande élasticité, sans avoir l'odeur désagréable du caoutchouc préparé. Il a imaginé, pour les bretelles, une garniture métallique remplaçant les boutonnières; l'expérience viendra, sans doute, constater l'avantage de ce procédé.

En sus des nombreuses ouvrières du dehors, ce fabricant emploie 60 à 80 ouvriers dans ses ateliers; il produit annuellement 5 à 6,000 douzaines de paires de bretelles, et près de 8,000 douzaines de paires de jarretières. Une bonne partie de ses produits se vendent pour l'exportation.

Déjà récompensé par la médaille de bronze en 1834, pour l'importance de sa fabrique, le jury lui décerne une nouvelle médaille de bronze.

M. Bellamy, à Paris, rue Saint-Denis, 271.

Ce fabricant s'est appliqué à la confection des bretelles bon marché; il en a en coton, depuis 14 à 20 cent. la paire, et pour militaire, garanties deux ans de durée, à 30 c. la paire.

Celles en gomme élastique sont du prix de 55 jusqu'à 70 cent. la paire, et, par l'ornement, peuvent monter jusqu'à 10 francs la paire. Il emploie, tant à Rouen qu'à Paris, de 250 à 300 ouvriers qui consomment de 800 à 1,000 livres de coton par mois. Outre sa vente à l'intérieur, M. Bellamy exporte une forte partie de ses produits qui sont tous très-bien confectionnés.

Le jury décerne à ce fabricant une médaille de bronze.

M. Lamotte, à Paris, rue Saint-Denis, 303.

Ce fabricant se livre spécialement à la fabrication soignée des bretelles en peaux de toute espèce; les produits qu'il expose sont parfaitement établis. Les bretelles avec tissu en gomme élastique sont venues faire une grande concurrence aux premières, mais ne les ont pas remplacées, et beaucoup de consommateurs reviennent aujourd'hui à celles en peau. M. Lamotte fabrique également les jarretières, les cols simples et cols-cravates, et partout il apporte les mêmes soins, la même perfection de travail; sa marque est une de celles qui ont le plus de vogue dans le commerce.

Il occupe un très-grand nombre d'ouvriers et d'ouvrières, et une partie de ses produits est livrée pour l'exportation.

Le jury décerne à M. Lamotte une médaille de bronze.

MENTIONS HONORABLES.

M. Duhamel, à Paris, rue Bourg-l'Abbé, 30,

Fabrique une grande quantité de bretelles de toute

espèce, et par cela même procure du travail à beaucoup d'ouvriers; ses produits sont généralement bien fabriqués.

M. Demarne, à Paris, rue Croix-des-Petits-Champs, 39.

Déjà mentionné en 1834, ce fabricant mérite encore, cette fois, la même distinction; il a donné une grande extension à sa fabrication, et ses produits sont remarquables par leur travail et leur bon marché.

M. Mayer, à Paris, passage Choiseul, 32;

A été distingué par le jury de 1834, pour la confection de ses cols; il continue cette fabrication avec le même succès, et il n'est pas moins habile dans le travail de ses chemises, faites avec un grand soin et à des prix modérés.

CITATIONS FAVORABLES.

M. Lesouef de Petigny, à Paris, rue Neuve-des-Petits-Champs, 13,

Continue de fabriquer avec succès les cols ordinaires et cols-cravates de toute espèce; leur bonne confection leur mérite la même citation qu'ils avaient obtenue en 1834.

Guêtres.

M. Drouilleau, à Paris, rue de Chartres, 7,

A exposé des guêtres de diverses formes, qui sont très-bien faites; depuis longtemps les produits de cette maison ont acquis une bonne renommée.

§ 4. GANTERIE.

La ganterie française jouit toujours d'une grande vogue, et elle forme un des principaux articles de notre commerce d'exportation.

Le bon choix des peaux, leur préparation, la coupe élégante et la couture parfaite, contribuent à ce succès mérité.

La fabrication des gants procure du travail à un nombre considérable d'ouvriers et d'ouvrières, qui tend tous les jours à s'augmenter.

Paris a jusqu'ici tenu le premier rang pour cette partie; mais des perfectionnements apportés au travail général, et les soins donnés à toute la fabrication, commencent à faire de nos fabriques de province des rivales à celles de la capitale. Parmi elles citons Grenoble, qui avait perdu de son importance, et qui, depuis quatre ans, a repris un grand essor et une grande perfection de produits.

Le jury regrette de n'avoir pas vu, à l'exposition, les produits de quelques fabricants distingués des autres départements, ainsi que ceux de plusieurs fabricants de Paris.

RAPPELS DE MÉDAILLES DE BRONZE.

M. Ducastel, à Paris, rue du Hasard, 8.

La fabrique de M. Ducastel est restée l'une des plus importantes de la capitale; ses produits, qui sont bien confectionnés, s'exportent pour tous les pays.

Le jury confirme à M. Ducastel la médaille de bronze, qu'il a reçue en 1834, et dont il est de plus en plus digne.

M. Chouillou fils, à Paris, rue Saint-Honoré, 75,

Possède également une fabrique très-renommée, et dont les produits sont estimés, pour l'élégance, la beauté des peaux et la confection soignée des gants.

Le jury lui confirme la médaille de bronze obtenue en 1834.

M. Spieghelhalter, à Paris, place Vendôme, 26,

S'occupe spécialement des articles en peau de dam, pour lesquels il a une supériorité reconnue : ceux qu'il expose cette année, ainsi que ses autres articles de ganterie, méritent toujours la médaille de bronze obtenue en 1834, et que le jury lui confirme.

MÉDAILLES DE BRONZE.

M. Matton (Auguste), à Grenoble,

A exposé des gants qui peuvent rivaliser avec ce qui se fait de mieux à Paris; le bon choix des couleurs, des peaux et leur préparation, la coupe et les coutures méritent des éloges. Ce fabricant occupe beaucoup d'ouvriers; il est un de ceux qui ont relevé l'importance de la fabrication de Grenoble.

Le jury lui décerne une médaille de bronze.

M. Jouvin (Xavier), à Grenoble.

Ce fabricant a apporté de la perfection dans l'ensemble des opérations; il fait une grande quantité de gants, et ses produits sont estimés dans le commerce; il emploie beaucoup d'ouvriers.

Le jury lui décerne une médaille de bronze.

MENTIONS HONORABLES.

MM. Primat et c^{ie}, à Grenoble (Isère).

Il n'a exposé que quelques paires de gants qui peuvent donner une bonne idée de sa fabrication courante; il occupe également beaucoup d'ouvriers, et ses produits sont vendus pour l'exportation.

M. Perrucat, à Grenoble.

Ce n'est qu'en 1835 que sa fabrique a été mise en activité, et déjà il produit de 4 à 5,000 douzaines de paires de gants, qui trouvent facilement leur écoulement en France ou au dehors. Ses produits sont bien confectionnés, et sont appelés à jouir d'un bon succès.

CITATIONS FAVORABLES.

M. Boudard, à Paris, rue de la Chapelle, 7,

A exposé des gants très-bien confectionnés, il a perfectionné la coupe au moyen d'instruments très-ingénieux; sa fabrique est une de celles qui doivent obtenir du succès.

M. Mulot, à Paris, rue Vivienne, 18,

A exposé un assortiment de gants qui sont supérieurement fabriqués; peut-être pourrait-on leur reprocher leur cherté, mais la beauté des produits en atténue les prix.

M. Dardier, à Paris, rue Neuve-des-Petits-Champs, 95,

A exposé une collection de gants qui montre ce qu'on peut faire de beau et de bien fait dans cette partie. La bonne vente de ses produits lui est assurée.

---

§ 5. OBJETS DE SELLERIE.

MÉDAILLE D'ARGENT.

MM. Liégard frères, à Paris, rue de l'Égout-Saint-Paul, 19.

Ces fabricants ont établi un grand atelier pour la confection de tous les objets de sellerie. Depuis les articles les plus simples jusqu'à ceux décorés avec luxe, tout est établi avec la même perfection et à des prix qui peuvent entrer en concurrence avec ceux des objets analogues que nous faisions venir du dehors. Dans leur exposition, on a remarqué entre autres le grand harnais garni en fer argenté et plaqué, qui est d'une exécution parfaite, et qui présentait des difficultés de fabrication : à son prix de 3,000 fr., il serait plus de 30 pour 100 meilleur marché qu'en Angleterre, où il serait, assure-t-on, payé 4,500 à 5,000 fr. Cette différence de prix s'obtient surtout sur la main-d'œuvre, plus habile en France. Les autres articles offrent des différences moins fortes, parce qu'ils sont le résultat d'une fabrication courante; cependant elle est encore très-sensible : ainsi une selle anglaise unie, avec bride, tout équipée, est cotée chez eux 32 fr., et en Angleterre 50 fr. pour la même qualité; une selle fine matelassée, équipée, 80 fr. au lieu de 140 fr.; une bride fine, mors en acier, 16, 20, 25 fr., au lieu de 22, 28 et 33 fr.; enfin les harnais de cabriolet, noirs, simples, 75, 90 et 100 fr., au lieu de 100, 115 et 125 fr. Toutes ces différences sont dues à la bonne répartition du travail et à la direction bien entendue des ouvriers, qui peuvent cependant gagner de 4 à

8 fr. par jour. On n'emploie que des cuirs de France. MM. Liégard ont rendu un véritable service à la consommation générale, en poussant la fabrication de la sellerie dans la voie du progrès; ils confectionnent, dans leurs ateliers, tous les objets relatifs à cette partie, et qu'il serait trop long d'énumérer. L'importance de la fabrication est déjà de plus de 500,000 fr. par an : nous espérons que l'extension des ateliers, croissant avec le succès commercial, fera bientôt arriver en première ligne ces habiles fabricants. Le jury leur décerne une médaille d'argent.

RAPPEL DE MÉDAILLE DE BRONZE.

M. Battandier, à Paris, quai Voltaire, 5.

M. Battandier a exposé une collection d'objets de sellerie d'une bonne exécution ; ses malles sont faites avec soin et solidité, et les prix en sont modérés. M. Battandier a reçu, en 1834, la médaille de bronze ; le jury lui confirme cette distinction.

MENTIONS HONORABLES.

M. Godillot, à Paris, rue Saint-Denis, 278.

Ce fabricant a cherché à mettre, dans peu de place, le plus d'objets possible, et, sous ce rapport, ses malles, ses sacs de nuit et ses étuis à chapeaux sont des petits prodiges; leur bonne confection et leur qualité sont également à remarquer.

M. Amiard, à Paris, rue du Jardin-du-Roi, 21.

Il a perfectionné d'une manière notable les objets de bourrelerie, et notamment les colliers de chevaux, qui, par routine ou prévention, continuent encore, pour certains attelages, à se faire d'une lourdeur ridicule.

Ceux exposés par M. Amiard sont légers et solides ; ils donneront une grande économie aux consommateurs, et l'expérience en a consacré l'usage.

M. Peyrels, à Paris, rue de Provence, 52.

M. Peyrels fait très-bien tous les objets de sellerie ; il a cherché et a réussi à perfectionner la fabrication des selles en faisant des arçons en cuir, de manière à ne plus employer de bois dans les selles, ce qui les rend souples et empêche le cheval d'être blessé.

La selle pour dames, exposée par M. Peyrels, est très-bien confectionnée, et le perfectionnement qu'il y a apporté en rendra l'usage plus sûr et plus commode.

Layeterie et emballages.

CITATIONS.

M. Fanon, à Paris, rue Montmartre, 170.

Cité déjà en 1834, M. Fanon continue de mériter cette distinction ; les boîtes d'emballage variées qu'il expose sont très-bien confectionnées et doivent être fort commodes pour tous les usages auxquels on les destine.

M. Nezot, à Paris, rue Saint-Augustin, 34.

M. Nezot fabrique des cartons ovales, en bois, de toute dimension ; ils sont très-solides et durent fort longtemps ; les dames, pour le voyage et pour serrer les objets de mode, les trouveront commodes et utiles.

M. Pérot, rue de Paris, à Saint-Denis (Seine).

M. Pérot a exposé un assortiment très-varié de malles en bois, qui sont toutes bien fabriquées, et dont les prix sont très-modérés ; il en confectionne une grande quantité, et procure, de cette manière, du travail aux prisonniers.

M. Gravelleau, à Paris, rue de la Grande-Truanderie, 14.

Les malles, sacs de nuit et autres objets fabriqués chez M. Gravelleau, sont bien soignés dans toutes leurs parties, et, proportionnellement, il les vend à bon marché.

M. Bobin, menuisier à l'Aigle (Orne).

Ce fabricant occupe une quinzaine d'ouvriers, qui confectionnent par an près de 150,000 petites boîtes de toute espèce, et à si bon marché, qu'il en a jusqu'à 35 centimes la douzaine. Elles sont très-bien faites et solides.

M. Étard, à Paris, rue Pagevin, 4.

M. Étard fabrique des boîtes fort commodes pour le voyage, les articles qu'il expose sont bien faits et paraissent remplir très-bien le but auquel ils sont destinés ; les prix en sont très-modérés.

§ 6. PARAPLUIES.

La fabrication des parapluies occupe, à Paris, un très-grand nombre d'ouvriers. Depuis la dernière exposition, plusieurs améliorations ont été apportées dans le montage; mais, en général, les étoffes employées ne sont pas d'une assez bonne qualité, et les parapluies finissent par devenir un meuble assez cher, quand on est obligé de le renouveler souvent.

MÉDAILLE DE BRONZE.

M. Cazal, à Paris, boulevard Montmartre, 10.

Ce fabricant peut être cité comme un de ceux qui donnent les plus grands soins à la confection des parapluies; la légèreté, l'élégance et le bon choix des tissus, ne nuisent en rien à la solidité. Le coulant, qui sert à fermer et ouvrir le parapluie, est le plus simple et le plus solide qui ait été fait. A des prix très-modérés, en raison de leur bonne confection, les parapluies les plus ordinaires, jusqu'aux ombrelles élégantes, sont fabriqués dans les ateliers de M. Cazal, qui occupe beaucoup d'ouvriers, et ses produits, montant à une valeur de plus de 100,000 fr. par an, sont en partie vendus pour l'exportation. Le jury lui décerne une médaille de bronze.

MENTION HONORABLE.

M. Marot, à Paris, rue Saint-Denis, 331.

Ses produits ont déjà été mentionnés en 1834, et ils continuent de mériter cette distinction pour leur construction solide et le bon choix des tissus.

CITATIONS.

M. Faullain de Banville, à Paris, rue du Four-Saint-Honoré, 33.

M. Faullain de Banville a exposé des parapluies à canne brisée d'une construction simple et solide, qui pourront obtenir du succès dans la pratique.

M. Robouam, à Paris, place des Victoires, 7.

M. Robouam fabrique des parapluies de bonne qualité, et qui méritent d'être cités.

M. Loth fils, à Paris, rue Saint-Honoré, 95.

M. Loth fils est un de nos bons fabricants de parapluies; ses produits sont bien confectionnés, solides, et leur mécanisme est très-simple.

M. Hamelaerts, à Paris, rue Saint-Sauveur, 24.

M. Hamelaerts fait fabriquer une grande quantité de

parapluies, principalement pour l'exportation ; ses produits sont tous bien confectionnés.

Instruments de pêche et de chasse.

MENTIONS HONORABLES.

M. Krestz, à Paris, quai de la Mégisserie, 34.

Ce fabricant, par les soins qu'il apporte à la confection de tous ses produits, a déjà été distingué aux expositions de 1827 et 1834. Le jury ne peut que lui confirmer la mention honorable qu'il avait précédemment reçue.

M. Deloge-Montignac, à Paris, rue Saint-Honoré, 414.

A la dernière exposition, il n'avait apporté que les premiers essais de ses travaux, qui furent alors cités par le jury ; depuis, ils ont été perfectionnés, et tous ceux qui font usage de ses produits se plaisent à leur rendre justice, pour leur bonne confection dans toutes les parties, et leur solidité à toute épreuve. Le jury fait mention honorable des produits de M. Montignac.

M. Triaire (Jean-François), à Ganges (Hérault).

M. Triaire envoie l'échantillon d'un filet fait mécaniquement, dont les mailles et les nœuds imitent parfaitement ceux faits à la main. Il annonce qu'il pourra fabriquer les filets de toute espèce et de toute dimension. Le jury espère que le succès couronnera les efforts du sieur Triaire, et qu'à la prochaine exposition il pourra envoyer son métier perfectionné : en attendant, pour encourager ses efforts, il fait une mention honorable de son travail.

CITATIONS.

M. Savouré, à Paris, rue Saint-Denis, 243.

Sa maison est depuis longtemps connue comme une de celles qui fournissent les meilleurs articles en son genre; les produits exposés sont tous bien confectionnés, ils sont l'échantillon de la fabrication courante.

M. Montels, à Paris, au Pont-aux-Huîtres.

M. Montels a exposé des filets de pèche bien faits, et qui paraissent devoir remplir parfaitement le but auquel ils sont destinés.

---

§ 7. OBJETS DE PAPETERIE.

MENTIONS HONORABLES.

M. Robert, à Paris, rue Saint-Martin, 138.

Déjà distingué, en 1834, pour la fabrication des registres, M. Robert a fait de nouveaux progrès; il a exposé des registres reliés d'après un procédé de son invention, et qui, s'ouvrant parfaitement dans toutes leurs parties, donnent la facilité d'écrire jusqu'au bout des lignes. Ses registres ne coûtent pas plus cher que ceux ordinaires ; ils sont solides et bien faits. Déjà employés par un grand nombre de négociants, l'usage en consacrera, sans doute, la bonté; le fabricant pourra dire alors qu'il a résolu une difficulté qu'on avait tenté de vaincre, jusqu'ici, sans succès. M. Robert fabrique aussi le papier toile cirée, qui sert à beaucoup d'usages; ce papier se vend par rouleau de 12 mètres au prix de 40 c. le mètre.

M. Cabany-Saint-Maurice, à Paris, rue Sainte-Avoie, 57.

M. Cabany continue la fabrication des registres de toute espèce, avec cette perfection qui lui a mérité, depuis longtemps, une grande renommée dans le commerce; le jury ne peut que lui rappeler la mention honorable qu'il a reçue en 1834.

M. Chaulin, à Paris, rue Saint-Honoré, 218,

Est à la tête d'une des premières maisons de papeterie de la capitale, tous ses produits sont remarquables par leur bonne fabrication. Il expose un encrier qui a eu un grand succès dans le commerce, parce qu'il remplit parfaitement le but auquel il est destiné ; les personnes qui l'ont employé lui rendent pleine justice. M. Chaulin en a varié les formes et les prix de manière à le mettre à portée de toutes les bourses.

M. Bruyer, à Paris, rue Saint-Martin, 259.

Déjà distingué en 1834, ses produits lui méritent cette fois la même citation; ils continuent d'être bien confectionnés.

M. Lainé, à Paris, rue Michel-le-Comte, 34.

Les cartons pour bureaux, exposés par M. Lainé, ne laissent rien à désirer par leur bonne confection ; il n'est pas douteux qu'il ne reçoive de nombreuses commandes de ses produits.

MM. Boquet et c^{ie}, à Paris, rue Richelieu, 1,

Exposent un encrier à pompe d'une grande simplicité, qui se trouvera parfaitement placé sur tous les bureaux; l'encre s'y conserve très-limpide.

M. Thibaudet, à Paris, rue Saint-Jacques, 33,

Expose des tampons pour timbres et griffes, qui ont l'avantage de ne pas se dessécher ni se durcir : il a apporté des perfectionnements dans le travail général, et ses tampons sont très-bien confectionnés. Il est fournisseur de plusieurs administrations, qui toutes se plaisent à rendre justice à la bonté de ses produits.

M. Weynen, à Paris, rue Vivienne, 2.

Déjà cité, en 1834, pour la bonne préparation des plumes, il a perfectionné encore cette partie, et il fabrique très-bien tous les objets de papeterie.

M. Tronchon, à Paris, rue Montmartre, 142.

Il fabrique très-bien tous les articles de papeterie, et il a donné une grande extension à la fabrication des papiers de fantaisie. Le registre-presse à copier de M. Tronchon, par sa simplicité, pourra servir dans beaucoup de circonstances.

Papiers de fantaisie.

RAPPEL DE MÉDAILLE DE BRONZE.

M. Angrand, à Paris, rue Meslay, 59.

Cette maison, dont les produits sont connus depuis longtemps dans le commerce, occupe toujours le premier rang dans la fabrication des papiers de fantaisie; les objets exposés par M. Angrand sont remarquables par la fraîcheur, le bon goût et la variété des dessins; ils montrent qu'il est de plus en plus digne de la médaille qu'il a reçue en 1834, et que le jury lui confirme.

MENTIONS HONORABLES.

M. Vilbaeys, à Paris, rue des Coquilles, 2,

A exposé des papiers de fantaisie d'une très-bonne exécution ; la diversité des dessins, leur bon goût et la collection variée de ce fabricant doivent lui amener beaucoup de commandes.

Madame Réguinot, à Paris, rue Chapon, 5.

Il est presque impossible de pousser plus loin le travail du cartonnage riche, car les prix, déjà un peu chers, de ces jolies choses finiraient par être comparativement trop élevés. Délicatesse, fraîcheur, bon goût et solidité dénotent que tous ces ouvrages sont faits par des mains fort habiles. Madame Réguinot fabrique également des cartonnages ordinaires très-bien exécutés.

M. Dehais, à Paris, rue de la Croix, 15,

Expose des papiers de fantaisie et des cartonnages gaufrés. Ces papiers percés sont remarquables par la netteté et la régularité des jours : tous ses produits sont bien fabriqués.

M. Marion, à Paris, cité Bergère, 4.

Distingué déjà en 1834, M. Marion a donné une grande extension à sa fabrication; tous ses produits sont parfaits, et ses papiers à lettres peuvent figurer sur tous les bureaux élégants.

M. Sayet, à Paris, rue des Noyers, 45,

Est inventeur de plusieurs procédés ingénieux, appliqués à la fabrication des papiers de fantaisie qu'il fabrique avec soin : ceux qu'il expose montrent l'habileté et le bon goût du fabricant.

M. Durand, à Paris, rue du Petit-Thouars, 20,

A exposé une collection de papiers gaufrés d'une exécution parfaite : la variété et la beauté des couleurs démontrent les bons soins apportés par M. Durand à tous les détails de sa fabrication.

CITATIONS FAVORABLES.

M. Chavant, à Paris, rue de Cléry, 9,

Expose des papiers réglés pour la mise en carte des dessins d'étoffes, ainsi que des papiers de fantaisie ; tous ces produits sont très-bien fabriqués.

M. Salleron, à Paris, rue des Blancs-Manteaux, 22.

Les produits de ce fabricant sont bien confectionnés ; on a distingué surtout la beauté de ses papiers d'or et d'argent, qui sont d'une grande vivacité.

Brosse et pinceaux.

RAPPEL DE MÉDAILLE DE BRONZE.

Madame A. Saunier, à Paris, quai de la Mégisserie, 38.

Elle a donné une grande extension à sa fabrique, et ses

produits continuent à jouir d'une vogue méritée parmi nos artistes. Ceux qu'elle a exposés montrent que madame Saunier est toujours digne de la médaille de bronze qu'elle avait obtenue en 1834, et que le jury lui confirme.

MÉDAILLE DE BRONZE.

M. Drains, à Paris, rue des Fossés-Saint-Germain-l'Auxerrois, 26.

Mentionné déjà en 1834, ce fabricant a perfectionné ses pinceaux d'une manière remarquable; ceux qu'il a exposés sont bien faits, solides et généralement d'une excellente fabrication. Il fabrique tous les genres avec un égal succès.

Le jury décerne à M. Drains une médaille de bronze.

MENTIONS HONORABLES.

Madame Cochery, à Paris, rue Dauphine, 12.

Les pinceaux de madame Cochery sont très-bien établis; elle fabrique tous les genres, et donne tous ses soins à la bonne confection de ses produits.

Le jury en fait mention honorable, comme déjà l'avait fait celui de 1834.

M. Saunier fils, à Paris, rue Bourg-l'Abbé, 50.

Les bons principes pris par M. Saunier dans la fabrique de son père, qui avait obtenu la médaille de bronze que nous avons rappelée ci-dessus, l'ont mis à même d'établir pour son compte une fabrication de pinceaux qui sont très-bien établis et qui méritent une mention honorable.

Madame Fontana, à Paris, rue des Marais-du-Temple, 13,

A exposé une collection de pinceaux parfaitement bien établis; les prix en sont très-modérés, et ils jouissent d'une bonne renommée parmi les consommateurs.

CITATION FAVORABLE.

M. Dagneau, à Paris, rue de la Vieille-Draperie, 1,

Expose une collection de pinceaux d'une bonne qualité, bien établis et à des prix modérés.

---

§ 8. BOUTONS ET PEIGNES. ÉCAILLE FACTICE.

MÉDAILLE DE BRONZE.

M. PINSON, à Paris, rue du Ponceau, 12.

On a cherché depuis longtemps à composer une matière qui puisse remplacer l'écaille, dont le prix élevé restreignait beaucoup l'usage.

Sous le nom d'*écaille factice*, M. Pinson a exposé des feuilles d'une grande dimension, avec lesquelles on peut fabriquer tous les objets qui se font aujourd'hui en écaille, et ceux exposés ont fait voir que, pour la perfection, le poli et l'aspect, ils ne le cèdent en rien aux autres

Les imitations d'ivoire et d'ébène sont également très-bien faites, mais elles n'ont pas encore atteint la perfection de l'écaille factice; cependant un grand nombre d'emplois ont déjà été faits de ces deux matières. Le prix de l'écaille de tortue, pour peignes, est de 50 à 60 fr. la livre en feuilles brutes, donnant moitié déchet, tandis que l'écaille factice ne coûte que 10 fr. la livre, sans déchet sensible, et peut s'obtenir dans des dimensions où il serait impossible d'arriver avec le premier.

Par ses applications variées à l'ébénisterie, à la confection des peignes, des boites, coupes et articles de nouveauté, cette fabrication pourra prendre un grand développement; on peut en juger, en sachant que M. Pinson a fabriqué, en 1838, 6,200 livres d'écaille, et 2,000 livres d'ivoire, et que les six premiers mois de 1839 ont donné un excédant de 2,000 livres sur la même époque en 1838.

Ces feuilles ont communément huit décimètres de côté.

Un inconvénient qui pourra, sans doute, être évité par le fabricant, c'est le ramollissement que la matière prend quand elle tombe dans l'eau, ou quand celle-ci séjourne sur les objets.

La fabrication et la vente de l'écaille, de l'ivoire et de l'ébène factices forment l'industrie spéciale de M. Pinson; mais il fait également confectionner chez lui, avec ces divers produits, tous les objets de nouveauté et de tabletterie courante qui lui sont commandés.

Le jury décerne à M. Pinson une médaille de bronze.

MENTIONS HONORABLES.

M. Cauvard, à Paris, rue Saint-Denis, 211.

M. Cauvard a exposé des peignes en écaille et en buffle qui sont d'une perfection remarquable. Tous ses produits ont une bonne renommée dans le commerce, justifiée par le bon choix des matières et par les soins donnés au travail.

M. Massue, à Paris, rue Aumaire, 33.

Il est presque impossible d'arriver à une perfection plus grande dans la fabrication des peignes d'ivoire et de buis; ceux exposés par M. Massue ont montré avec quel soin et quelle habileté il dirige sa fabrication.

M. Poncet-Mercier, à Oyonnax (Ain).

Il a exposé une collection d'objets de tabletterie dont les bas prix sont extraordinaires en raison de la bonne confection des objets. Ses peignes sont surtout très-bien fabriqués; il en livre une grande quantité au commerce.

CITATIONS.

M. Langlois, à Paris, rue Grenétat, 29.

M. Langlois fabrique des boutons en cuivre et en soie; il a adapté à ces derniers des queues flexibles qui leur donnent plus de solidité.

M. Puget, à Paris, rue des Francs-Bourgeois, 25.

Frappé par l'inconvénient des épingles noires employées pour la coiffure des dames, M. Puget, parfaitement compétent dans cette partie, a imaginé une collection de peignes en métal léger, qui, pouvant prendre toutes les formes, permettent de les employer aux coiffures les plus variées.

M. Bassot, à Paris, rue du Temple, 22.

Les boutons en corne exposés par M. Bassot sont d'une exécution parfaite; ils imitent les boutons en étoffe et sont plus solides. Cette fabrication doit avoir du succès.

M. Berce, à Paris, rue Mauconseil, 18.

M. Berce expose des boutons pour uniformes et livrées très-bien faits; c'est un article spécial fabriqué avec perfection chez M. Berce.

M. Truchy, à Paris, rue de Jouy, 19.

Les boutons en soie et en cordonnet fabriqués par M. Truchy sont d'une exécution parfaite; les dessins en sont variés et les prix très-modérés.

---

§ 9. OBJETS DIVERS.

RAPPEL DE MÉDAILLE DE BRONZE.

Institution royale des Jeunes aveugles.

Aux expositions précédentes, cette institution a obtenu une médaille de bronze pour l'ensemble des objets confectionnés par les jeunes aveugles : ceux qu'elle a exposés, cette année, sont tous bien exécutés, et méritent que la médaille de bronze soit confirmée à cette institution, dont les chefs et les employés sont dignes d'éloges pour les soins qu'ils mettent à adoucir le sort de leurs malheureux élèves.

Allumettes.

MÉDAILLE DE BRONZE.

Madame Merckel, à Paris, rue du Bouloy, 24.

Elle a exposé la série de briquets la plus complète et la plus ingénieuse qu'il soit possible de voir. On peut se faire une idée de la variété des modèles, quand on sait que le prix des boîtes simples est de 10 c., et que les différentes transformations et les ornements peuvent les faire monter jusqu'à 60 fr. et au delà. Le modèle qui a paru un des plus ingénieux est le magicien, tournant sur lui-même et vous présentant une bougie allumée.

La fabrication de tous ces objets se fait, chez madame Merckel, sur une grande échelle; elle a monté des ateliers de ferblanterie, de cartonnage et de fabrication d'allumettes.

La Société d'encouragement a fait visiter différentes fois cette fabrique, et elle a rendu un compte très-avantageux de tous les procédés qui y sont employés.

Madame Merckel vient d'imaginer un mécanisme fort ingénieux, s'appliquant aux lampes ordinaires, afin qu'elles puissent s'allumer par la simple pression d'un ressort, et sans qu'il soit besoin d'ôter le verre : l'expérience a besoin de consacrer ce dernier procédé.

C'est à madame Merckel qu'on doit une ingénieuse machine pour la fabrication des allumettes.

Déjà mentionnée par le jury en 1834, madame Merckel a, depuis lors, augmenté beaucoup sa fabrication toute spéciale, et une notable partie de ses produits sont vendus pour l'exportation.

Le jury décerne à madame Merckel une médaille de bronze pour l'ensemble de ses produits.

Matelas en liége.

MENTIONS HONORABLES.

M. Colleau, à Paris, faubourg Saint-Denis, 156.

M. Colleau a exposé un nouveau système de matelas et sommiers, avec intérieur en liége ou en baleine, dont les avantages ont besoin d'être consacrés par une plus longue expérience pour être appréciés à leur juste valeur. En attendant, le jury mentionne honorablement les essais tentés par M. Colleau.

Enseignement de l'écriture.

M. Taupier, à Paris, rue Monsigny, 6.

Déjà mentionné, en 1834, pour son système d'écriture, cet habile professeur a perfectionné encore sa méthode, qui nous a paru mériter des éloges pour les nombreux résultats obtenus.

M. Pinet, à Paris, rue du Dragon, 33.

M. Pinet est auteur d'un système particulier pour apprendre facilement à écrire; les divers exemples exposés par le professeur montrent une méthode simple et facile à comprendre par les élèves.

Caleçons de sauvetage.

CITATIONS FAVORABLES.

M. Masson, à Paris, rue Neuve-des-Petits-Champs, 47.

M. Masson a exposé des caleçons et corsets pour la natation et le sauvetage; ils sont très-bien confectionnés, légers, et paraissent devoir remplir parfaitement le but auquel ils sont destinés. Le prix de 60 à 90 fr., pour ceux qui étaient exposés, n'en permettrait pas un usage général; mais M. Masson trouvera, sans doute, le moyen de les confectionner à meilleur marché.

Plantes en métal.

M. Villard, à Lyon (Rhône).

Les plantes en métal exposées par M. Villard sont très-remarquables par leur bonne confection; si les prix de ces jolis objets ne sont pas trop élevés, ils pourront donner lieu à une fabrication assez étendue.

Plumeaux.

M. Leddé, à Paris, rue Sainte-Avoie, 40.

Déjà cité, en 1834, pour la bonté de ses produits, ce fabricant a perfectionné encore ses procédés. Les divers genres de plumeaux qu'il a exposés, cette année, ne laissent rien à désirer par leur parfaite exécution.

QUATRIÈME PARTIE.

OBJETS D'ANATOMIE ET DE CHIRURGIE.

M. Laborde (Léon de), rapporteur.

§ 1er. INSTRUMENTS DE CHIRURGIE.

Considérations générales.

La fabrication des instruments de chirurgie eût été peut-être accueillie moins favorablement par le jury de l'industrie, si à ses perfectionnements dans l'exécution et aux services qu'elle rend à l'humanité dans la pratique elle n'avait pas joint un titre de plus, celui de l'exploitation commerciale en grand et de la réduction du prix dans le détail.

Aujourd'hui, de grands ateliers sont ouverts, de nombreux ouvriers ont été formés, et une exportation importante, qui lutte favorablement contre celle de l'Angleterre, permet à la coutellerie chirurgicale de réclamer plus que les éloges de l'Académie de médecine, elle a encore droit à l'attention du jury de l'industrie et à ses récompenses.

Le résultat le plus sensible de cette extension donnée à la fabrication a été la perfection apportée dans l'exécution, la rapidité mise dans l'adoption des modèles étrangers, et enfin la facilité offerte aux chirurgiens, par la modicité des prix et la simplicité du mécanisme, de se procurer et d'employer la variété des instruments si nécessaires dans les opérations compliquées de la chirurgie (1).

MÉDAILLE D'OR.

M. Charrière, à Paris, rue de l'École-de-Médecine, 9.

Afin d'apprécier les titres que M. Charrière peut avoir à la bienveillance du jury, il est nécessaire d'examiner les instruments qu'il a exposés sous le double rapport de *l'application de l'industrie à la science et de l'industrie au commerce*.

Relativement au premier point, le jury a pensé qu'on doit mettre en première ligne le désintéressement digne d'éloge avec lequel cet artiste s'est toujours prêté à exécuter toutes les idées des chirurgiens, soit pour le perfectionnement des instruments anciens, soit pour les inventions nouvelles.

---

(1) M. Léon de Laborde, chargé de l'examen des instruments de chirurgie, demanda, dans la séance générale du 12 juillet, l'autorisation de s'adjoindre M. le professeur J. Cloquet. Cette autorisation ayant été accordée, cet habile praticien, sur l'invitation de M. Thenard, président, se mit à la disposition de la commission des beaux-arts, et le rapport qui suit a été rédigé d'après ses conseils et sur les notes qu'il a bien voulu communiquer au rapporteur. Dans sa séance du 30 juillet, le jury a prié son président de se faire l'interprète de ses remerciments. (*Note du rapporteur*.)

La méthode suivie par ce fabricant pour le perfectionnement de son industrie mérite d'être signalée. M. Charrière a pensé avec raison que, s'il était des modifications heureuses à apporter à la partie mécanique de l'art chirurgical, c'était seulement en étudiant l'usage des instruments, en cherchant à apprécier leur jeu pendant les opérations; depuis lors, on le voit constamment dans nos hôpitaux, assistant aux opérations, suivant avec soin l'action des instruments sur les tissus, les défauts qu'ils présentent dans la pratique et les meilleurs moyens d'y remédier.

Quoique nous soyons, pour la fabrication des instruments de chirurgie, supérieurs aux étrangers, cependant M. Charrière a compris combien il était important d'être au courant de leurs productions, et le premier, peut-être, il s'est procuré tous les atlas, tous les catalogues et tous les modèles de coutellerie étrangère, afin de reproduire ce qui pouvait enrichir notre arsenal.

Un voyage fait en Angleterre en 1836 par cet artiste l'a initié à tous les secrets de la fabrication anglaise : il est résulté de ce voyage quelques modifications dans le manuel de fabrication en général : par exemple, une simplicité plus grande dans la trempe des ciseaux, modification qu'il a indiquée aux ouvriers de Nogent et qui est mise en usage dans presque tous les ateliers de cette ville.

Parmi les instruments nouveaux exposés par ce fabricant, le jury croit devoir mentionner, 1° la collection d'instruments de lithotritie déjà présentée à l'Académie des sciences; 2° la scie à molette et trépan s'engrenant par la circonférence des lames; 3° l'appareil à extraire les corps étrangers, qui fut en quelque sorte improvisé pour extraire une baguette de fusil implantée dans l'omoplate d'un lieutenant, et fut modifié depuis de manière à être appliqué à l'extraction de tous les corps étrangers implantés dans les os; 4° l'appareil à fracture du bras, construit pour monseigneur le duc de Nemours; 5° une caisse magnifique d'instruments de chirurgie commandée par la reine; 6° un assortiment complet d'instruments d'ophthalmologie exécuté avec une précision remarquable; 7° une nouvelle espèce de pompe qui a l'avantage de fournir, sans réservoir d'eau, un courant régulier, et remplacera avantageusement les seringues à injections dans l'économie domestique et dans les hôpitaux.

Le jury doit signaler encore l'importante application faite par M. Charrière de l'ivoire ramolli à différents appareils, et surtout aux biberons et aux bouts-de-sein, qui offrent maintenant pour la mère et pour l'enfant des conditions hygiéniques meilleures, et, sous le point de vue économique, une durée plus grande, un nettoyage plus facile et un prix moindre.

Il serait inutile de citer des tubes flexibles sous le rapport acoustique et toutes les applications ingénieuses qu'en a faites M. Charrière depuis qu'il les a importés en France; mais, sous le point de vue chirurgical, depuis longtemps déjà ce fabricant a remplacé par ces tubes la sonde œsophagienne, les conduits des appareils à irrigation, de la sonde à double courant, du siphon, et enfin on rappellera les recherches auxquelles s'est livré M. Charrière pour remplacer l'argent par le maillechort et pour obtenir dans l'emploi des aciers français et anglais la trempe nécessaire aux instruments de chirurgie.

Sous le rapport de l'application de l'industrie au commerce, le jury placera en première ligne la diminution de prix qu'ont produite, depuis quelques années, les perfectionnements apportés dans la fabrication et surtout les exportations nombreuses de nos instruments à l'étranger.

Ainsi les forceps, qui se vendaient 35 fr. il y a douze ans, se vendent 20 fr. aujourd'hui et 17 fr. seulement dans le commerce. Les instruments de lithotritie, qui coûtaient, il y a neuf ans, 1,000 fr. et 500 fr., furent perfectionnés et réduits graduellement par M. Charrière, qui fournit aujourd'hui pour 70 fr. l'appareil indispensable. Les bistouris en écaille à ressort, vendus il y a dix ans 8 fr., coûtent aujourd'hui 4 fr. Les bistouris en corne, vendus autrefois 2 fr., furent mis, par M. Charrière, le premier, à 1 fr., etc., etc.

Les speculum brisés, que M. Charrière a été le premier à exécuter, coûtaient, il y a cinq ans, 25 fr., aujourd'hui il les livre à 10 fr. dans le commerce.

Le jury pourrait citer encore *la scie à chaînons*, dont l'invention appartient aux Anglais, et qui est livrée, par M. Charrière, à un prix tel que les Anglais eux-mêmes l'achètent chez nous.

Il y a douze ans, il n'y avait pas, à Paris, plus de trente à quarante ouvriers en coutellerie chirurgicale : M. Charrière en occupe lui seul plus de cent cinquante, dont soixante dans l'atelier attenant à son magasin ; et, comme chaque ouvrier peut se livrer à une fabrication spéciale, ils gagnent 3, 5 et 7 fr. par jour.

M. Charrière a donné à la vente des instruments de chirurgie une extension qui doit être profitable à la science et au commerce en général. La vente est chez lui, terme moyen, de 400,000 fr. par an, dont moitié, au moins, est payée par l'étranger : l'Égypte seule en a pris pour 83,000 fr. en cinq ans ; et, si l'on en excepte celles de l'Angleterre, presque toutes les grandes universités du monde ont commandé, chez ce fabricant, des collections pour leurs musées.

La plupart des grandes villes de province, qui étaient autrefois privées de toute ressource pour la coutellerie chirurgicale, ont reçu d'habiles ouvriers sortant des ateliers de M. Charrière, chez lequel le gouvernement égyptien a placé plusieurs jeunes gens qui ont reporté dans leur pays le progrès et la prééminence de notre industrie dans ce genre de fabrication.

En résumé, M. Charrière a exécuté avec beaucoup d'habileté, d'après les idées des chirurgiens, plusieurs inventions et modifications d'un haut intérêt; il a lui-même importé ou créé plusieurs instruments très-utiles; il a donné au commerce d'exportation d'instruments de chirurgie une immense extension; enfin il a contribué puissamment à la grande diminution qui existe aujourd'hui dans le prix de ces instruments. Les éloges que le jury donne aujourd'hui à M. Charrière sont confirmés par les témoignages des hommes les plus distingués dans l'exercice de la chirurgie et parmi lesquels il nous suffira de citer MM. Jules Cloquet, Marjolin, Roux, Bérard, Velpeau, Sanson, Guersant, Amussat, etc., etc., etc.

Le jury lui décerne une médaille d'or.

RAPPEL DE MÉDAILLE D'OR.

M. Auzou, à Paris, rue du Paon, 8.

M. Auzou, en remplaçant les corps humains réels par des corps humains fictifs, a puissamment travaillé, sinon au progrès, du moins à la vulgarisation de l'anatomie. On conçoit, en effet, que la vue d'un cadavre soit un obstacle à l'amour de la science chez des hommes que leur profession n'oblige pas à la supporter. Mais l'heureuse invention de M. Auzou détruit cet obstacle sans lui en substituer un autre, et désormais l'homme du monde lui-même pourra étudier sans dégoût l'anatomie, étudier la structure intérieure du corps de l'homme dans toutes ses parties, avec autant de fruit que sur un cadavre même et avec beaucoup moins de répugnance.

Cette composition solide et flexible, que M. Auzou substitue à la nature, l'imite, en effet, à merveille ; toutes les diverses parties du corps apparaissent distinctement avec leur forme et leur couleur : il n'est pas jusqu'à l'organisation du cœur et du cerveau que l'on n'y puisse admirer dans tous ses détails les plus curieux.

Du reste, cette invention continue à recevoir l'approbation des corps savants et à être accueillie avec faveur par l'étranger.

Depuis l'exposition de 1834, M. Auzou a encore perfectionné le coloriage de plusieurs organes ; il a construit un petit modèle d'écorché qui ne coûte que 1,000 fr., tandis que les grands modèles reviennent toujours à 3,000 fr., et il a donné à la partie commerciale de son industrie une grande extension.

Le jury rappelle en sa faveur la médaille d'or.

MÉDAILLES D'ARGENT.

M. Thibert, à Paris, rue du Cherche-Midi, 100.

M. Thibert, en ayant l'idée de mouler sur nature, puis de couler en carton-pierre les cas nombreux d'anatomie pathologique, a rendu un véritable service à la science. Ces pièces, qui représentent si fidèlement les formes de la nature, sont fixées sur des tablettes de même matière, et coloriées avec un soin extrême. Nous avons remarqué, avec un vif intérêt, une série de pièces destinées à faire connaître les lésions déterminées par la morve dans les fosses nasales du cheval, les horribles ravages que cette même affection peut produire chez l'homme, pour lequel elle paraît être contagieuse; une collection des altérations de la membrane muqueuse des voies digestives dans diverses affections, et spécialement dans les cas d'empoisonnement; et, sous ce dernier point de vue, ces pièces seront très-utiles à l'étude de la toxicologie.

Les tubercules, les excroissances, les tumeurs, les ulcérations de diverse nature sont représentés avec une affreuse vérité pour les personnes étrangères aux sciences médicales, mais bien précieuse pour les gens de l'art. La solidité des préparations de M. Thibert les rend, en quelque sorte, inaltérables, et, sous ce rapport, leur donne une grande supériorité sur les pièces en cire; la facilité de multiplier les épreuves permet aussi de les livrer dans le commerce à bien meilleur marché : ainsi, chacune de ces préparations revient à 15 fr., terme moyen.

Ces pièces seront d'une grande utilité dans l'enseignement, et deviendront indispensables dans les universités de médecine. M. Thibert a bien mérité de la science et de l'art : il a fait pour l'anatomie pathologique ce que M. Auzou avait exécuté pour l'anatomie normale ; il est digne des mêmes encouragements.

Le jury, considérant que l'exploitation industrielle des procédés plastiques de M. Thibert ne fait que de naître et qu'elle peut espérer un grand développement, lui décerne une médaille d'argent.

M. Samson, à Paris, rue de l'École-de-Médecine, 30.

D'abord simple ouvrier coutelier dans les ateliers de Sirhenry, M. Samson, par son industrie et son activité, est parvenu à monter un établissement connu très-avantageusement pour la confection des instruments et la trempe des bistouris. Le bras mécanique qu'il a exposé a déjà été le sujet de l'examen du jury en 1834.

Le jury de cette année a spécialement remarqué, parmi les objets exposés par M. Samson, une scie à molette de nouvelle invention, des bistouris à coulisse, un instrument ingénieux du docteur Toirac pour la résection des amygdales, des *speculum*, et une boîte de secours adoptée par le conseil de salubrité de la préfecture de police.

Le jury le juge digne de la médaille d'argent.

RAPPELS DE MÉDAILLES DE BRONZE.

M. Greiling, à Paris, quai de la Cité, 33.

M. Greiling se distingue toujours pour la bonne confection de ses instruments de chirurgie.

Sa tenaille à couper les dents est le seul instrument nouveau que le jury ait remarqué parmi les objets exposés par ce fabricant.

Ses instruments de lithotritie lui ont paru ingénieux, mais leur valeur réelle ne pourra être appréciée qu'après des expériences qui servent à la constater.

Le jury lui rappelle la médaille de bronze.

M Noel, à Paris, rue du Temple, 101.

M. Noël se fait toujours remarquer par la fabrication de ses yeux d'émail qui portent les paupières, et qui remplacent les paupières naturelles lorsqu'elles ont été détruites.

Cet artiste est digne du rappel de la médaille de bronze.

M. Lafond, à Paris, rue Vivienne, 23.

M. Lafond est avantageusement connu, depuis de nombreuses années, par les chirurgiens, pour la bonne confection de ses bandages herniaires, et pour plusieurs modifications utiles qu'il leur a fait subir.

Quant à ses pelotes creuses, percées de petits trous, par où s'échappent les substances médicamenteuses dont l'auteur les remplit, pour favoriser la cure radicale des hernies, l'expérience n'en a pas encore suffisamment démontré tous les avantages, pour qu'on puisse les signaler ici.

Le jury rappelle à M. Lafond la médaille de bronze qu'il avait obtenue à la précédente exposition.

NOUVELLE MÉDAILLE DE BRONZE.

Madame Breton, à Paris, boulevard Saint-Martin, 3.

Madame Breton a trouvé un procédé plus simple et plus économique pour préparer les tetines des vaches, dont elle se sert dans la fabrication de ses bouts de sein artificiels.

Chaque bout de sein peut durer un mois ou six semaines, et l'exposante peut livrer à un franc, à égale qualité, des articles qui valaient, il y a quelques années, 3 et 4 fr. Elle distribue gratuitement un grand nombre de ses bouts de sein artificiels aux nourrices indigentes.

Le jury lui décerne une nouvelle médaille de bronze.

MÉDAILLE DE BRONZE.

M. Valérius, à Paris, rue du Coq-Saint-Honoré, 7.

Cet habile mécanicien a présenté à l'exposition plusieurs appareils ingénieux qui ont mérité l'attention des membres du jury, et dont les principaux sont,

1° Un corset-lit destiné à remédier aux courbures vicieuses de la colonne vertébrale, et aux difformités de la taille, qui en sont le résultat.

Soixante-deux malades ont déjà été soumis à l'action de cet appareil dans les communautés des Dames-Augustines, de Picpus, des Oiseaux et du Sacré-Cœur, et sur ce nombre on a déjà obtenu de remarquables guérisons.

2° Des appareils contre les luxations du col du fémur ;

3° Un nouveau modèle d'urinal en tissu imperméable, qui s'adapte très facilement, et avec lequel les malades peuvent marcher, monter à cheval ou aller en voiture.

Le liquide pénètre aisément dans la cavité de cet instrument, sans pouvoir ressortir par sa partie supérieure.

4° Les ceintures abdominales contre l'onanisme pour les deux sexes, des mécaniques contre les difformités des jambes, des bandages herniaires, des corsets mécaniques à tuteurs.

A ces titres, qui le rendaient dignes des encouragements, M. Valérius joint celui non moins précieux d'être plein de zèle pour seconder les efforts que font les chirurgiens pour le perfectionnement de leur art.

Le jury lui décerne une médaille de bronze.

RAPPEL DE MENTION HONORABLE.

M. Darbo, à Paris, passage Choiseul, 86.

M. Darbo, qui, en 1834, a obtenu une mention honorable pour ses biberons, en est resté digne ; le jury la lui rappelle.

MENTIONS HONORABLES.

MM. Wickam et Hart, à Paris, rue Saint-Honoré, 257.

Lorsque la paix fut conclue entre la France et l'Angleterre, M. Wickam obtint du gouvernement un brevet d'importation pour bandages nouveaux inventés par ses parents. Ces bandages, dits anglais, qui présentent, dans bien des circonstances, des avantages réels qu'on ne pourrait méconnaître, ont été encore perfectionnés par M. Wickam.

En 1817, cet habile bandagiste prit un autre brevet pour un nouveau genre de bandages, dont les ressorts, au lieu d'être en acier plat, sont en acier rond ou ovale, tirés à la filière, moyen très-expéditif et qui apporte une grande diminution dans le prix de la main-d'œuvre.

M. Wickam a inventé un appareil ingénieux pour connaître la force de pression de chaque bandage, et un autre instrument auquel l'auteur a donné le nom de kélomètre, et qui a surtout fixé notre attention.

Ce dernier instrument sert à mesurer les tensions diverses des hernies réduites, et pour déterminer le degré de force élastique nécessaire pour les maintenir convenablement dans cet état de réduction.

M. Wickam est encore l'inventeur d'un grand nombre de bandages et d'appareils pour des cas spéciaux.

L'industrie de M. Wickam est devenue toute française depuis son établissement à Paris, et le jury lui accorde une mention honorable.

M. Hattute, chirurgien-dentiste, à Paris, galerie Vivienne, 5.

Après quatorze ans de recherches et d'expériences, M. Hattute est parvenu à donner, aux dents artificielles fabriquées avec la pâte de porcelaine dure émaillée, les teintes les plus variées, et de pouvoir ainsi imiter parfaitement les dents naturelles.

Les préparations qu'il a exposées ont paru au jury remplir parfaitement le but qu'il s'était proposé.

M. Hattute est digne d'une mention honorable.

M. Guérin, à Paris, rue de l'École-de-Médecine, 9.

La préparation des squelettes, et les diverses coupes pratiquées sur un os dans le but de faire connaître leur structure et leur mode de développement, nous ont paru faites avec soin.

Cette branche d'industrie commence à prendre une favorable extension dans le commerce.

Le jury lui accorde une mention honorable.

M. Robert, à Dôle.

M. Robert a eu l'idée de représenter en plâtre les diverses régions sur lesquelles on pratique les principales opérations chirurgicales, et il s'est montré digne d'une mention honorable.

M. Ottin, à Paris, rue Dauphine, 40.

M. Ottin livre au commerce les différentes préparations relatives à la phrénologie, à des prix très-modérés et inférieurs à ceux auxquels elles avaient été vendues jusqu'à présent.

Le jury a, de plus, examiné les figures de géométrie, qu'il livre aussi à des prix bien inférieurs à ce qu'elles coûtaient auparavant, et qui sont toujours exécutées avec beaucoup de soin. M. Ottin mérite des encouragements.

Le jury lui décerne une mention honorable.

M. Verdier, à Paris, rue Neuve-des-Petits-Champs, 6.

Le jury a trouvé que les instruments en gomme élastique exposés par ce fabricant étaient préparés avec soin : il a, par des procédés qui lui appartiennent, employé la gomme élastique à la confection de divers instruments ; ses bandages herniaires sont connus et appréciés depuis longtemps par les praticiens de Paris et des départements, et par les chirurgiens des hôpitaux de la marine, dont M. Verdier est le bandagiste herniaire.

Le jury lui décerne une mention honorable.

M. Manin, à Paris, rue Mauconseil, 4.

Les sondes en gomme élastique présentées par M. Manin, et surtout ses sondes à courbures permanentes, nous ont paru être de bonne qualité et confectionnées avec soin, ainsi que divers bandages herniaires.

Le jury a remarqué, parmi ces derniers instruments, des pelotes creuses en caoutchouc qui peuvent, à volonté, être remplies d'air et plus ou moins distendues. Cette confection des pelotes les rend précieuses dans beaucoup de cas de hernies.

Le jury lui décerne une mention honorable.

MM. Burat frères, à Paris, rue Mandar.

MM. Burat frères, bandagistes-mécaniciens, sont connus depuis longtemps par leur habileté dans la confection des bandages et appareils qui leur sont demandés par les chirurgiens.

Ces habiles artistes ont exposé un grand nombre de bandages, dont plusieurs peuvent être considérés comme un perfectionnement dans la fabrication de ce genre d'appareils.

Le jury leur décerne une mention honorable.

M. Cresson-Dorval, à Paris, rue Montmartre, 15.

Les bandages de cet exposant ont paru au jury bien confectionnés : il a imaginé de distendre plus ou moins les pelotes en gomme élastique de ses bandages avec une petite pompe foulante, au lieu de les assouplir par la simple insufflation faite au moyen d'un tube d'acier, comme cela se pratiquait auparavant.

Le jury lui décerne une mention honorable.

M. P. Bergeron, à Paris, passage du Grand-Cerf, 44.

M. Bergeron est inventeur de plusieurs mécaniques et corsets d'une ingénieuse construction, qui servent à redresser les courbures vicieuses de la colonne vertébrale et à corriger les difformités de la taille.

Ce mécanicien orthopédiste a présenté, à l'exposition, un grand nombre de ces appareils, qui ont paru au jury confectionnés avec soin, et devoir très-bien remplir les indications thérapeutiques pour lesquelles ils ont été établis.

M. Petit-Colin, à Paris, rue de Cléry, 78.

M. Petit-Colin est connu des chirurgiens par sa bonne confection de bougies emplastiques en cire.

Depuis la dernière exposition, ses prix ont baissé.

Le jury lui décerne une mention honorable.

Madame Mantois, à Paris, rue du Pot-de-Fer-Saint-Germain, 14.

Le coloriage des gravures peut difficilement être considéré comme un art : il faut, au contraire, le ranger parmi les industries, et il gagne en importance quand il est appliqué avec goût à des gravures utiles, et exécuté cependant à bon marché. Ces conditions se trouvent réunies dans les grandes planches d'anatomie coloriées par madame Mantois, qui a consacré son talent à cette spécialité, et le jury lui décerne une mention honorable.

M. Chappée, à Paris, rue Saint-André-des-Arcs, 14.

Le jury a examiné les produits de cet exposant, et ils lui ont paru être de qualité supérieure.

Les variétés si grandes dans le volume, la forme, la coloration des yeux dans les différentes classes d'animaux, sont imitées par lui avec une rare perfection.

M. Chappée est parvenu, par les améliorations qu'il a introduites dans sa fabrique, à pouvoir fournir les yeux de toute espèce à un prix quatre fois moins élevé.

Depuis deux ans ce fabricant fournit le muséum d'histoire naturelle, et l'abaissement du prix des produits de son industrie a permis de remplacer, par les yeux d'émail, les yeux de verre peints qu'on avait adoptés pour les grands mammifères empaillés.

Le jury lui décerne une mention honorable.

M. Corriol, à Paris, rue de Sèvres, 2.

Le sac médico-chirurgical d'ambulance, confectionné par M. Corriol, pharmacien, nous a paru devoir être d'une grande utilité pour les armées de terre et de mer, dans les voyages et dans les expéditions lointaines.

Il renferme 130 articles, savoir : les principaux instruments de chirurgie, les différents appareils à fractures, les pièces de pansements, et les médicaments les plus usités, divisés en 1,200 doses diversement graduées et disposées de manière à ne pouvoir être altérées par l'humidité.

M. Gaymard fait l'éloge le plus complet de ce sac, avec lequel il a traversé, en 1838, toute la Laponie et la Suède, du cap Nord à Stockholm.

Les chirurgiens d'armée ou de campagne pourront, en mettant ce sac, qui ne pèse que 40 livres, sur le dos d'un infirmier, aller établir une ambulance sur les lieux les plus escarpés, et y faire toute espèce d'opérations et de pansements.

Le prix de ce sac, au grand complet, n'excède pas 500 fr.

Le jury ne peut que donner son assentiment à la confection du sac médico-chirurgical.

Il décerne à M. Corriol une mention honorable.

CITATIONS FAVORABLES.

M. Zwang, à Paris, rue de l'École-de-Médecine, 4.

Ses préparations anatomiques en cire ont paru au jury faites avec soin.

M. Payot, à Paris, rue des Lombards, 28.

La pharmacie portative propre à la marine et aux voyages, confectionnée par M. Payot, a offert beaucoup de ressemblance avec celles qu'on voit en usage dans les arsenaux de la marine et à bord des bâtiments de guerre anglais.

Elle est commode, méthodiquement disposée, et les pièces qui la composent peuvent supporter facilement les fatigues d'un voyage.

M. Blatin, à Paris, rue Guénégaud, 11.

Cet exposant a présenté à l'examen du jury un appareil qu'il nomme rigocéphale, et qui est destiné à la réfrigération de la tête dans plusieurs affections de cette partie; une biberette pour faire boire les malades sans changer de position; des brosses à peau formées de petits cylindres de drap; un clinotherme pour baigner les malades dans leur lit; des bas imperméables et du liége en poudre pour la confection de cataplasmes avec des liquides mucilagineux.

Plusieurs de ces inventions pourront recevoir d'utiles applications.

M. Langevin, rue Fonderie, 6, à Grenelle. Biberons.

Les biberons de M. Langevin, qui ne coûtent que 6 fr., et pour lesquels l'auteur a reçu des encouragements de la part de l'Académie royale de médecine, à laquelle il les avait soumis, ont paru au jury mériter de sa part les mêmes encouragements.

§ 2. GYMNASTIQUE.

RAPPEL DE MÉDAILLE DE BRONZE.

M. le colonel AMOROS, à Paris, rue Jean-Goujon, 6.

Le colonel Amoros s'est acquis une juste réputation par l'application en grand de la gymnastique à l'éducation. Déjà en 1827 et 1834 le jury avait reconnu les services rendus par cet homme actif et laborieux, dont l'esprit inventif a toujours été soutenu par un dévouement philanthropique. Il est donc inutile de revenir sur l'ensemble de ses travaux, nous nous contenterons de parler des objets qu'il a exposés cette année.

Nous avons d'abord remarqué la collection presque complète des machines et instruments dont le colonel se servit pour instruire et exercer les troupes du camp de Saint-Omer en 1834, et qu'il improvisa en peu de jours, avec des moyens très-limités fournis par les magasins du génie et de l'artillerie, et se composant principalement des pièces de bois connues sous les noms de madriers, de lombardes, de gîtes et de blindes; les heureux résultats d'un assaut simulé donné avec ces machines, sous les remparts de Saint-Omer, furent constatés par le général comte Rognat.

Nous avons remarqué 1° différents genres d'échelles de cordes ou de bois, munies de crochets dits *amorosiens*, dont les pointes d'acier servent à les fixer solidement sur les murailles pour monter à l'assaut ou porter des secours dans les cas d'incendie;

2° M. le colonel Amoros a présenté le modèle d'un brancard à galerie légère et mobile, pour transporter les malades et les blessés avec facilité, et par deux brancardiers seulement, sans que ces malades puissent éprouver d'accidents;

3° Une échelle à incendie à laquelle s'adapte un long sac de grosse toile, sorte de demi-canal ou gouttière, dans laquelle on peut faire glisser et descendre, par une pente oblique (celle de l'échelle), les personnes que l'on secourt dans les incendies;

4° Un sac en forme de hotte, en grosse toile, que les pompiers peuvent placer derrière leur dos pour sauver les enfants;

5° Une machine pour exercer à la fois vingt-quatre personnes aux mouvements de la natation. Cette machine représente une sorte de jeu de bagues, aux rayons duquel sont suspendues de larges sangles qui supportent les élèves, et les tiennent dans la position horizontale, celle que nécessite le mode le plus habituel de natation.

Tous ces produits, présentés par M. le colonel Amoros, ne peuvent qu'ajouter à l'opinion favorable exprimée par les précédents jurys sur ses inventions, et sur les services qu'elles ont rendus à l'humanité.

Le jury de 1839 lui rappelle la médaille de bronze qu'il a obtenue à l'exposition précédente.

§ 3. DESSINS.

MÉDAILLE D'ARGENT.

M. Amédée Couder, à Paris, rue Cadet, 24.

Le sieur Couder, dessinateur-compositeur pour les manufactures de tapis, de châles, d'étoffes brochées, damassées, imprimées, et, en général, pour toutes sortes de fabrications, est le plus habile et le plus fécond des artistes qui consacrent leur talent aux dessins de fabrique. Son goût sûr, ses conceptions variées et ses connaissances particulières en fabrication le rendent très-utile, et nécessaire même, aux fabricants.

Le jury central a particulièrement remarqué, dans les expositions d'un grand nombre de fabricants, la multiplicité des compositions de M. Couder, entre autres les tapis de Sallandrouze, le châle de Gaussen dit *la Fête des fleurs*, les impressions de P. Godefroy, les ameublements de Félix Tiset, ceux des fabricants de Roubaix, et les papiers peints de Lapeyre et compagnie.

Le talent de cet artiste, les services qu'il rend à l'industrie, et surtout les soins qu'il donne à l'établissement, école spéciale de dessin industriel, qu'il a fondé à Paris, le placent au premier rang parmi les exposants; le jury lui décerne une médaille d'argent.

MENTIONS HONORABLES.

M. Guichard, dessinateur, à Paris, rue des Jeûneurs, 1 *bis*.

Le jury central a remarqué des cadres renfermant des dessins de broderie de M. Guichard, exécutés par des manufactures des villes de Tarare et de Saint-Quentin. Ce jeune dessinateur excelle, en outre, dans plusieurs genres, tels que le papier peint, les étoffes pour meubles, les étoffes imprimées.

En se représentant à une prochaine exposition avec des productions plus nombreuses, il aura plus de droits à une récompense du jury qui lui accorde une mention honorable.

M. Rypinski et c^ie^, à Paris, rue Bourbon-Villeneuve, 5.

Ce dessinateur a exposé plusieurs genres de dessins pour les foulards, pour les tissus en impression.

Polonais réfugié, il met à profit les talents qu'il possède; ses productions sont favorablement accueillies des imprimeurs.

Le jury lui accorde une mention honorable.

M. Fleury-Chavant, à Paris, rue de Cléry, 19

Le jury a examiné plusieurs genres de papiers réglés formant un assortiment de toutes les combinaisons de la mise en carte.

M. Fleury-Chavant, par la multiplicité de ses planches gravées, est parvenu à établir les papiers nécessaires à tous les fabricants et dessinateurs pour étoffes, et au prix de 20 et 30 fr., ce qu'avant lui le commerce trouvait difficilement à 40 et 60 fr.

Le jury central lui accorde une mention honorable.

M. Collière, à Paris, rue de Trévise, 2.

M. Collière a présenté un cadre de diverses dispositions de dessins pour l'impression; ils sont remarquables par le goût et le soin d'exécution.

M. Breysse (Xavier), au Puy (Haute-Loire).

Cet exposant a présenté un cadre de cartons piqués mécaniquement pour la dentelle; il peut les reproduire avec une parfaite exactitude, ce qui n'a pu encore être que très-imparfaitement exécuté jusqu'à ce jour.

Le jury, n'ayant pas la possibilité de reconnaître les faits avancés, constate ce progrès, déclaré tel par le jury départemental de la Haute-Loire; et, dans la persuasion que ce procédé pourra atteindre, par une application usuelle, le but que l'inventeur s'est proposé, le jury central lui accorde une mention honorable.

---

§ 4. FLEURS ARTIFICIELLES.

Les industries représentées à l'exposition doivent être considérées sous deux points de vue, sous celui de leur utilité absolue et sous celui de leur utilité relative.

Produit de luxe, les fleurs artificielles n'ont pas d'utilité absolue, mais leur utilité relative est très-grande; elles comptent dans les importations de la France pour quatre millions, et ce chiffre leur assigne dans le commerce une place honorable. Ce résultat, du reste, appartient tout entier à la fabrication de Paris, qui, seule, a eu jusqu'à présent le monopole de ce goût et de cette élégance qu'il faut compter au nombre des premiers éléments de succès de cette branche de l'industrie.

On avait, jusqu'à ce moment, fabriqué les fleurs artificielles en toiles de toute espèce, mais seulement en toiles; et ce n'est que par curiosité qu'on avait essayé ces imitations de la nature avec d'autres matières. Ainsi les plumes, la gélatine, la baleine, la pâte des pains à cacheter, les coquilles ont servi quelquefois, avec succès, à des épreuves de ce genre, plutôt dans un but d'amusement que dans une espérance d'exploitation.

Mais aujourd'hui, une nouvelle matière vient en aide à la fabrication des fleurs artificielles, et cette matière, qui se prête mieux à l'imitation, c'est le papier. La modicité du prix, réunie maintenant à la facilité de l'exécution, fera de ce produit, dans le commerce, une branche importante, et, dans les salons, un loisir agréable.

MÉDAILLE DE BRONZE.

MM. Chagot frères, à Paris, rue du Ponceau, 25.

Dans la fabrication des fleurs artificielles destinées à l'exportation, MM. Chagot frères figurent, à eux seuls, pour un dixième. Ces négociants ont compris que, pour conserver à la fabrique de Paris sa réputation et sa prospérité, que pour lutter avec succès contre l'Angleterre, dont la rivalité commence à se faire sentir, il fallait s'efforcer de satisfaire les goûts de chaque contrée, au lieu d'imposer indistinctement celui de la capitale. Ils ont aussi compris qu'à tous les perfectionnements possibles il fallait encore ajouter la modicité du prix. Ce sont là les conditions qu'ils ont cherché à remplir, et leurs efforts ont été couronnés de succès.

MM. Chagot frères ont présenté au jury un assortiment de fleurs artificielles, parmi lesquelles il a particulièrement distingué des bouquets de bal, depuis 2 fr. 50 c. la douzaine jusqu'à 40 fr. pièce; des collections complètes de fleurs d'un goût particulier et différent pour chaque pays, ainsi qu'un vase de fruits et de fleurs.

Le jury décerne à MM. Chagot frères une médaille de bronze.

MENTIONS HONORABLES.

Madame Clavel, à Paris, rue de l'Université, 116.

Élève de Redouté, créatrice d'un atelier nombreux, madame Clavel n'emploie plus aujourd'hui que le papier dans la fabrication des fleurs artificielles. Le jury reconnaît avec plaisir qu'elle a sanctionné l'avantage de cet économique et nouveau procédé.

Quelques pivoines, des tulipes, des œillets, quelques

roses qu'il eût été impossible de rendre avec autant d'éclat en batiste, apparaissent ici avec une illusion complète.

Le jury décerne à madame Clavel une mention honorable.

M. Duboulot, à Paris, rue Saint-Denis, 276.

Parmi ses fleurs artificielles en plume, le jury a particulièrement remarqué un cactus d'une imitation parfaite, et des roses blanches. L'exposant fait aussi le commerce des plumes, et a présenté au jury un boa en têtes de marabout très-bien dressé, de la plus grande finesse, et qu'il s'engage à blanchir plusieurs fois sans le détériorer. Il possède un procédé particulier pour teindre solidement toute espèce de plumes.

CITATIONS FAVORABLES.

MM. Charpeaux et Gérard, à Paris, rue Pelletier, 23.

Les fleurs en batiste imprégnée de cire, présentées par MM. Charpeaux et Gérard, ont un grand mérite de ressemblance : leur coloris est d'une durée plus grande que dans les fleurs de toile et de papier; mais leur prix est beaucoup trop élevé, et la fabrication de MM. Charpeaux et Gérard trop restreinte, pour que le jury leur accorde plus qu'une citation favorable.

Madame Veny, à Paris, rue du Marché-Saint-Honoré, 26.

Imitation consciencieuse de la nature, et application de couleurs durables.

Mademoiselle Faure de Montigny, à Paris, rue de Bondy, 43.

Le jury a remarqué des bouquets de roses mêlées d'avoine en fleurs, exécutés en petites plumes, et imitant l'original avec une rare perfection.

Mademoiselle Aimé, à Paris, rue des Saints-Pères, 26.

Pour l'heureuse imitation de la nature dans ses fleurs artificielles, qui sont bien exécutées.

M. Sana, à Paris, rue Saint-Denis, 374.

Pour des fleurs artificielles en papier, cet exposant avait déjà été cité en 1834, et le jury lui rappelle cette distinction.

---

§ 5. OBJETS D'HISTOIRE NATURELLE.

MÉDAILLE DE BRONZE.

MM. Verreaux et fils, à Paris, boulevard Montmartre, 6.

L'industrie doit rendre des services à la science, en échange de ceux qu'elle en reçoit si fréquemment. L'étude de la zoologie, par exemple, serait incomplète si quelques hommes de talent ne s'appliquaient pas à étudier les animaux dans leurs habitudes et leurs mouvements naturels, pour les reproduire ensuite sous les yeux des élèves.

Mais ce mérite s'augmente encore de toutes les difficultés dont il est entouré, quand le préparateur des objets d'histoire naturelle poursuit ses études au delà des mers, dans des contrées éloignées.

MM. Verreaux fils, associés à leur père, ne se sont pas contentés de jouir de la réputation qu'il s'est acquise par une longue pratique, et les nombreux objets qu'il a exposés dans tous les cabinets, ils ont encore voulu l'augmenter en se mettant à même, par leurs travaux, de saisir toutes les instructions des savants, de les aider même de leur expérience.

Bons dessinateurs, préparateurs habiles, au fait, par leurs études spéciales, des lacunes à remplir dans les collections, ils sont partis pour le Cap et les Indes. Après plusieurs années de séjour dans ces contrées, si riches par la variété des espèces, ils sont revenus avec les dessins de ce qu'ils ne pouvaient rapporter, avec les peaux des animaux qu'ils n'avaient pu prendre vivants, et enfin, ce qui ajoute tant de prix à leurs collections, avec la connaissance des formes et des allures de tous les animaux qu'ils empaillent et expédient aujourd'hui à tous les cabinets d'histoire naturelle de l'Europe.

Le jury leur décerne une médaille de bronze.

MENTION HONORABLE.

M. Parzudaky, à Paris, rue du Bouloy, 2.

Le jury décerne une mention honorable à M. Parzudaky pour ses préparations d'objets d'histoire naturelle.

TABLE DES MATIÈRES.

DEUXIÈME VOLUME.

TROISIÈME VOLUME.

SIXIÈME COMMISSION.

BEAUX-ARTS.

PREMIÈRE SECTION.

SECTION II.

SECTION III.

SECTION IV.

SECTION V.

SECTION VI.

SECTION VII.

SEPTIÈME COMMISSION.

ARTS CÉRAMIQUES.

PREMIÈRE SECTION.

SECTION II.

HUITIÈME COMMISSION.

ARTS DIVERS.

PREMIÈRE PARTIE.

DEUXIÈME PARTIE.

TROISIÈME PARTIE.

QUATRIÈME PARTIE.

FIN DE LA TABLE DU TROISIÈME VOLUME.

TABLE ALPHABÉTIQUE

DES FABRICANTS ET DES ARTISTES

RÉCOMPENSÉS

PAR LE JURY CENTRAL DE L'EXPOSITION

DE 1839.

ABRÉVIATIONS.

R. M. O. Rappel de médaille d'or.
M. O. Médaille d'or.
R. M. A. Rappel de médaille d'argent.
M. A. Médaille d'argent.
R. M. B. Rappel de médaille de bronze.
M. B. Médaille de bronze.
R. M. H. Rappel de mention honorable.
M. H. Mention honorable.
R. C. F. Rappel de citation favorable.
C. F. Citation favorable.

Tom. Pag.

C.

D

E.

K.

L.

M.

Q.

T.

W.

FIN DE LA TABLE GÉNÉRALE.

ERRATA GÉNÉRAL.

PREMIER VOLUME.

Pag. lig.

47, 9, *au lieu de* consommation en laine de 28,000,000 kilogr., *lisez* 2,800,000 kilogr.

52, 22, l'aune de 20 centimètres, *lisez* 120 centimètres.

54, 19, seize cents métiers, *lisez* seize mille métiers.

106, 23, pour l'Est, *lisez* pour l'été.

137, dimension de 180 à 195 centimètres carrés, *lisez* une dimension carrée de 180 à 195 centimètres.

139, 11, 195 centim. carrés, *lisez* un carré de 195 cent.

142, 1, châle de 135 centimètres, *lisez* un châle carré de 135 cent.

179, 26, le lissage des satins, *lisez* tissage des satins.

181, 24, des manteaux d'organsin, *lisez* matteaux d'organsin.

186, 18, MM. Jan frères, *lisez* Jau (François).

Id., 20, MM. Rassié et Donadille, *lisez* Bastié.

187, 9, M. le maire Amelot, *lisez* le marquis Amelot de Chaillon.

199, 6, consommation de Paris, *lisez* du Pérou.

Id., 31, 1837, *lisez* 1827.

236, 12, 35 cent. la broche, *lisez* 35 fr. la broche.

292, dernière ligne, *au lieu de* Mull-Jenny, *lisez* Mulquinerie.

473, 11, bien habilement, *lisez* habilement.

476, 18, dans le mérite de l'invention, *lisez* l'exécution.

478, 20, et à celui du bâtiment, *lisez* de la maçonnerie.

492, dans le titre, *supprimez* ouvrage de forge et les mots qui suivent.

511, MM. Grimes et Fraise sont portés, par erreur, à la médaille de bronze ; ces messieurs ont reçu, chacun, du jury une médaille d'argent.

DEUXIÈME VOLUME.

Pag. lig.

43, M. Metcalfe a obtenu un rappel de médaille et non pas une médaille d'argent.

119, 19, avec un grand intérêt cette intéressante machine qui, *lisez* avec un juste intérêt cette machine qui.

121, 2, mérite d'une exécution, *lisez* d'exécution.

126, 5, de ses instruments, *lisez* de ces.

127, 3, neufs, *lisez* nouveaux.

Id., 5, pignons, *lisez* peignes.

134, 30, à ces messieurs, *lisez* à ces auteurs.

Id., dernière ligne, action définitive, *lisez* action rotative.

135, 6, de grès et de, *lisez* de grès ou de.

138, 1, placés dans la trémie, *lisez* placés sous la trémie.

140, 6, et fournissant, *lisez* en fournissant.

142, 18, M. Houot, *lisez* M. Gouet.

147, 30, devenue plus générale, *lisez* chaque jour plus répandue.

149, dernière ligne, le véhicule élastique, *lisez* la substance élastique.

M. Delacour, *lisez* M. Delacoux.

M. Heslin, *lisez* M. Geslin.

155, 24, utile dans les navires, *lisez* usité dans les navires.

158, 7, des bois, *lisez* du bois.

159, 17, d'attaque, *lisez* d'atteinte.

162, 17, particulière que la, *lisez* particulière à la.

Id., 18, après le mot Huret, *ajoutez* qu'elle soit irréprochable.

163, 5, démontre, *lisez* démontra.

Id., 19, à l'infini, *lisez* à l'infini; composée de pièces détachées, elle.

Id., avant-dernière lig., renouveler chaque, *lisez* renouveler à chaque.

166, Bengé, *lisez* Beugé.

Id., 14, par le fait de, *lisez* par tact de.

167, M. Paublau, *lisez* M. Paublan.

341, M. Mercier demeure boulevard Bonne-Nouvelle, 31.

344, M. Bernhart, rue Buffault, 17.

357, M. Vuillaume, rue Croix-des-Petits-Champs, 46.

» M. Chanot, rue de Rivoli, 26.

Pag. lig.
» M. Bernardel, rue Croix-des-Petits-Champs, 43.
» M. Pecatte, rue d'Angevilliers, 18.
218, M. Fontaine, rue de Charonne, 119.
49, *au lieu de* M. Marquisot, *lisez* M. Marquiset.

TROISIÈME VOLUME.

135, M. Allix, rue des Grands-Augustins, 29, *lisez* rue Hauteville, 33.
175, 9, lapiste, *lisez* copiste.
Id., 15, toscans, *lisez* toscanes.
178, M. Bellangé fils, rue des Marais. C'est par erreur qu'il est porté aux rappels de médailles, il a obtenu une médaille d'argent.
179, M. Bellangre, *lisez* Bellanger.

TABLE GÉNÉRALE.

490, 13, Alan-Migout, *lisez* Alan-Migont.
491, 9, *ajoutez* M. H.
Id., 12, *ajoutez après cette ligne* Arnaud. *Machines à tisser.* M. A. II. 44.
Id., 26, *ajoutez* M. H.
492, 20, *ajoutez* M. A.
493, 27, *ajoutez* M. B.
494, 15, *ajoutez* R. M. B.
495, 9, Bernardet-Boisme, *lisez* Bernard et Boisme.
505, 5, Chouillou, *lisez* Chouillon.
Id., 11, Clanceau, *lisez* Clan[illegible].
507, 28, Édouard, *lisez* Edmond.
508, 21, Dandeville, *lisez* Daudeville.
Id., 24, Danzès, *lisez* Danrès.
511, 26, *ajoutez* M. B.
516, 24, Fauré, *lisez* Faurie.
518, 7, Fonrouge, *lisez* Fourouge.
529, 20, *ajoutez* M. B.
531, 14, R. M. A., *lisez* M. A.

Pag. lig.
535, 9, *ajoutez* M. B.
545, 17, *ajoutez* M. H.
Id., 29, *ajoutez* C. F.
548, 27, *ajoutez* M. A.
544, 38, *ajoutez* M. H.
556, 10, *ajoutez* M. H.

FIN.

www.ingramcontent.com/pod-product-compliance
Ingram Content Group UK Ltd.
Pitfield, Milton Keynes, MK11 3LW, UK
UKHW012141240726
13966UKWH00001B/104

9 782013 399722